工业自动化与智能化丛书

工业设备
智能运维指南

规划、成熟度模型、方案与实施

杨大雷 ◎ 著

机械工业出版社
CHINA MACHINE PRESS

图书在版编目（CIP）数据

工业设备智能运维指南：规划、成熟度模型、方案与实施 / 杨大雷著. -- 北京：机械工业出版社，2025.5. --（工业自动化与智能化丛书）. -- ISBN 978-7-111-78373-2

Ⅰ. TB4-62

中国国家版本馆 CIP 数据核字第 202548NU90 号

机械工业出版社（北京市百万庄大街 22 号　邮政编码 100037）
策划编辑：高婧雅　　　　　　　　责任编辑：高婧雅
责任校对：高凯月　李可意　景　飞　责任印制：刘　媛
三河市骏杰印刷有限公司印刷
2025 年 6 月第 1 版第 1 次印刷
186mm×240mm・15.5 印张・325 千字
标准书号：ISBN 978-7-111-78373-2
定价：89.00 元

电话服务	网络服务
客服电话：010-88361066	机　工　官　网：www.cmpbook.com
010-88379833	机　工　官　博：weibo.com/cmp1952
010-68326294	金　　书　　网：www.golden-book.com
封底无防伪标均为盗版	机工教育服务网：www.cmpedu.com

序

FOREWORD

工业企业的产值在国民经济中占有很大的比重，企业中的生产设备是支撑工业生产的基石。设备智能运维的概念已经提出很多年了，但对于怎么在企业中深入开展设备智能运维工作一直没有系统的方法，目前主要依靠企业在实践中摸索前进。在推进智能制造及数字经济不断发展的时代，设备运维的智能化、数字化是不可阻挡的潮流。

本书给出了一种实现企业生产设备智能运维的思路与方法。作者将设备智能运维定义为一种先进的设备管理模式，率先提出了设备智能运维成熟度模型，并给出了从设备数字化、数据分析与智能化、人员能力素质、管理及数据平台 5 个维度评价智能运维成熟度的方法，以及基于这 5 个维度实现工业设备运维的进阶途径（从低级到高级）。从智能制造循序渐进的逻辑来看，这套方法论是有科学依据的。智能运维成熟度模型的 5 个维度也是工业企业提升智能运维水平的关键要素。本书也强调了标准化在智能运维中的核心作用，提出了智能运维所需要的标准内容和标准化方法。本书是目前系统阐述设备智能运维及其实施步骤的唯一著作。

本书作者从事现场设备运维工作近 40 年，在设备智能运维方面积累了丰富的经验，书中总结的很多方法经过了长期实践的检验。本书对于从事工业企业设备智能运维工作的技术人员和研发人员具有较高的参考价值。

设备智能运维是一项庞大的系统工程，需要有科学的方法和认真负责的态度才能真正将该项工作不断地向前推进。祝愿广大设备工作者在工作中不断做出新成绩、取得新成就。

徐金梧

北京科技大学前校长

PREFACE

前　　言

我国正在从制造大国向制造强国转变，着力于信息化与工业化的深度融合。未来数十年，"工业化＋智能化"将是工业企业践行的发展方向。而在这样的环境下，企业引入或改造的复杂智能化生产设备在结构、性能以及应用方面都有巨大的进步。先进的设备和智能制造将极大地促进生产力的提高，进而助力制造强国的形成。

但无论设备如何智能化和自动化，也避免不了设备的老化和磨损，这种设备的劣化可能会引发设备的停机，从而导致生产系统瘫痪，也有可能造成环境污染及人员的伤亡等。因此，企业需要持续投入巨资以保障生产设备的稳定、高效、安全运行。应用先进的设备维修模式，以最小的代价维持先进生产设备的功能和精度，保障生产的安全性和持续性一直是企业追求的目标。

随着设备数字化转型及智能制造的发展，设备智能运维成为目前设备领域最热门的话题，在这种趋势下，工业企业都在追求设备智能运维，并在这个领域投入了大量人力、物力和财力。提供设备智能运维服务的各类企业应运而生，这些企业推出了很多智能算法、模型和产品，也描绘了智能运维的场景，令很多设备管理者心驰神往。

然而，理想是美好的，现实是残酷的。一个个智能运维项目先后投入运行，但其效益和效果往往与预期差距巨大，远不能达到既定的目标，更有一部分项目在投入运行一段时间后便寂寥落幕，惨遭淘汰。笔者看到许多这样的案例，对在追求设备智能运维目标过程中造成的大量资产浪费感到痛心疾首，一直在思考、研究造成这些现象的原因以及解决方法。

信息化与工业化的融合，或者说智能制造，是一场工业领域数字化的革命，在本质上是对工业化的重构，我们不能以原来的眼光和思路来解决数字化后面临的问题。设备智能运维同样如此，当前出现的问题是在数字化初期，设备数字化的管理要求与传统设备管理之间的博弈，只有运用数字化思维的新视角和新思维，采用科学的方法，才能解决数字化后的设备智能运维问题。

工业的数字化不是一蹴而就的，传统工业化的管理理念和方法也不可能一夕之间就抛弃，在工业化与信息化融合后应该怎么进行设备管理，没有现成的模板可循。工业的数字化是一个渐进的过程，设备的智能运维同样如此，应该怎样完成这个渐进的过程？目前没有明确的方法，也没有文献可以参考。笔者通过长期的研究，找到了在工业企业中循序渐进地实现设备智能运维的方法，提出了设备智能运维成熟度的概念，概括了设备的数字化方法及有效利用其数据的途径。希望可以给广大设备运维人员在数字化转型的探索中提供有效的帮助和参考。

本书特色

笔者以切身的实践经验，调研和走访了多个行业的龙头企业，认真研究了设备智能运维的内涵，提出了设备智能运维是一种设备管理模式，是以设备数据化为前提、以智能化为核心、以平台化为载体的全新设备管理模式，也是一种以预知状态维修为主、多种维修方式并存的数字化设备管理模式。而管理模式的进步需要设备系统全员的共同参与，也需要全员实现能力素质的提升。笔者在定义智能运维管理模式的基础上，给出了实现设备智能运维的途径和方法。

书中介绍的很多方法早已在一些企业中得到应用，且被证明是行之有效的，但把这些方法通过数字化思维有效地联系在一起，则是笔者的首创。

为方便读者理解，本书尽量避免使用各类公式和具体的算法，仅介绍其原理和应用方法。同样，本书对 IT 及通信技术的细节也未做介绍，仅注重智能运维所需要的功能和流程。

读者对象

本书是一本系统介绍设备运维数字化转型的专著，适合从事设备管理及设备运维工作的人员阅读，可作为智能运维实施的参考书；也适合设备智能运维服务企业的从业人员阅读，作为智能运维技术研发及落地的参考书；还可以作为高等院校工业设备相关专业师生的领域研究参考书。

如何阅读本书

本书共 11 章，主要内容如下。

第 1～3 章首先是设备智能运维的概论，然后讲解设备维修方式与运维模式，最后提出设备智能运维成熟度模型和评价指标，从设备数字化、数据分析与智能化、人员能力素质、管理、数据平台 5 个维度评价设备智能运维的成熟度。

第 4～8 章分别介绍设备数字化、数据分析与智能化、人员能力素质、管理、数据平台 5 个维度，以及基于这 5 个维度实现从低等级到高等级跨越的具体要求及途径。

第 9 章介绍企业对目前设备智能运维能力的评估方法和实施方案的制订。

第 10 章着重介绍智能运维推进中标准及规范的重要性，并提供企业实施智能运维所必需的标准和制定企业自身智能运维标准的方法。

第 11 章介绍常用的设备状态检测技术，并从工业现场应用的角度介绍在应用中需要掌握的重点和要点，可以作为实施状态检测的参考资料。

智能运维管理模式是基于设备数字化的全新设备管理模式，它需在数字化的要求下，对组织架构、人员素质、管理要求、数据平台、技术标准等方面进行系统策划。本书会在这些方面给出系统性的解决方案，希望可以给广大设备相关工作者提供参考。

本书内容仅涉及设备智能运维部分，不是设备管理的全部，因此在设备管理上还需要结合设备管理实际进行有效的融合。

书中很多内容是笔者数十年设备运维的经验总结，如果能够给读者及设备相关从业者带来一点启发，能够发挥一些参考和借鉴作用，笔者将深感欣慰。

勘误与支持

由于笔者水平有限，书中难免存在疏漏，希望各位读者谅解并提出宝贵意见。你可以通过电子信箱 dlyang9468@icloud.com 联系笔者。

致谢

在本书的调研、编写和出版过程中，笔者得到了安徽容知日新科技股份有限公司的大力支持，在此致以诚挚的谢意。同时，感谢笔者的家人们，他们在本书的编写期间为笔者提供了很好的生活支持，使笔者可以安心完成本书的编写工作。最后要特别感谢长期以来给笔者很多帮助和指导的徐金梧老师，他对本书给予了充分的肯定并为之作序。

杨大雷

目　　录

序
前言

第1章　设备智能运维概论 …… 1
1.1　什么是智能运维 …… 1
1.2　为什么要智能运维 …… 1
1.3　智能运维目前存在的问题 …… 3
1.4　智能运维的基本要求 …… 4
1.5　智能运维的效益 …… 5
1.6　智能运维的意义 …… 7

第2章　设备维修方式与运维模式 …… 8
2.1　设备维修方式的演进 …… 8
  2.1.1　事后维修 …… 8
  2.1.2　预防维修 …… 9
  2.1.3　预知维修 …… 9
  2.1.4　预测维修 …… 10
2.2　设备运维模式的发展 …… 11
  2.2.1　预防维修模式 …… 11
  2.2.2　点检定修制模式 …… 11
  2.2.3　设备智能运维模式 …… 12
2.3　设备维修方式与设备运维模式的关系 …… 12
2.4　智能运维模式的发展趋势探讨 …… 13

第3章　设备智能运维的成熟度 …… 15
3.1　为什么需要设备智能运维成熟度模型 …… 15
3.2　智能运维的成熟度要素 …… 16
3.3　设备数字化的要求 …… 17
  3.3.1　智能运维一级的设备数字化要求 …… 17
  3.3.2　智能运维二级的设备数字化要求 …… 18
  3.3.3　智能运维三级的设备数字化要求 …… 19
  3.3.4　智能运维四级的设备数字化要求 …… 19
  3.3.5　智能运维五级的设备数字化要求 …… 19
3.4　对数据分析与智能化程度的要求 …… 20
  3.4.1　数据分析与智能化一级的能力要求 …… 20
  3.4.2　数据分析与智能化二级的能力要求 …… 20
  3.4.3　数据分析与智能化三级的能力要求 …… 21
  3.4.4　数据分析与智能化四级的能力要求 …… 21
  3.4.5　数据分析与智能化五级的能力要求 …… 22

3.5 对人员能力素质的要求 …………… 22
   3.5.1 智能运维一级对人员能力素质的要求 …………………… 23
   3.5.2 智能运维二级对人员能力素质的要求 …………………… 23
   3.5.3 智能运维三级对人员能力素质的要求 …………………… 24
   3.5.4 智能运维四级对人员能力素质的要求 …………………… 24
   3.5.5 智能运维五级对人员能力素质的要求 …………………… 25
3.6 对管理的要求 ……………………… 25
   3.6.1 智能运维一级的管理要求 … 25
   3.6.2 智能运维二级的管理要求 … 26
   3.6.3 智能运维三级的管理要求 … 27
   3.6.4 智能运维四级的管理要求 … 27
   3.6.5 智能运维五级的管理要求 … 28
3.7 对数据平台的要求 ………………… 28
   3.7.1 智能运维一级的数据平台要求 …………………………… 28
   3.7.2 智能运维二级的数据平台要求 …………………………… 29
   3.7.3 智能运维三级的数据平台要求 …………………………… 29
   3.7.4 智能运维四级的数据平台要求 …………………………… 30
   3.7.5 智能运维五级的数据平台要求 …………………………… 30
3.8 智能运维成熟度评价 ……………… 30

第4章 设备数字化方法 ……………… 32

4.1 设备分类分层和维修方式 ………… 32
   4.1.1 设备分类分层方法 ………… 33
   4.1.2 设备维修方式的确定原则、技术原理与特性 …………… 33
   4.1.3 预知维修设备的确定 ……… 35
4.2 事后维修设备的数字化方法 ……… 35
4.3 预防维修设备的数字化方法 ……… 37
   4.3.1 预防维修设备的类型 ……… 38
   4.3.2 预防维修设备的数据内容 … 38
4.4 预知维修设备的数字化方法 ……… 41
   4.4.1 掌握设备状态的方式 ……… 41
   4.4.2 预知维修设备的数据内容 … 41
   4.4.3 设备状态监测的要点 ……… 42
4.5 预测维修设备的数字化方法 ……… 45
4.6 设备维护过程的数字化方法 ……… 45
4.7 设备维修过程的数字化方法 ……… 46

第5章 设备数据分析与智能化方法 …………………………………… 48

5.1 数据预处理 ………………………… 48
   5.1.1 数据清洗 …………………… 49
   5.1.2 数据整理 …………………… 50
   5.1.3 数据变换 …………………… 50
   5.1.4 特征量提取 ………………… 51
   5.1.5 数据分组 …………………… 53
   5.1.6 数据闭环 …………………… 55
5.2 基于知识的分析诊断方法 ………… 58
   5.2.1 故障诊断方法 ……………… 59
   5.2.2 因果关系树诊断法 ………… 59
   5.2.3 第一原则模型 ……………… 60
5.3 数据驱动的分析诊断方法 ………… 61
   5.3.1 基于统计数据的分析诊断 … 61
   5.3.2 基于案例推理的分析诊断 … 62
   5.3.3 基于神经网络的分析诊断 … 63
   5.3.4 基于决策树的分析诊断 …… 64
   5.3.5 基于随机森林的分析诊断 … 65
   5.3.6 基于逻辑回归的分析诊断 … 66
   5.3.7 基于支持向量机的分析诊断 ………………………………… 66
5.4 分析诊断方法的比较和选择 ……… 66
   5.4.1 分析诊断方法的比较 ……… 67

	5.4.2	分析诊断方法的选择	69
5.5	分析结果的展现	70
5.6	模型的构建、评估、部署与优化	71
	5.6.1	模型构建	71
	5.6.2	模型评估	72
	5.6.3	模型部署	73
	5.6.4	验证优化	74
5.7	设备状态预测	74
5.8	设备健康度评价	75
5.9	数字孪生的应用	76
	5.9.1	数字孪生建模方法	77
	5.9.2	数字孪生在设备状态诊断中的应用	77
	5.9.3	数字孪生在生产过程中的作用	78
	5.9.4	数字孪生在工业应用中面临的难点问题	79
5.10	知识图谱	79
5.11	智能运维决策模型	81
	5.11.1	智能决策方法	81
	5.11.2	决策模型部署与优化	82

第 6 章 智能运维对人员素质的要求 ... 84

6.1	智维工程师的能力素质要求		85
	6.1.1	智维工程师一级	85
	6.1.2	智维工程师二级	86
	6.1.3	智维工程师三级	87
	6.1.4	智维工程师四级	88
	6.1.5	培训时长及工作经历要求	89
	6.1.6	培训课程内容及要求	90
6.2	智维分析师的能力素质要求		91
	6.2.1	智维分析师一级	92
	6.2.2	智维分析师二级	93
	6.2.3	智维分析师三级	94
	6.2.4	智维分析师四级	95
	6.2.5	培训时长及工作经历要求	96
	6.2.6	培训课程内容及要求	96
6.3	智维维护师的能力素质要求		98
	6.3.1	智维维护师一级	98
	6.3.2	智维维护师二级	99
	6.3.3	智维维护师三级	99
	6.3.4	智维维护师四级	100
	6.3.5	培训时长及工作经历要求	101
	6.3.6	培训课程内容及要求	101
6.4	智维管理师的能力素质要求		102
	6.4.1	智维管理师一级	103
	6.4.2	智维管理师二级	103
	6.4.3	智维管理师三级	104
	6.4.4	智维管理师四级	105
	6.4.5	培训时长及工作经历要求	106
	6.4.6	培训课程内容及要求	107

第 7 章 设备管理 ... 108

7.1	目标制定		108
7.2	设备数字化规范及标准		109
7.3	设备数字化管理		111
	7.3.1	保障设备数据的合规性和完整性	111
	7.3.2	检查设备数据的质量、分组和闭环	112
	7.3.3	检查设备的数据流与工作流	113
	7.3.4	检查落实设备维修策略	114
	7.3.5	设备事故分析及提炼	114
	7.3.6	制定智能运维评价指标	114

7.4 设备数据资产化 ·················· 117
  7.4.1 确立数据治理架构 ········ 117
  7.4.2 搭建高效的数据平台 ···· 117
  7.4.3 推动数据文化建设 ········ 117
  7.4.4 保护数据安全与隐私 ···· 118
  7.4.5 开展数据价值挖掘 ········ 118
  7.4.6 监测与优化数据资产 ···· 118
7.5 追求价值最大化 ················· 119
7.6 资源配置 ····························· 120
7.7 组织架构优化 ····················· 122

第8章 设备数据平台 ·············· 123

8.1 数据来源及数据预处理 ········ 124
  8.1.1 数据平台的数据来源 ···· 124
  8.1.2 对数据平台的能力要求 ···· 126
8.2 基本功能架构 ······················ 126
  8.2.1 成熟度一级的数据平台
       基本功能 ·························· 127
  8.2.2 成熟度二级的数据平台
       基本功能 ·························· 128
  8.2.3 成熟度三级的数据平台
       基本功能 ·························· 128
  8.2.4 成熟度四级的数据平台
       基本功能 ·························· 129
  8.2.5 成熟度五级的数据平台
       基本功能 ·························· 130
8.3 分析工具的功能要求 ············ 130
  8.3.1 波形数据的量值 ············ 130
  8.3.2 时域信号分析 ················ 131
  8.3.3 频域信号分析 ················ 133
  8.3.4 生产过程数据分析 ········ 135
  8.3.5 计算及统计 ···················· 136
8.4 设备及数据的展示方法 ········ 136
  8.4.1 几种常见的设备及数据
       展示方法对比 ················ 136
  8.4.2 数据分组的展示方法 ···· 137
  8.4.3 数据闭环的展示方法 ···· 138
8.5 状态预警方法和预警模型 ···· 138
  8.5.1 设备状态预警方法 ········ 139
  8.5.2 状态预警模型 ················ 139
  8.5.3 按不同工况设置
       预警值 ···························· 140
8.6 数据流与工作流 ·················· 141
  8.6.1 事后维修的数据流 ········ 141
  8.6.2 预防维修的数据流 ········ 143
  8.6.3 预知维修的数据流 ········ 144
  8.6.4 预测维修的数据流 ········ 147
  8.6.5 工作流与数据流的相互
       配合 ································ 149
8.7 数据平台中需要的知识及其
    应用 ······································ 149
  8.7.1 现有知识的类型及提取
       方法 ································ 149
  8.7.2 从数据中学习 ················ 150
  8.7.3 知识的应用 ···················· 150
8.8 优化控制的实现方法 ············ 151

第9章 设备智能运维的方案 ······ 152

9.1 当前智能运维能力评估 ········ 152
9.2 智能运维方案选择 ··············· 153
9.3 实施方案制订 ······················ 154

第10章 设备智能运维标准的
        内容及标准化方法 ······ 156

10.1 标准化的重要性及标准的
     内容 ···································· 156
10.2 设备分类分层 ···················· 159
  10.2.1 设备分类分层的
        目标 ···························· 159
  10.2.2 设备分类分层的
        方法 ···························· 160
10.3 设备维修策略选用 ············· 163

10.4 命名规范 164
 10.4.1 设备及部件命名规范 164
 10.4.2 设备异常及故障命名规范 165
 10.4.3 设备维护维修名词 166
10.5 设备维护维修数字化标准 166
10.6 设备基础数据标准 170
10.7 设备运行数据采集标准 171
10.8 设备下机状态评价标准 172
10.9 设备状态监测技术选用参考标准 172
10.10 设备监测系统设计规范 176
 10.10.1 常用传感器的性能指标及选型 176
 10.10.2 常用监测装置的技术指标规范 180
 10.10.3 监测传感器安装位置及监测点数量 185
10.11 监测系统数据采集参数配置 188
 10.11.1 振动监测的数据采集相关参数配置 188
 10.11.2 电流监测的数据采集相关参数配置 190
 10.11.3 扭矩、扭振的数据采集相关参数配置 191
 10.11.4 应力监测的数据采集相关参数配置 191
 10.11.5 压力流量的数据采集相关参数配置 191
 10.11.6 单数值监测的数据采集相关参数配置 192
10.12 传感器及监测系统安装规范 192
 10.12.1 振动传感器的安装规范 192
 10.12.2 监测系统的安装规范 196

第11章 常用的设备状态检测技术 198

11.1 振动检测技术 198
 11.1.1 振动传感器分类 199
 11.1.2 振动监测的三要素 200
 11.1.3 振动采集参数的设定原理 202
 11.1.4 振动的预警值设置 207
 11.1.5 设备工况对设备状态的影响 208
11.2 温度检测技术 209
 11.2.1 常规温度检测技术 209
 11.2.2 红外热成像技术 210
11.3 油液监测技术 210
 11.3.1 油液监测技术的主要内容 211
 11.3.2 设备用油的在线监测技术 212
11.4 无损检测技术 215
 11.4.1 射线检测 215
 11.4.2 超声检测 216
 11.4.3 磁粉检测 217
 11.4.4 渗透检测 218
 11.4.5 涡流检测 219
11.5 绝缘检测技术 220
 11.5.1 绝缘电阻和极化指数 221
 11.5.2 直流泄漏和直流耐压试验 221
 11.5.3 匝间绝缘的耐压试验 222
 11.5.4 对地绝缘耐压试验 222
 11.5.5 介质损耗角正切值及其增量 222
 11.5.6 局部放电检测 224

11.6 应力检测技术 …………………… 224
　11.6.1 应力检测的特点与
　　　　 局限性 ………………… 224
　11.6.2 应力检测在设备运维
　　　　 中的应用 ……………… 225
11.7 电流检测技术 …………………… 228
　11.7.1 电流检测技术的主要
　　　　 方法 …………………… 228
　11.7.2 电流检测在设备运维
　　　　 中的作用 ……………… 229
　11.7.3 电流故障诊断
　　　　 方法 …………………… 230
11.8 声发射检测技术 ………………… 230
11.9 声音检测技术 …………………… 231
11.10 图像检测技术 ………………… 232
11.11 气体检测技术 ………………… 233
11.12 生产过程参数检测
　　　技术 …………………………… 234
11.13 高压开关机械性能在线监测
　　　技术 …………………………… 235

CHAPTER 1

第 1 章

设备智能运维概论

我国对智能运维及其相关领域保持着高度重视，2021 年《政府工作报告》与 2022 年《政府工作报告》分别提出，"推动产业数字化智能化改造""促进数字经济发展"。同时，各行业和地方都出台了一系列促进产业数字化的政策。设备智能运维是产业数字化的基础，因此备受关注，企业在设备智能运维领域的探索实践一度如火如荼。随着实践的深入，很多人开始思考："智能运维的本质是什么？怎么给企业带来持续的利益？"

1.1 什么是智能运维

设备智能运维已经形成一股浪潮：全国性及各行业内的智能运维技术研讨会频繁举办；各生产企业积极投身其中，设立了许多智能运维项目，力争使自身的设备运维水平走向行业前列；各类智能运维服务企业如雨后春笋般涌现；各种智能算法、模型和软件系统使用户怦然心动。

那么什么是设备智能运维？智能运维应该包含哪些内容？智能运维怎么实现？智能运维的水平怎么评价？智能运维的效益怎么体现？本书围绕这些问题，试图给出完整的解决方法。

首先来探讨什么是设备智能运维。笔者认为，设备智能运维是传统设备运维从"感官判断、经验决策"向"数据判断、知识决策"的数智化升级。它也是设备管理模式的变革，是智能制造的组成部分，与智能制造一样，只有起点，没有终点。**设备智能运维的本质是以设备数据化为前提、以智能化为核心、以平台化为载体的新型设备运维模式。**

1.2 为什么要智能运维

智能运维是在智能制造背景下对工业设备管理发展的必然要求。随着第四次工业革命浪潮的到来，企业对设备综合效率、综合能耗、平均无故障时间、质量指数、库存周转、劳动生产率等关键指标提出了新的要求，主要表现在以下几个方面。

1）**经济性**：现代化企业设备，尤其是大型自动化成套设备的投资高，那么投入的设备维修（含维护和维修之意）资金势必也会增多。而随着市场竞争压力的持续加大，企业需要降低生产成本、提高生产效率，这就迫切要求提高设备维修资金的使用效率，最大限度地延长设备的使用寿命，从而使得设备投入的经济效益最大化。

2）**适时性**：在企业追求设备的投资回报率时，对设备维修方面有如下要求。一是设备维修的有效性和准确性，把检修时间压缩到最短，且投入维修的人力、物力最经济高效；二是设备维修的适时性，避免因欠维修而发生事故，进而延误生产且增加设备的维修费用；三是避免不必要的维修造成设备备件、维修费用的浪费，以及不必要的解体降低设备的可靠性。

3）**全面性**：现代化设备的社会化程度很高，设备从设计到报废的整个生命周期，包括制造、安装调试、使用和维护等，各个阶段会相互关联并相互影响。因此，需要对设备的所有相关信息进行全面、系统的管理，即对设备的整个生命周期进行综合性的研究和管理。这一管理的目标是提高设备的整体效率，同时追求整个生命周期成本的经济性，以实现设备投资的最佳经济效益。

4）**适应性**：市场的激烈竞争要求企业加快产品的更新换代，改变"大批量、少品种"的生产方式，实现柔性制造，即"小批量、多品种"的生产方式，以满足市场要求。为此，要求企业对设备的功能进行拓展，提高设备的适应能力，同时最大限度地发挥设备的产能，体现企业的应变能力。

5）**数字化**：可根据设备的状态性能、状态指标安排最佳的设备维护和生产计划。在生产计划中可以根据产线状态配置相应的产品规格，在工艺流程中可以根据每台设备的状态优化控制工艺，也可以根据设备状态的劣化趋势来从容安排设备备件采购计划等。

6）**信息互联**：设备与设备、设备与人之间，可方便地交互信息，使上下工艺之间、并行产线之间的信息可以相互修正、对比、优化，也可使设备管理部门及技术人员充分掌握设备信息，更好地发挥设备性能。

7）**智能化**：智能制造系统要求有自组织能力、自律能力、自学习和自诊断能力等，这是对设备整体提出的智能化要求，在设备运维领域，同样有相应的智能化要求。

8）**提升效率**：通过提高设备有效运行时间、降低设备维修时间和设备故障时间，提升设备使用效率；通过对设备的备件资材等进行按需采购、提高备件资材的性价比，提升设备资产的利用效率；通过减少重复、烦琐的现场设备检查，提升设备人员的效率。

9）**保障产品质量**：产品质量与设备的功能、精度有密切的关系，只有保障设备的功能和精度，才能保障产品的质量。同时，通过生产过程数据的分析和优化，可以进一步以更低的生产成本保障产品质量。

10）**保证设备安全**：工业企业中有很多设备有较高的安全要求，这些设备的故障可能导致较为严重的事故，因此确保这些设备的安全运行是企业的重要管理目标。

11）**绿色制造**：随着节能降耗、环境保护要求的不断提升，工业企业在这方面的投入也在不断增加，而设备运维领域也是绿色制造发力的重点。

随着上述关键指标的不断提高，常规的设备运维已不能完全满足设备管理的要求，设备运维智能化是设备管理水平提升的必然选择和趋势。

1.3 智能运维目前存在的问题

通过对数十家企业的调研发现，这些企业虽然在推进设备智能运维，但是对设备智能运维的认识和实践普遍存在一些问题，排在前 12 位的问题如下：

1）智能运维的效果难以评价。
2）智能运维投入过大，企业难以承受成本压力。
3）获取设备数据的成本过高，而取得的效果有限，不划算。
4）设备数据处理没有合适的数据模型，即使有模型也不能提供准确的数据分析结果。
5）现场设备种类众多，对于需要获取什么设备数据，没有依据，也没有相应的标准。
6）设备数据太多，很多数据不能发挥作用。
7）设备人员对于大量的设备数据不能分析出有用的结果。
8）设备智能运维平台没有包含全部设备，还有一部分设备仅能在其他平台中进行管理，增加了设备管理的工作量。
9）智能运维概念不清晰，智能运维在企业中的应用方法不明确。
10）设备智能运维系统在提高人员效率方面的作用不明显。
11）尽管设备状态是正常的，但依据运维标准，到了维修期限仍要维修，因此还是需要开展相应的维修工作。这样不仅增加了维修费用，也会降低设备寿命。
12）经常出现设备误报警，使得现场人员对报警信息熟视无睹。

这些问题可以分为以下几类。

第一类是关于智能运维的投入与产出的，智能运维投入过大，企业难以承受成本压力。

第二类是关于智能运维实施效果的，设备智能运维实施后的效果与企业的期望有较大的差距。

第三类是关于智能运维与现有管理方式的矛盾的，这些矛盾使一些智能运维的成果难以在实际运维工作中落实。

第四类是关于智能运维的理解和实施方式的，智能运维既没有明确定义，也没有实施标准。

这些问题是阻碍企业进一步进行智能运维探索和发展的绊脚石，只有很好地解决了这些问题，企业的智能运维工作才能蓬勃开展。

1.4 智能运维的基本要求

智能运维的基本要求是指在企业中开展设备智能运维工作必须达到的要求，是设备智能运维管理模式所要求的，也是设备智能运维能够体现价值的必要条件。这些基本要求如下。

1）**明确责任主体**：推进设备智能运维的主体必须是设备的责任方，可以是设备的业主，也可以是被委托的管理方，但不可以是除此之外的第三方。任何第三方都只提供服务，仅对服务的内容负责，不对设备智能运维负责。

2）**拥有唯一数据平台**：设备智能运维应针对全部生产性设备，而不是部分设备。尽管在智能运维初级阶段可能无法完成全部生产性设备的数字化，但没有数字化的设备也需要在同一平台管理，应当特别注意避免出现两个设备运维系统的情况。如果一个是原有的管理系统，管理全部设备，而另一个是智能运维的系统，仅针对已数字化的设备，这样会招致设备运维人员的反对，给设备智能运维的推进带来负面影响。

3）**多种维修方式并存**：智能运维模式下，设备的维修方式是多样的，包含事后维修、预防维修、预知维修及预测维修，而不是单一的预知维修。维修方式需根据设备的重要程度、可监测性、维修难度、安全性要求等要素进行合理的设定，以保障设备运维达到最经济可行的目标。

4）**贯穿运维的全过程**：设备智能运维的管理范围应该是贯穿设备运维全过程的，包括设备的运行、维护、状态监测诊断、维修、更换或改造等，而不是只进行设备状态的监测诊断。

5）**向生产要运维效益**：设备智能运维应该重点关注设备的功能和精度，以保障生产能力和生产质量，这方面可取得比设备运维本身更高的效益，更能体现设备智能运维的价值，不能仅仅关注设备维护与维修本身的效益。

6）**事前总体策划**：设备智能运维需要事前总体策划，因为它与设备运维的人员素质、费用、资材、管理密切相关。另外，智能运维是一种管理模式，需要在实践中不断探索和优化，特别是人员素质的提升要先于智能运维工作的部署，其他各方面也应事先策划、统筹考虑。

7）**降低整体成本**：设备运维的投入要考虑整个设备生命周期的成本，而不是仅考虑单次投入。例如密封圈，一种价格高，但可以用 3 年，另一种价格只有前一种的 1/3，但工作寿命只有一年，那么采用寿命为 3 年的密封圈是更划算的，不仅减少了每年一次的更换费用，也可以避免油液渗漏所造成的浪费和污染。因此在备品备件的采购上要以设备备件的综合性价比为导向，而不是简单的低价指标。设备数据化目标中就包含了以客观的数据体现各类设备及备件的性价比。

8）**运维数据闭环**：在传统设备运维的过程中，一般都要求按 PDCA（计划—执行—检查—行动）的管理循环进行总结提高，也就是设备运维的过程闭环。在智能运维中，运维数据也一定要形成闭环，以达到在全过程不断总结提高、积累运维知识、沉淀经验的目标。数据的闭环涉及很多流程，其中最常见的就是设备状态异常→提出诊断报告并出具维修建议→维修结果反馈→设备恢复正常。只有形成设备运维过程的闭环，才能促进设备运维水平的不断提升，数据的价值才能真正得到体现。

1.5 智能运维的效益

智能运维希望得到的效益和效果是在智能运维模式设计时必须考虑的目标，对于所有的目标都应该有针对性地设计，不能期望也不可能得到设计目标以外的效益。

智能运维的效益主要有以下方面。

（1）降低设备故障

要降低设备故障，主要需要在分析设备常见故障的基础上，找出可以预知设备异常表现的特征并加以监视，在故障到来之前及时发现并采取措施将其消灭在萌芽状态。对于一些难以监测特征或监测特征在经济上不划算的设备，可以通过积累设备运行数据，预估它们的使用寿命并在它们发生故障前采取措施，以避免故障发生。如果想真正做到故障为零，就必须针对所有可能引发故障的设备设计相应的运维方案。

（2）降低备件库存

需要对同类备件进行统一归类，并通过同类备件的运行状态确定合适的库存。例如轴承，同型号的轴承可能用在很多不同的设备上，通过设备状态分析，可以知道这个型号轴承的状态分布，备件只需要准备近期需更换的数量即可满足要求，而不需要每台设备均准备相应的备件。从整体成本上考虑，智能运维应用的范围越大，那么通过它降低库存的效果就越显著。

（3）优化备品备件

通过分析同类备品备件的统计数据，可以找出性价比更高、更适用的备件，同时可以分析一条产线或一台机组中维修最频繁的部件，优先提升其使用寿命，使各部件维修周期趋于一致，使其生产效率最大化。

（4）替代点检巡检，提高人员效率

设备点检或相应的设备巡检人员，其工作不仅劳动强度大，有一些地方还具有较大的安全风险，通过应用设备监测技术，可以大幅降低其工作强度。例如钢铁企业一般设定需要人员每三天（或以下）检查一次的设备，要实现在线监测。一些特殊场合，如皮带输送机、电网的供配电设备等可以采用智能巡检机器人，输配电线路及架空管网等可以使用无人机巡检。

（5）承担高风险、高强度设备检查工作

在煤气区域或其他有毒有害区域，可以通过安装在线监测传感器替代人工检查设备状态。在一些人工检查风险高或检查强度大的场合，使用无人机或智能机器人可以获得较好的检查效果。如一些厂房的屋顶积灰，人工检查不仅工作强度高，而且有较大风险，采用无人机检查后可大幅度降低劳动强度。

（6）发现人员难以发现的设备异常

采用在线监测和智能数据分析，可以发现很多人工很难发现的早期设备异常。在一些场合，设备运行时人员无法接近，而传感器则不受限制，可以在设备运行时准确地感知设备的运行状态。

（7）保持设备功能精度以确保产品质量

通过生产过程数据监测，提取设备功能精度的特征量，在设备功能精度发生变化时进行预警，以保障设备功能精度保持在合理的范围内，从而确保产品质量的稳定性。

（8）根据设备状态优化生产工艺参数

通过生产过程参数的采集与计算来优化控制参数，当某些设备参数劣化（也可能是改进）后，原有的控制模型就不能适应当前的设备状态，需要基于设备的当前情况去优化生产工艺参数，以保障产品质量、产量和设备安全，使得即使整条产线中某一台设备功能受限（或功能加强），也能保持整体产线的协同并发挥出最大作用。

（9）提高设备维修效率和质量

通过设备异常现象→维修建议→维修过程→维修效果的不断闭环数据积累，实现异常发现及时、维修措施精准、维修质量可靠，整体提升设备维修效率和质量。

（10）保障设备安全

很多设备一旦出现故障，可能会造成严重的人员伤亡或环境破坏，也可能带来巨大的财产损失，因此需要分析此类设备可能产生故障的直接或间接原因，并加以监测，预知状态，使这类设备一直处于安全的运行区间以保障其安全。

（11）集中管理提升人员效率

同类设备或同类产线集中管理可大幅度提升人员效率。例如风机设备，一般都由各生产厂分别管理，而且基本配有风机班组或若干专职人员。如果实现合并集中管理，则风机专职人员在智能运维系统的帮助下将极大提高劳动效率，从而可以减少人员的投入。再比如热轧产线，每条产线均有数十个点检人员和数十个设备技术人员，一旦多条产线完成合并集中管理，就算点检人员保持现状，仍分布在各产线，对技术人员进行集中管理也可大幅提高效率。而且管理的产线多了，处理的问题多了，经验会增长得更快。但要完成同类设备或产线的合并集中，必须做到设备维护维修标准统一、设备数据采集要求统一、设备数据完整。

1.6 智能运维的意义

智能运维是一种全新的设备管理模式，是我国引进、吸收了国外先进的设备管理模式后的一种创新。智能化是运维必然的发展趋势，将引领工业企业设备运维数十年。

智能运维不可能一蹴而就，不是天上掉下的馅饼。智能运维的目标和效益是通过系统策划和总体设计，并依据总体设计和设备运维参与者的共同努力而达到的。

智能运维的目标需要适应现有的设备管理水平和智能制造水平，制定过高的目标会对整体实施带来巨大的困难。

从整个设备周期看，设备智能运维必须具有良好的投入产出比。因此要实施智能运维，应目标明确、总体策划、措施可行、并具有经济价值。

CHAPTER 2

第 2 章

设备维修方式与运维模式

设备维修方式即维修策略，在有些文章中也被称为"设备维护方式"。在中文里，维护与维修的含义有所不同。通常情况下，设备维护仅指对设备做保养、清洁等，不涉及拆卸或更换设备主要功能部件，而维修则涉及所有的设备维修活动。因此在讲维修方式时，应该用维修更为贴切。造成维护与维修混用的原因是英文中的 Maintenance 既可翻译为"维修"，也可翻译为"维护"。为避免读者困惑，在此特提前说明。

在很多关于设备管理或智能运维的研讨中，一般都会讲到设备维修方式的演化，而很少讲到设备运维模式的演变。设备维修方式从预防维修转变到预知维修是一种技术进步，但这导致大家误认为从预防维修转化为预知维修就是实现了设备智能运维。实际上，预知维修是设备智能运维的重要组成部分，但不是设备智能运维的全部。

本章将介绍设备维修方式的演进和设备运维模式的发展，并分析设备智能运维的发展趋势。

2.1 设备维修方式的演进

随着工业革命的不断推进与发展，设备的复杂程度在不断提高，设备的维修方式也在不断革新和发展。尽管关于设备维修有许多学派及理论，但其发展仍然具有一定的规律性。这些规律性体现在设备维修方式的演进历程中。按照时间顺序，设备维修方式主要有事后维修、预防维修、预知维修以及预测维修等。

2.1.1 事后维修

事后维修是 20 世纪 50 年代之前主要采用的维修方式，特点是设备坏了再修，不坏不修，目的是恢复和保持设备的正常运行状态。对于非主流程的单体设备，事后维修可以最大限度延长设备的使用时间，可能是最经济的维修策略。但对于大型复杂设备来说，这种维修方式往往可能造成更大的设备损伤。同时，由于在维修前缺乏对资材、技术、人力资源等方面的准备工作，因此修理停歇的时间较长，往往会打乱生产计划，影响产品交货。如果是高风险设备，还可能会造成重大危害。

2.1.2 预防维修

随着工业的发展，设备对可靠性的要求逐步提高。长期以来，人们认为设备的安全性取决于其可靠性，故认为预防工作做得越多，修理周期越短，设备越可靠，于是就形成了沿用多年的预防维修方式。在预防维修方式下，不论每个具体维修对象的技术状况、使用环境如何，均按照统一规定的运行时间或行驶里程进行强制性的设备检查或维修。预防维修方式曾对早期工业设备起过重要作用。

预防维修经过多年的发展，根据维修的技术条件、目标的不同而出现了不同的维修方式流派。其中最主要的是基于时间的维修（Time Based Maintenance，TBM），或称定期维修（Schedule Maintenance，SM，也通常称为"计划维修"）。它通过预先设定维修工作内容与周期来执行。

预防维修在现代也引入了可靠性维修、FMEA（失效模式和影响分析）等方法，将事后处理变为事前预测分析、事前防范，超越了传统设备管理的预防维修范畴。因此预防维修中有很多成功的做法和应用，它们都是设备运维方面的宝贵经验和财富。

2.1.3 预知维修

预知维修，也叫状态维修或预知状态维修。随着监测手段的进步和计算机技术的发展，20世纪80年代形成了更为完善的维修方式，即预知维修。美国杜邦公司首先倡议基于状态的维修（Condition Based Maintenance，CBM），这种维修方式以设备当前的工作状况为依据，通过状态监测手段，诊断设备健康状况，从而确定设备是否需要维修或最佳的维修时机。基于状态的维修目前一般称为预知维修。

预知维修的目标是，以一定的技术和管理手段达到对设备状态的良好把握，从而使设备的维修达到最佳效果。一般这种维修的作业时间没有固定的间隔期，维修技术人员先根据监测数据的变化趋势作出判断，管理部门再确定设备的维修计划。这种维修方式是随着设备诊断技术的进步而发展起来的。如果设备的劣化不能得到及时准确的诊断，就无法进行预知维修。预知维修的计划是建立在"状态"的基础上的，它强调事先搜集信息，适时适度修理，与实际状态相符合。由此可见，状态检测是预知维修的必要手段。状态检测有两个主要目的：一是及时发现设备缺陷，做到防患于未然；二是为设备的运行管理提供方便，为维修提供依据，减少人力、物力的浪费。

在预知维修的基础上，还发展出以可靠性为中心的维修（Reliability Centered Maintenance，RCM）、基于风险的维修（Risk Based Maintenance，RBM）、以利用率为中心的维修（Availability Centered Maintenance，ACM）、适应性维修（Adaptive Maintenance）、全员生产维护（Total Productive Maintenance，TPM）等维修方式。除了符合预知维修的基本特点外，这些衍生的维修方式还要能够综合考虑故障后果、风险分析、维修技术可行性和经济因素等，进而不断优化维修策略。

预知维修也不是发现一台设备有问题就处理一台，而是需要至少汇总全产线或全车间设备的整体情况，有计划地统一安排设备检修时间，因此提前发现设备状态的劣化就显得很重要。如果发现设备异常的提前量短，则可能发生频繁安排检修、打乱生产节奏的情况。

2.1.4 预测维修

预测维修是一种基于设备状态和运行数据的维修策略。其核心理念是在设备运行时通过定期或连续的状态监测和故障诊断来预测设备未来的发展趋势。预测维修可以提前发现潜在故障和异常，从而预测设备可能出现的故障，并在故障发生之前制订相应的维修计划。这使得维护维修团队能够有针对性地规划维护维修工作，减少停机时间，并避免突发故障导致的生产中断。预测维修通过使用传感器技术、数据分析和模型预测、人工智能等先进技术，实现对设备状态的实时监测和预测，从而最大限度减少设备停机时间和维护成本。

从演进上看，这4种维修方式的维修成本是依次递减的，但在技术方面，其难度与复杂度是依次递增的。设备维修方式演进带来的变化如图2-1所示。

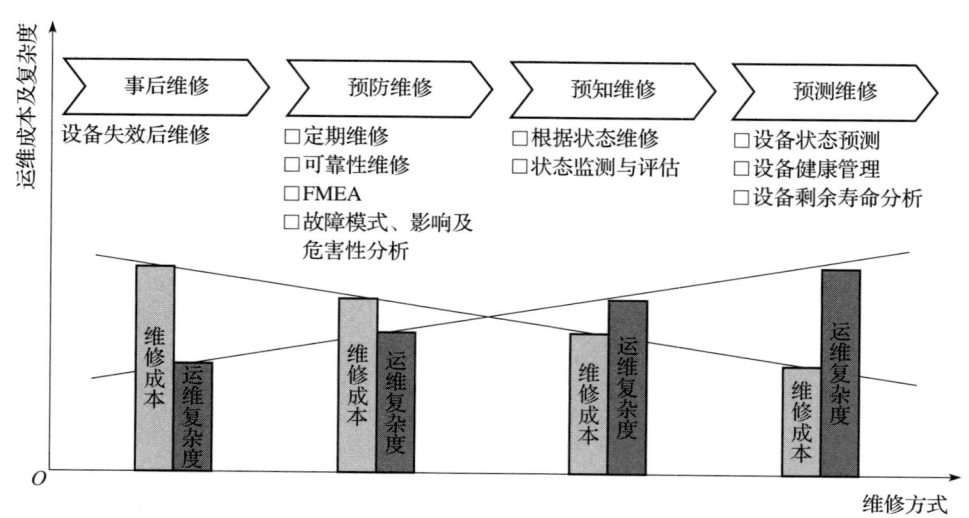

图2-1 设备维修方式演进带来的变化示意图

2.2 设备运维模式的发展

设备运维模式是指设备的运维管理模式,包括组织架构、人员要求、管理界限等。我国主要经历过两种设备运维模式,即**预防维修模式**和**点检定修制模式**,当然也有其他模式,如电力系统的特有模式等。

近年来,智能运维作为一种新型的设备运维管理模式应运而生,它不仅融合了国外的先进管理理念,还结合了国内实际,是我国自主创新的一种先进设备运维管理模式,是设备管理的发展趋势。

2.2.1 预防维修模式

预防维修模式是在第二次工业革命后发展起来的。我国的预防维修模式起源于苏联,其思想是,在严格的设备设计制造规范和完全计划形式的生产体制条件下,为预防设备的故障和事故损失,企业对设备采取强制性计划维修。该模式是与苏联的设备和技术同步引入的。当然强制性计划维修也不是针对所有生产设备,一般仅针对关键或重要设备,一般性生产设备会采用事后维修的方式。

在预防维修模式下,设备管理的组织架构是在各生产厂设立设备车间,下设工段、班组;维修模型一般采用小修、中修、大修方式;人员一般分为机、电、仪等维修工种,设备维修人员一般不参与设备状态的管理,而是根据时间计划参与检修。其设备的管理界限一般以生产厂为限,一个生产厂的设备维修人员一般很难参与到其他生产厂的设备维修工作中。

2.2.2 点检定修制模式

点检定修制是在改革开放后,宝钢从日本新日铁全面引进并推广至全国的设备维修模式,其核心是在预防维修的基础上加入**点检**,通过点检掌握设备的状态。因此在点检定修制模式下,设备维修方式包含**事后维修、预防维修和预知维修**。

在点检定修制模式下,设备管理的组织架构为设置设备部、各生产厂的设备地区室,各地区室下设作业区和技术组,另外设备部设有专业的维修队伍和设备检测队伍,充分体现了专业的事交给专业的人去做的核心理念。

点检定修制模式分为日修、定修、年修;人员主要有点检员(主要在各地区室)、设备技术人员(主要在设备部和地区室的技术组)、设备管理人员(主要在设备部,地区室也有设备管理员)、设备维修人员(主要在专业维修队伍)。

注意:一般以生产基地(下设多个生产厂)作为设备管理界限,不同生产基地之间基本是跨地域的,因此设备维护人员很难异地协同。

点检定修制主要以点检员人工感知设备状态，因此是以预防维修为主，多种维修方式（运维策略）并存的设备维修模式。随着技术的发展，开始引入专业队伍以及设备点检仪与在线设备状态监测系统等先进的设备状态检测数字化装备。一些点检定修制执行得较好的企业，已经做到了以状态维修为主，多种维修方式并存的设备维修模式。

2.2.3 设备智能运维模式

随着设备数字化[一]的不断发展，可以发现数字化能力在各类设备上并不均衡，设备的数据利用率不高，设备管理的方式、人员的能力素质、设备管理系统的功能等跟不上设备数字化发展的要求，因此设备智能运维模式应运而生。

设备智能运维模式是基于设备数字化的全新设备管理模式，是一种革新性的管理模式，它依托于设备的全面数字化，以状态预知为主导，并兼容多样化的维护策略。这一模式以设备数据化为基础，以智能化分析决策为核心，以数据平台集成化为实施载体，共同构建了一个全新的、高效能的设备运维体系。

设备智能运维模式，作为设备数字化进程中的产物，要求企业的组织结构、维护模型、人员技能、管理体系和技术规范均需遵循数字化转型的原则，进行系统化设计与持续优化。这不仅意味着对现有流程的重塑，更要求企业不断提升其技术能力与人员素质，以适应快速变化的技术环境和日益增长的服务需求。

在向智能运维模式转变的过程中，智能运维的发展有成熟度上的区别，是循序渐进的。

2.3 设备维修方式与设备运维模式的关系

设备维修方式随着技术的发展而发生变化，技术的进步帮助我们找到确定最佳维修时间的方法，但这种方法的实现需要有相应的设备管理制度支撑。**设备运维模式**不仅体现了技术的进步，还融合了适应这些技术进步的生产关系，成为实现先进设备维修方式的制度保障，可以确保各种设备维修方式在一套管理模式下共同发展。相比设备维修方式，设备运维模式更侧重于设备管理的体系，实现了技术与管理的融合。

设备维修方式和设备运维模式都受到设备维护技术的驱动。两者是相辅相成的关系，设备维修方式需要在设备运维模式的框架内才能发挥作用，而设备运维模式需要依赖设备维修方式的进步才能得到发展，这有些类似于生产力与生产关系。两者不能相互混淆和替代。

设备智能运维是全新的设备管理模式，**不能简单地认为预知维修就是智能运维**。智能运维包含预知维修，但相比预知维修，它涉及的面更广，内容更多。

[一] 在本书中，设备数字化指的是将物理设备的各种属性、运行状态、性能以及运维过程相关记录等信息转换成数据，以便通过各类系统进行存储、处理、分析和利用。

2.4 智能运维模式的发展趋势探讨

随着智能制造的深入发展,设备智能运维模式已成为设备运维发展的必然选择,主要原因如下。

1) **推进中国式现代化的本质要求**。中国共产党第二十届中央委员会第三次全体会议通过的《中共中央关于进一步全面深化改革 推进中国式现代化的决定》要求高质量发展,健全促进数字经济和实体经济深度融合制度。工业企业的数字化是国家深化改革的要求,因此设备运维的数字化、智能化势在必行。

2) **成为制造强国的要求**。改革开放以来,我国在工业领域取得了巨大的进步,随着信息化与工业化的融合,智能制造的不断推进,工业领域必将获得高质量的发展。但目前我国的工业流程,在劳动生产率、产品品种规格、产品质量、环境保护等方面与国外先进企业相比还存在不小的差距。我们在设备运维方面同样需要追赶。

例如,日本新日铁早在 21 世纪初就在全厂基本普及了在线监测系统,并提出了 21 世纪维修的新概念——适应性维修,它的宗旨是企业的生产活动要适应形势的变化。在设备管理方面,要随产量的变化、设备的劣化情况、诊断技术的进步以及周围各种条件的变化,让体制和方式也进行适应性的变化。这一管理模式的核心是以最小综合费用(综合费用=维修费用+设备因素的生产损失)为目标,综合生产、设备劣化、诊断技术等各种因素来制订维修策略。近期该厂在积极应用 IoT(物联网)和 AI(人工智能),努力提高生产率和改善产品质量。

又如,美国大河钢铁公司利用控制系统和部分状态监测传感器(共计 5 万余个)监控设备的温度、压力、振动、化学成分等参数,并动态预测设备磨损及其设备故障,通过机器学习的手段进行智能化的设备状态诊断,并根据诊断及预测结果安排检修计划,已经初步实现了智能设备运维。

在其他行业,如 GE(通用电气)的航空发动机智能运维,以及各大自动化设备供应商的智能运维系统及其体系化能力都处于领先地位,值得我们研究和学习。

要成为制造强国,必须在设备运维方面赶上并超越世界先进水平,因此设备智能运维是我国成为制造强国的必然要求。

3) **智能制造深入发展的要求**。工业设备是支撑制造业水平的核心要素,设备的功能、精度是保障产品高质量的必要条件,设备的持续稳定、安全运行是保障经济发展的基础要求。智能化的设备必然要求有智能的设备运维作为支撑。

4) **智能运维是企业自身发展的要求**。随着市场竞争的加剧,用户对产品质量的要求变得更加苛刻,这对设备的功能精度提出了更高的要求,同时对产品的品种要求也更多,这要求企业进行小批量、多品种的生产。随着企业降成本压力的加大,维修费用逐步减少,设备管理、点检、维护相关人员的数量也在压缩。如何在更少的人员、更少的维修费用的前提下，使设备更有效、安全、可靠地运行是企业迫切需要解决的难题。同时，随着技术的进步，生产设备的功能精度不断提升，设备也变得越来越复杂，在传统设备运维模式下，依靠"传、帮、带"方式传承的运维知识已不能满足对复杂设备进行运维的需求。例如企业中经常会出现若干年前已经可以很好解决的问题变成当下的难题，又或者出现重复性故障。这些问题表明，企业需要有更好的技术手段实现知识的有效积累和传承，从而提高效率与竞争力。因此，采用高效的运维方法也是作为市场主体的工业企业本身的发展要求。

5）**智能运维也是广大设备运维人员的发展要求**。营造轻松无忧的工作氛围一直是设备工作者的梦想。一般来说，有以下3项举措：首先，设备的数字化、智能化可降低设备工作者的工作压力；其次，通过延长设备寿命、降低设备维修工作量也可以改善设备维修工作者的工作环境；最后，以标准化、知识的数字化积累来降低设备运维的进入门槛。只有通过设备智能运维，才能满足设备运维人员的需求。

综上所述，智能运维是深化改革、推进中国式现代化的本质要求，是成为制造强国的要求，是智能制造发展的要求，是企业自身发展的要求，也是设备运维人员发展的要求。毫无疑问，设备智能运维是设备管理发展的必然趋势。

CHAPTER 3

第 3 章

设备智能运维的成熟度

国家标准给出了智能制造能力成熟度模型，将智能制造成熟度分为 5 个等级，分别如下。
- 规划级（一级）：这是智能制造初始阶段，是企业开始规划和实施智能制造的基础和条件。在此阶段，企业能够对设计、生产、物流、销售等核心业务活动进行流程化管理。
- 规范级（二级）：企业在这个阶段采用自动化技术和信息技术等手段对核心装备和核心业务活动进行改造和规范，实现单一业务活动的数据共享。
- 集成级（三级）：企业会对装备、系统等进行集成，实现跨业务活动间的数据共享。
- 优化级（四级）：在这个阶段，企业通过数据挖掘，形成知识和模型，实现对核心业务活动的精准预测和优化。
- 引领级（五级）：这是智能制造的高级阶段，企业基于模型持续驱动业务活动的优化和创新，实现产业链协同并衍生新的制造模式和商业模式。

成熟度模型中给出了 4 个能力要素，包括人员、技术、资源、制造，将这 4 个能力要素进行分解，便可得到能力子域（可参考 GB/T 39116—2020）。

智能运维领域目前没有国家标准，也没有可以参考的成熟度能力划分。笔者通过长期研究和多方研讨，参考智能制造成熟度模型，给出了智能运维成熟度模型，与智能制造成熟度等级一样分为 5 个等级，从第一级开始到第五级。

3.1 为什么需要设备智能运维成熟度模型

设备智能运维是发展中的设备管理模式，那么它必然有发展的过程。因此设备智能运维成熟度模型在设备运维领域有至关重要的作用，它不仅是评估企业设备智能运维水平的重要工具，也是指导企业进行设备智能运维战略部署和实施规划的方法论。具体体现在以下方面。

1）**评估企业智能运维现状**：通过设备智能运维成熟度模型，企业可以全面了解自身在设备智能运维方面的现状和水平。这包括对设备数字化、智能化能力的评估，帮助企业识别出在设备智能运维推进过程中的优势和不足。

2）**明确战略目标**：企业可以利用设备智能运维成熟度模型来建立设备智能运维的战略目标和实施规划。成熟度模型提供了一套清晰的框架，可指导企业如何根据自身情况制定合理的发展目标和投资计划。

3）**提供改进路径**：设备智能运维成熟度模型描述了智能运维的核心要素、特征以及等级演进的路径。这为企业持续提升智能运维核心能力提供了参考，同时为评价智能运维水平提供了依据。

4）**促进技术应用**：设备智能运维成熟度模型鼓励企业采用先进的技术和方法，如设备状态监测、AI等，以保障设备安全持续运行、提高生产效率和产品质量。这些技术的集成和应用是构建智能运维成熟度模型的关键。

5）**培养专业人才**：随着智能运维成熟度模型的推广和应用，对于相关专业人才的需求也在增加。这促使教育机构和企业加大对智能运维领域人才的培养力度，以满足行业发展的需求。

6）**增强企业竞争力**：企业通过提升智能运维成熟度，保障设备稳定持续运行，降低整体设备运维成本，使得企业在市场中占据有利地位。

智能运维成熟度模型在企业设备智能运维中的作用是多方面的，它不仅能够帮助企业评估自身的智能运维水平，还能指导企业制定智能运维战略规划，促进技术应用和人才培养，推动设备运维技术升级和创新发展，从而在激烈的市场竞争中占据有利地位。

3.2 智能运维的成熟度要素

在智能运维成熟度模型中，智能运维成熟度要素为设备数字化、数据分析与智能化、人员能力素质、管理、数据平台这5个，这5个要素相互制约、相互依赖，缺一不可。人员和管理在智能制造成熟度模型中是包含在人员中的两个子项，在智能运维中为了体现模式的管理属性，将管理单独列出。这5个要素的具体内容如下。

（1）设备数字化

设备数字化是指将能够表征设备特征及运行过程的参数接入智能运维数据平台的完整程度，不同的维修策略和类别的设备对数据的要求是不同的。数据要覆盖设备运维的各个环节，使数据形成闭环，才能实现数字化的目的，得到期望的设备运维效果。虽然数据越少，处理效率越高，但不能出现为了减少数据而导致缺失必要数据的情况，数据缺失不仅不能达到预期目标，还会造成资源的浪费，适得其反。

（2）数据分析与智能化

数据分析与智能化是指对获取数据的处理及利用的程度和效果，包括数据的甄别、对齐、分组、特征提取、预警、诊断、决策、应用、评价等一系列过程，也包括知识获取与学习的过程。数据利用的能力越强，数据能够体现的价值就越高。

其中，智能化是指数据利用过程中机器可替代人工进行自动处理的能力，或者完成人工无法直接完成的任务的能力，如利用 AI 模型可自动预警、诊断、给出决策建议，或者通过学习来优化生产参数等。智能化程度越高，人员的工作效率也会越高。

（3）人员能力素质

人员能力素质是指参与设备运维人员的能力素质水平，在智能运维的模式下，运维人员应该具备在数字化环境下工作的能力，包括点检人员、技术人员、管理人员、维修人员均有相应的能力提升要求。设备运维人员能力素质是做好设备智能运维工作的关键要素。

（4）管理

管理是指智能运维模式推进中的所有管理工作，包括目标制定、组织设计、费用预算、标准制定、人员培训、技术评估、流程优化、绩效评价等一系列的工作，在以设备数字化为基础的智能运维模式下，只有管理先行，才能充分发挥智能运维的作用。

（5）数据平台

数据平台是指承载所有设备数据、工作流和智能化工具的软硬件平台，数据平台的功能与性能必须满足智能运维模式设定的要求。

3.3 设备数字化的要求

设备数字化是指将能够表征设备特征及运行过程的参数转化为数据，并将其录入数据平台的过程。设备数字化的百分比是指已完成数字化的设备数量占对应区域或生产厂生产性设备总数量的比例，计算公式为已完成数字化的设备数量除以生产性设备总数量，再乘以 100%。

采用不同维修策略设备的数字化要求是不同的，不同类别的设备的数字化要求也有不同，但对于要完成数字化的设备，需要有相应的数据标准，并规定哪些是必要的数据。对于必要的数据，要求全部进入数据平台，以保证数据的完整性与整体性，不完整的数据对整个设备数据库来说可能是无效数据。

运维数据要覆盖设备运维流程的各环节，使数据形成闭环，使数据在整个运维过程中得到验证。因为数据没有完成闭环，就意味着数据没有得到验证，或者结果与过程不对应，所以无法分辨这些数据的实际效果，这样的数据对于知识的积累没有实质性的贡献。

3.3.1 智能运维一级的设备数字化要求

有超过 15% 的生产性设备完成数字化，这些设备可以是事后维修的设备、预防维修的设备、预知维修的设备及预测维修的设备（参见第4章）。但要注意的是，这些设备数据需要是全部的必要数据，缺少必要的数据可能会导致在数据分析时得到错误的结果；**有超过10%的运维活动数据得到采集**。注意，这里的10%是指基于全部的运维活动项次的10%，对每一项次的运维活动，需要有全部必要的数据，这些项次要求覆盖在已数字化的设备上，以实现设备运维数据的闭环。在线监测设备一般是指对关键、重要设备，故障多发设备，点检频繁的设备等而言的，在设备上加装传感器对更好地掌握设备状态有较大的作用。智能运维一级的设备数字化要求如下：

1）具有基本的设备数字化规范，设备数字化率达到15%及以上，运维过程数字化率达到10%及以上。

2）对关键、重要设备采用相应的在线检测技术，实施在线与离线相结合的诊断方法，设备状态数字化率达到10%及以上。

3）数据完整度达到80%及以上，数据可信度达到90%及以上、设备维修数字化准确率达到80%以上。

3.3.2 智能运维二级的设备数字化要求

智能运维二级的设备数字化要求在一级的基础上增加了完成设备数字化的设备比例，增加了运维流程的数字化比例，同时引入了生产过程参数来分析设备问题，这是一种间接获取设备状态的有效方法。

注意：在具体实践中，如果是为了设备监测去掌握生产过程数据，则获取数据的成本全部计算在智能运维上。你可能会感觉投入较大，但这些数据同样是智能制造所需要的，而如果能够同步利用在智能制造中，这将极大降低智能运维的成本。但不建议在可能同步建设的情况下为了降低智能运维的成本分担而故意推迟建设周期，因为设备运维与智能制造对生产过程的数据采集频率、处理方法等的要求各有侧重，在完成智能制造系统的数据采集后再进行智能运维的数据采集的成本会加大，不但不能降低智能运维数据采集的成本，反而导致了整体成本的增加。

智能运维二级的设备数字化要求如下。

1）拥有覆盖多数设备的智能运维规范标准，设备数字化率达到50%及以上，运维过程数字化率达到50%及以上。

2）对设备按需实施多种在线监测技术，能够通过生产过程参数掌握部分设备的运行状态，设备状态数字化率达到30%。

3）数据完整率达到80%，数据可信度达到95%及以上，设备维修数字化准确率达到85%及以上。

3.3.3 智能运维三级的设备数字化要求

智能运维三级是在生产线或整个车间完成设备的数字化,一般是在设备数据获取方面按经济性、有效性及效果等方面经综合评估,以最为合理的配置获取设备智能运维所需的各类数据,包括设备基础数据、运行数据和运维过程数据。智能运维三级的设备数字化要求如下。

1）拥有完善的智能运维规范标准,全部生产性设备（产线或车间）设备数字化率达到100%,运维过程数字化率达到100%。

2）对设备实施多种在线监测技术实现设备状态在线监测,完整采集生产过程参数及产品信息,设备状态数字化率达到50%及以上,可满足生产过程优化、产品质量预测及设备状态监测的要求。

3）数据完整率达到85%及以上,数据可信度达到95%及以上,设备维护维修数字化准确率达到90%及以上。

3.3.4 智能运维四级的设备数字化要求

智能运维四级的设备数字化是在一个企业（集团）中的多个同类产线或车间均按统一标准实现了三级的数字化要求,具备完整的设备数据字典,并实现数据的互联互通。智能运维四级的设备数字化要求如下。

1）拥有完整的、各生产基地共同的智能运维规范标准,实现多地域下多产线或多车间设备数字化和多产线或多车间的运维数字化,设备数字化率达到100%,运维过程数字化率达到100%。

2）对设备应用多种在线监测技术以实现设备状态的在线监测,完整采集生产过程参数及产品信息,设备状态数字化率达到50%及以上。

3）数据完整率达到90%以上,数据可信度达到98%及以上,设备维护维修数字化准确率达到90%及以上。

4）数据平台内同类设备数据及同类设备运维数据可实现互联互通。

3.3.5 智能运维五级的设备数字化要求

智能运维五级为设备智能运维的最高等级,是在企业整体实现智能制造五级的情况下,形成企业的所有数据统一,其设备数字化要求如下。

1）完成所有生产性设备数字化及设备运维全过程的数字化,形成上下游产线以及智能运维产业链的数据协同。

2）设备数据与生产数据、销售数据、采购数据等形成统一的整体。

3）所有设备数字化的指标均高于智能运维四级的水平。

3.4 对数据分析与智能化程度的要求

数据分析与智能化是衡量企业获取与应用设备数据能力的指标。运维数据采集的目的是应用，因此数据分析与智能化应该是和设备数字化同步发展的。

数据分析与智能化包括数据的清洗、归类、特征化、预警及诊断、统计、知识获取、决策等。不同的智能运维等级，对数据分析与智能化的要求和应用的程度也有区别。以下为数据分析与智能化一级至五级的能力要求。

3.4.1 数据分析与智能化一级的能力要求

数据分析与智能化一级应具备数据清洗能力，对数据的质量具备一定的鉴别能力，如设备停机时的振动数据只能作为环境或基础的振动，与设备本身的状态没有关系，这些数据不能作为该设备的振动状态数据。能够对获取的工况参数及振动、温度等监测参数进行融合，具备各类监测参数的特征量提取能力，并根据不同的工况设定合理的预警值。具备必要的信号分析能力和模型预警能力，至少在监测－诊断－结果验证方面形成数据闭环，能够根据数据闭环结果优化预警模型。对设备数据进行统计分析，对备品备件进行适用性分析并提出优化报告。

基本的数据分析与智能化一级的能力要求如下：

1）对设备数据具有数据质量要求，对不符合质量要求的数据具备一定的鉴别和提醒能力，能够剔除不合理数据，使数据可信度达到 95% 及以上。

2）具备动态数据处理能力和状态特征量提取能力，特征量提取能够满足对设备进行状态预警和分析的需要。

3）设备数据的分组率达到 90% 及以上。

4）建立必要的状态预警模型，能够对不同工况进行甄别并分别预警，设备状态预警准确率达到 80% 及以上。

5）具有设备状态诊断能力及设备运维的决策能力，诊断准确率达到 80% 及以上。

6）对维护维修过程数据具有一定的鉴别和评价能力，对设备数据具有统计和分析能力，可依据分析结果提出设备备件优化建议。

7）具备数据闭环能力。

3.4.2 数据分析与智能化二级的能力要求

数据分析与智能化二级在一级的基础上，加强了动态数据的处理要求，不仅能够处理如振动、视频等动态数据，也要能够处理生产过程的动态数据。尤其从生产过程数据中抽取设备工况数据时，对工况数据与设备状态信号数据的时空对齐有较高的要求。因为数据分析与智能化二级也加强了对数据闭环的要求,所以也相应地增加了对必要的运维知识学习的能力和决策支持能力的要求。基本的数据分析与智能化二级的能力要求如下。

1)对设备数据有较高的数据质量要求,能够有效剔除不合理数据,使数据可信度达到98%及以上。

2)具备良好的动态数据处理能力及状态特征量提取能力,动态数据及状态特征量能够满足设备状态分析诊断的要求。

3)对设备数据的分组率达到98%及以上。

4)能够利用生产过程数据建立设备状态预警分析模型,预警准确率达到50%及以上。

5)为设备监测数据建立预警模型和诊断模型,模型预警准确率和诊断准确率达到80%以上,维修建议准确率达到80%及以上。人工介入情况下,以上三个指标均高于85%。

6)对维护维修数据具有鉴别和评价能力,具有知识学习和模型调优能力,对设备数据具有统计和分析能力,可提供备件优化建议。

7)数据闭环率达到50%及以上。

3.4.3 数据分析与智能化三级的能力要求

数据分析与智能化三级在二级的基础上增强了对动态信号处理、数据闭环、动态信号特征量提取能力的要求,增加了对设备功能、精度的分析和预警功能,增强了对运维知识的提取、表达和优化的要求,增加了对基于设备状态的控制优化能力的要求,增强了决策支持能力的要求。基本的数据分析与智能化三级的能力要求如下。

1)拥有数据质量规范,使数据可信度接近100%。

2)对设备数据的分组率达到98%及以上。

3)可以对各类动态信号进行特征提取和分析,基于生产过程数据建立的设备状态预警分析模型的预警准确率达到70%及以上。

4)解决如振动、声音、图像等数据流的特征提取及预警问题,为设备监测数据建立预警模型和诊断模型,模型预警准确率和诊断准确率达到80%及以上,维修建议准确率达到85%及以上。人工介入情况下,以上三个指标均高于90%。

5)具备基于设备状态的控制参数优化能力,优化模型在给定参数情况下的预测精度误差在1%以内。

6)对维护维修数据具有鉴别和评价能力,具备知识学习和运维过程的决策支持能力。

7)数据闭环率达到70%及以上。

3.4.4 数据分析与智能化四级的能力要求

对比三级,数据分析与智能化四级扩大了数据互联互通的范围,学习和应用的范围更大，这就要求在更大范围内统一数据标准，统一运维流程。与三级对比，它的设备管理幅度更大，并且要求在智能运维覆盖的区域执行相同的标准、规范和流程。基本的数据分析与智能化四级的能力要求如下。

1）拥有统一的数据质量规范，使数据可信度接近 100%。

2）对设备数据的分组率达到 98% 及以上。

3）可以对各类动态信号进行特征提取和分析，利用生产过程数据建立设备状态预警分析模型的预警准确率达到 70% 及以上。

4）解决振动、声音、图像、视频等流数据的特征提取及预警问题，为设备监测数据建立预警模型和诊断模型，模型预警准确率和诊断准确率达到 80% 及以上，维修建议准确率达到 85% 及以上，人工介入情况下以上三项指标均高于 90%。

5）具备基于设备状态的控制参数优化能力，优化模型在给定参数情况下的预测精度误差在 1% 以内。

6）数据闭环率达到 80% 及以上。

7）对维护维修数据具有鉴别和评价能力，具备较强知识学习和运维过程的决策支持能力，各地域企业的优秀运维实践可在全地域推广。

3.4.5 数据分析与智能化五级的能力要求

数据分析与智能化五级是在智能制造五级的框架下实现数据的综合应用，其基本的数据分析与智能化要求如下。

1）可以根据产品规格和上下游设备状态，优化调整设备的运行工况；结合能耗、环境因素，使设备运行在最佳工况下。

2）可以贯穿智能运维产业链并支持智能运维的新商业模式。

3）各项指标均优于智能运维四级的水平。

3.5 对人员能力素质的要求

为实现设备智能运维，运维人员必须具备相应的设备数字化意识、数据灵活应用技能以及数字化策划与导向能力，因此提升人员能力成为首要任务。设备运维人员的能力素质要与智能运维的发展水平相适应，以保障设备智能运维顺利开展。通常情况下，各级的人员配比需要满足以下要求。

1）智能运维一级需要在设备点检人员、设备技术人员、设备维修人员、设备管理人员中应具有 10% 以上的智维（智能运维的简称）工程师、智维分析师、智维维护师、智维管理师一级的人员或具有相应能力素质的人员。

2）智能运维二级需要具有 10% 及以上拥有智维工程师、智维分析师、智维维护师、智维管理师二级或具有相应能力素质的人员。

3）智能运维三级需要具有 10% 及以上拥有智维工程师、智维分析师、智维维护师、智维管理师三级或具有相应能力素质的人员。

4）智能运维四级需要具有 10% 及以上拥有智维工程师、智维分析师、智维维护师、智维管理师四级或具有相应能力素质的人员。

5）智能运维五级需要具有 30% 及以上拥有智维工程师、智维分析师、智维维护师、智维管理师四级或具有相应能力素质的人员。

3.5.1　智能运维一级对人员能力素质的要求

智能运维一级要求设备及运维流程的数字化比例为 10%～15%，因此也要求有 10%～15% 的设备运维人员具有相应的能力。但这些能力不一定是掌握在同一部分人群中，而是需要按从事的工作类型不同，各自掌握其工作范围内所需要的能力。例如，设备点检人员，需要掌握相应的设备数字化能力和在线监测系统维护与使用能力，设备维修人员需要掌握维修相应的数字化能力及在线监测系统的安装与调试能力等。具体的人员能力素质分配需要根据企业实际情况进行合理安排，但需要整合后的能力满足以下要求。

1）拥有智维工程师、智维分析师、智维维护师、智维管理师一级资格或同等水平的人员，且分别占各类人员比例的 10% 以上。

2）初步具备设备智能运维规范标准制订能力。

3）具有一定的设备分类分层能力和设备数字化能力。

4）具有在线监测系统的选型、安装调试和应用维护能力。

5）可以设置设备状态预警值，对监测数据进行分析诊断。

6）可提出、审核维护维修方案并组织实施。

7）对设备数据具备一定的统计、分析能力，并可为部分设备提供设备备件的优化选型建议。

8）对已实施在线监测的设备具有模型应用能力。

9）对数据的分组及闭环具有一定的实际应用能力。

3.5.2　智能运维二级对人员能力素质的要求

与一级相比，智能运维二级要求掌握智能运维知识的人员比例更高：按照 50% 以上设备实现数字化要求的比例，也需要有超过 50% 的设备运维人员具有智能运维的知识和技能，其中还要求部分人员掌握更多的智能运维知识和技能。其人员的总体能力素质要求如下。

1）拥有智维工程师、智维分析师、智维维护师、智维管理师一级资格或同等水平的人员分别占各类人员比例的 50% 以上，其中 10% 以上具有二级资格或同等水平。

2）具有设备运维标准的制定、修订能力，具备设备的分类分层能力和相应的设备数字化能力。

3）具有各类在线监测系统的设计、安装调试、应用维护及在线监测系统的改进能力。

4）可以优化预警值并提供设备状态的判定结果，可审核、批准重要维护维修方案并组织实施。

5）具有设备数据统计、分析能力，并可提供各类优化建议。

6）具备良好的模型训练、应用和优化能力。

7）具有较强的数据分组及闭环能力。

3.5.3　智能运维三级对人员能力素质的要求

智能运维三级要求在其产线或车间内的所有设备运维人员具备一定的智能运维技能，其中一部分人员掌握更深入的三级智能运维技术技能。智能运维三级对人员的能力素质要求主要如下。

1）拥有智维工程师、智维分析师、智维维护师、智维管理师三级资格或同等水平的人员分别占各类人员比例的 10% 以上，二级资格或同等水平的人员分别占各类人员比例的 20% 以上，一级资格或同等水平的人员分别占各类人员比例的 40% 以上。

2）具有完整的设备数字化能力。

3）具有设备、生产工艺、数据分析的综合能力，充分了解设备的各种功能并能构建对各种功能进行状态分析的数据模型，可完成数据分组和建立设备功能精度预警模型，能够对设备功能精度设置预警值。

4）可审核、批准重大设备维护维修方案并组织实施。

5）具备通过生产过程数据进行基于设备状态的过程参数优化能力，可对设备功能精度及产品质量稳定提供优化建议。

6）熟练掌握建立和应用各类数据闭环的方法，并通过数据闭环提炼运维知识。

3.5.4　智能运维四级对人员能力素质的要求

相比三级，智能运维四级在智能运维知识技能、人员能力素质要求、占比方面有更高的要求，相应的，智能运维四级运维人员的劳动生产率也更高。要求具备二级智能运维水平的人员比例达到 70% 以上，达到三级智能运维水平的人员比例在 30% 以上，并且部分人员具备四级智能运维水平。智能运维四级对人员的能力素质要求如下。

1）拥有智维工程师、智维分析师、智维维护师、智维管理师四级资格或同等水平的人员分别占各类人员比例的 10% 以上，三级资格或同等水平的人员分别占各类人员比例的

20% 以上，二级资格或同等水平的人员分别占各类人员比例的 40% 以上。

2）具有对同类产线设备、生产、工艺的数据分析能力，可根据多条同类产线或设备的数据为设备功能精度及产品质量稳定提供优化建议。

3）能够通过各区域运维方案的数据优化维护维修方案，通过数据分析优化运维流程。

4）能够提出、审核、批准各类设备智能运维方案。

3.5.5 智能运维五级对人员能力素质的要求

智能运维五级是数字化、智能化程度最高的智能运维等级，不仅要求设备运维人员具有丰富的设备智能运维知识和经验，还要求能与各相关方协同，做到整体利益最大化。智能运维五级对人员的能力素质要求如下。

1）拥有智维工程师、智维分析师、智维维护师、智维管理师四级资格或同等水平的人员分别占各类人员比例的 20% 以上，三级资格或同等水平的人员分别占各类人员比例的 30% 以上。

2）理解企业生产全流程对设备的要求，可根据上下游设备状态的变化，对本产线设备运维提供优化解决方案。

3）具有价值最大化的设备运维理念，能够按价值最大化的思想设计设备整体运维方案。

4）能够构建智能运维产业链并创造新型智能运维产业模式。

3.6 对管理的要求

智能运维的整体工作是由管理人员组织推进的，只有有明确的目标、清晰的管理思路、切实可行的推进方案，智能运维才能按照正确的方向发展。因此将管理单独列为智能运维五要素之一。

设备管理的范围很广，包括设备资产管理、维修费用管理、设备技术改造管理、设备技术管理、管理体制机构设置等诸多内容。本部分不涉及广义的设备管理，仅论述设备智能运维推进中涉及的管理要求。

参与智能运维成熟度评价的企业必须具有设备智能运维发展的战略规划，具有明确的责任体系和与战略规划相适应的实施计划。在此基础上，设备智能运维的管理需要满足下述等级要求。

3.6.1 智能运维一级的管理要求

智能运维的管理是以各类标准、规范为基础，以运维流程优化为重点，以明确职责为抓手，以提升人员素质为途径的整体运维体系变革。由于智能运维一级是设备管理模式的转折点，也是一个新的起点，因此该阶段的管理工作的任务是最为繁重的。第一步走好了，后续工作就有好的基础,如果第一步急于求成,没有打下良好的基础,可能会给后续工作带来较大的返工工作量。

在策划智能运维一级如何实施时,一般还需要考虑以后二级、三级应该如何发展。例如定义各类设备的维修模式时,尽管在智能运维一级时的预知维修工作比例较小,但需要考虑哪些是一直采用事后维修的、哪些将一直采用预防维修、哪些是当前需要实施预知维修的,哪部分是在二级时实施预知维修的,还有哪些是三级时需实施预知维修的。设备分类分层也是在实施智能运维时就需明确的,一般不宜做过多调整,因为设备分类分层是作为设备属性的一部分,与设备数据一起存入智能运维平台的。

智能运维一级的管理要求如下。

1)能够建立设备维修模式规范,明确哪些设备为事后维修,哪些为预知维修,哪些是目前采用预防维修,条件成熟时可以进行预知维修的,哪些是一直采用预防维修的。

2)建立设备分类分层规范,对设备进行分类分层。

3)明确各类设备的基础数据要求和数字化要求,并形成初步的规范。

4)明确预知维修设备的数字化要求,明确运维过程的数字化要求。

5)对关键设备的状态进行量化管理,将预警结果纳入运维流程。

6)依据备件优化建议逐步优化备品备件。

7)能够组织智能运维一级所要求的人员培训。

8)能够组织和进行对智能运维过程及其结果的评价。

3.6.2 智能运维二级的管理要求

智能运维二级是在一级的基础上进一步加大了设备的数字化比例,因此设备智能运维的各类标准比一级有大幅度的扩展,数据分析的要求也有所提高。智能运维二级的管理应以进一步提升整体设备运维效率为目标,加强设备数字化基础上的设备管理。例如加强对设备数据闭环的要求、加强各类设备维修方式的落实、加强对设备数据准确性的检查等,使数据能够更多地转化为知识,并且使智能运维更多地体现应有的效果。其主要管理要求如下。

1)建立设备维修策略规范,并根据智能运维的发展动态调整设备的维修策略。

2)能够制定及组织制定相应的设备数字化标准,明确数据要求。

3)形成完整的设备数字化管理体系。

4)设计智能运维评价体系,可以客观地评价智能运维的执行情况。

5)设计、优化基于数据的运维流程。

6)依据备件优化建议逐步优化备品备件。

7)协调基于设备状态数据的生产过程优化建议的落实实施。

8）组织落实智能运维二级所要求的人员技术技能培训。

3.6.3 智能运维三级的管理要求

智能运维三级的管理要求与二级相比，设备的数字化比例提高到100%，因此智能运维的各项标准要覆盖到生产线或车间的所有设备类型，各项标准的执行范围也更为广泛，所有的设备运维人员都需要具备智能运维的概念和技能，因此管理的工作更为繁重。设备管理的目标需要更侧重在设备运维的效益体现上，因为智能运维三级更多的是以生产过程数据来监测设备的运行状态，监测内容更偏向于设备的功能与精度，以及产品产量与质量。智能运维三级已经实现了生产线或整个车间级的智能运维，其智能化程度、知识学习的效果等也是管理评价的重点。其主要的管理要求如下。

1）制定完整的智能运维管理规范或标准。
2）形成优化的、基于数字化的设备管理目标。
3）形成完善的、基于设备数据的设备管理体系。
4）对智能运维各环节提出评价指标，并根据评价指标不断完善智能运维各项制度。
5）形成基于数据的设备管理规范并落实实施。
6）必要时协调基于设备状态的优化控制方案的落实。
7）组织落实智能运维三级所要求的人员技术技能培训。

3.6.4 智能运维四级的管理要求

由于很多企业是跨地域的，各地的企业文化、工作习惯不同，可能对标准规范的理解也有差异，因此在智能运维四级中，文化的认同是管理的重点。这些认同包括管理体系一致性、评价体系一致性、价值体系一致性等。当然不同区域的设备运维数据要进行相互借鉴，需要有不少验证工作，甚至由于气候条件等的影响，同类工作在各地域也有差别，生产过程控制参数也是如此。因此在进行多地域管理时，需要识别各类差异，将这些差异也作为重要数据。其主要管理要求如下。

1）具有跨地域智能运维文化的建设能力。
2）具有跨地域标准规范的推广及保持标准权威性的能力。
3）具备跨地域运维管理和体系优化能力，并能通过指标评价促进各区域设备运维能力向上看齐。
4）能够识别各地域的差异性并将差异性数字化，优化设备智能运维评价体系。
5）对相同产线或相同设备的运维流程进行评价，并不断改进，在剔除差异后形成优化的产线或设备运维规范。
6）组织落实各区域智能运维人员技术技能培训。

3.6.5 智能运维五级的管理要求

智能运维五级的管理要求是在整体智能制造基础上的设备智能运维管理，需要实现产业链协同，并衍生新的制造模式和商业模式。智能运维的管理也需要整体产业链协同，在设备智能运维领域创新运维的商业模式。其主要管理要求如下。

1）具备高等级智能制造下的设备智能运维管理能力，综合产品规格、制造周期等因素，按价值最大化优化设备整体运维方案。

2）实现智能运维产业链协同，并创造新型智能运维产业模式。

3）组织推进设备智能运维人员的能力素质提升。

3.7 对数据平台的要求

智能运维数据平台不仅是设备运维数据的载体，是智能运维流程及管理思想的体现，是全体设备运维人员工作的平台，还是各种智能化工具、模型的舞台，更是智能运维知识汇聚和展示的平台。因此智能运维平台需要设计合理、运行流畅，并具备良好的安全性和可靠性。

数据平台的易用性、用户黏性、多类型终端、可靠性、安全性等是目前工业软件的通用要求。除此之外，智能运维数据平台要能够顺利完成相应成熟度下要求的各项工作，并取得相应的效果。各成熟度等级的数据平台要求如下。

3.7.1 智能运维一级的数据平台要求

智能运维一级的数据平台必须能够承载智能运维一级要求的各类数据，包括设备数据、监测数据、工况数据、运维数据等，因此需要有完整的设备数据库系统；需要有相应的数据输入界面，包括设备数据、运行数据、运维数据等；需要有数据接口，接入设备备件采购数据、设备状态监测数据等来自独立系统的数据；也需要对数据进行处理，如剔除错误数据、各类数据的时间对齐、特征量提取等数据预处理工作及状态预警诊断等分析工作，并支持设备运维过程的数据记录和工作效果评价等工作内容。其数据平台的基本功能要求如下。

1）具备完整的数据采集、通信、存储、计算、展示及设备运维全流程管理等一级智能运维所要求的功能，并保持数据流和工作流的相互协调。

2）输入模块包含设备基础信息、维护维修信息、点检信息、设备检测、在线监测及相应的设备工况信息，具有输入数据的合规性检查功能。

3）可鉴别错误数据，可提取设备特征量，可将所有输入信息按设备及应用进行分组和标识。

4）具备必要的分析工具，具有倾向管理、预警、诊断等功能；具备设备运维知识库，具备必要的状态预警模型和诊断模型。

5）具备设备运维规范与标准库，并可以将合规性检查纳入数据流及工作流之中。

6）具备按管理要求计算评价指标的能力。

3.7.2　智能运维二级的数据平台要求

智能运维二级数据平台在一级的基础上需要增加对生产过程数据的采集与处理能力，有以下主要几点：①通过工业网络及专用计算机进行分布式数据采集，并在采集端进行一定的数据处理，如特征量提取、时间标识、数据压缩、实时预警等，以大幅度提高处理效率；②增加生产过程分析和过程参数优化能力；③增加知识学习和应用能力等。另外，智能运维二级数据平台所承载的数据数量与一级相比有数倍的提高，因此对数据的处理能力有较高的要求，需要有合理的平台架构设计，以满足大量数据的存储与访问需求。其数据平台的基本功能要求如下。

1）在具备智能运维一级全部功能的基础上，在输入模块中增加生产过程数据输入功能，因此要具备更强的动态数据处理能力，具有输入数据的合规性检查功能，并能够鉴别错误数据以及提取各类设备特征量。

2）具备完整的数据分析工具，具有各类状态监测数据分析及诊断功能，具备设备数据分组能力。

3）具备完整的状态预警模型和诊断模型。

4）具备维护维修数据处理能力并具备数据闭环能力。

5）具备较完整的设备运维知识库，具有一定的自学习能力，以及具有基于知识的决策支持能力。

6）具备一定的生产过程参数优化能力，并具有通过生产过程数据和案例进行自学习的能力。

7）具备设备运维规范与标准库，并可以将合规性检查纳入数据流及工作流之中。

8）具备评价指标的设置和计算能力。

3.7.3　智能运维三级的数据平台要求

智能运维三级的数据平台相比二级在数据量、数据频度[⊖]等方面又有大幅度提升，因此要求数据平台有更好的性能。其数据平台的基本功能要求如下。

1）在具备智能运维二级全部功能的基础上，具备更强的实时和动态数据处理能力以及

⊖　数据频度指的是在特定时间段内，数据产生的频率或数据更新的速度。

各类设备特征量的动态提取能力。

2) 具备完善的数据分析工具和各类状态监测分析及诊断功能,具备设备数据分组能力。

3) 具备完整的状态预警模型、诊断模型和决策模型。

4) 具备维护维修数据处理及形成数据闭环的能力,具备较完整的设备运维知识库及良好的自学习能力,具有基于知识和数据的决策支持能力。

5) 具备基于设备状态的生产过程参数优化能力,并可通过生产过程数据和案例进行自学习。

6) 具备各项评价指标的设置和计算能力。

3.7.4 智能运维四级的数据平台要求

智能运维四级的数据平台与三级相比大幅度扩大了能力范围,需要实现跨地域的数据互联互通,其网络安全也变得更为重要。为了管理更大范围的数据,整体软件架构需要做相应调整,需要将所有管理范围内的多个数据平台进行整合,使数据在逻辑上形成一个整体。同时增加地区差异性追踪及远程运维支持等功能。其数据平台的基本功能要求如下。

1) 在具备智能运维三级全部功能的基础上,具备跨地域、跨产线的数据处理和分析能力。

2) 拥有地域差异性适应能力。

3) 可实现状态预警模型、诊断模型及决策模型的整体调优。

4) 具备统一的设备运维知识库,具有知识自学习能力,具有统一的基于知识和数据的决策支持能力。

5) 具备各项评价指标按区域的分析和评价能力。

6) 可提供远程设备运维指导。

3.7.5 智能运维五级的数据平台要求

智能运维五级的数据平台需要与智能制造形成整体,与销售、采购、生产等数据链互动,覆盖完整的智能运维产业链,并支持智能运维新商业模式。其基本功能要求如下。

1) 设备数据平台作为整体智能制造系统的一环,在具备智能运维四级全部功能的基础上,与智能制造系统形成完整的系统。

2) 适应智能运维产业链需求,适合智能运维创新商业模式。

3.8 智能运维成熟度评价

企业智能运维成熟度可进行自我评价或邀请专业公司进行评价。评价的目的是了解企业自身的智能运维实施水平,找出不足,促使设备智能运维向正确的方向推进并取得预期的效果。

评价时要按照智能运维成熟度模型的 5 个要素分别进行评价，具体评价方法可参考 9.1 节。智能运维成熟度评价示意图如图 3-1 所示。

当 5 个要素均达到一级水平时，可评为智能运维一级，如其中有一个或以上要素未达到，则说明尚存在不足。其他各级成熟度评估规则相同。如有两个要素达到二级，3 个要素达到一级，则只能评价为一级。即企业的智能运维成熟度等级仅取决于 5 个要素中等级最低的要素，因此企业要注重各要素的均衡发展。

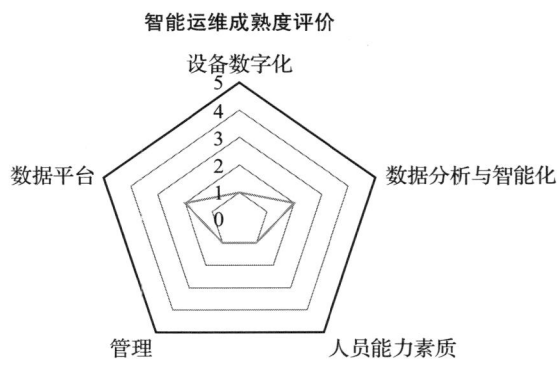

图 3-1　智能运维成熟度评价示意图

在进行智能运维成熟度评价时要注意，高等级的成熟度需要以低等级成熟度作为基础，没有相应的基础，其工作是不扎实的，也是需要补足的。例如，要达到成熟度三级，则必须满足（或超过）成熟度一级、二级的全部要求。

第 4 章

设备数字化方法

　　设备数字化是设备智能运维的基础，但怎么数字化是一直困扰智能运维发展的问题。例如：什么设备需要数据？需要什么数据？怎么获取需要的数据？怎么保障数据的质量？怎么甄别真假数据？怎么让数据更有价值等。

　　要回答并解决这些设备数字化的问题，我们需要理解智能运维的目标是什么。我们的目的一定不是为了单纯地获取数据，而是通过数据分析实现智能运维的目标，获取数据仅仅是达到目标的手段。获取数据的目标有很多种，如知晓一台设备是否有异常、分析设备异常的部位及程度、确定最佳的设备维修时机、掌握某一类设备的故障规律、分析某一类备件各品牌之间的性价比、分析一类设备维修方式的优缺点等。这些目标应该是管理为导向的，可能不同部门所想达到的目标也各有侧重，但很多目标的数据源都是相同的。这些目标也不是一蹴而就的，需要对设备进行深入分析，明确每类设备数字化所需达到的管理目标。怎么确定设备管理的目标、怎么以最小的投入获取实现管理目标所需要的数据，将是本章探讨的重点。

4.1　设备分类分层和维修方式

　　设备智能运维是面向所有生产设备，也涉及所有的设备维修方式。因此不管是什么设备、采用什么样的维修方式，都需要针对设备进行相应的数字化工作。其中的区别是设备数字化的要求不同，需要的数据类型也有较大的差异。

　　在企业中，设备数量庞大，不可能按每一台设备去确定设备维修方式，而是需要将设备进行分类分层，按不同的设备类别来确定设备维修方式。设备数字化的工作顺序应该是首先对设备进行分类，然后按照设备类别确定设备维修方式，再根据设备维修方式确定设备的数字化方法。

4.1.1 设备分类分层方法

工业企业基本上都会对设备进行分类，企业类别不同、管理要求不同，对设备的分类方法也不同。如按设备的应用性质将设备分为不同的类别：生产设备、办公设备、运输设备等。这种分类方式可以方便企业根据不同的业务需求，选择对不同类别的设备实施不同的管理方式。也有按设备用途分为不同的类别：加工设备、焊接设备、热处理设备等。这种分类方式可以方便企业根据不同的设备类别进行专业化的管理和维护。随着企业规模的不断扩大，专业化分工的细化，设备的分类也在不断地细化。现在规模化企业基本按设备的技术专业类别（即技术特征）进行分类，将设备分为机械设备、电气设备、计算机设备（控制设备）等，每种类别可以再细分为不同的设备类型。这种分类方式可以方便企业根据设备的技术类别组织设备维修及设备更新换代等工作。

以上所述的设备分类方法都不能完全满足设备智能运维的要求，如解决设备的维修方式选择、设备的监测技术统一或者设备数字化后的模型复用等问题。因此在设备智能运维的要求下，需要有适应智能运维的设备分类方法。

设备分类分层就是一种适应设备智能运维的设备分类方法，可以满足设备智能运维对设备分类的要求，而且可以在原有的设备分类基础上进行，不需要对设备的分类进行大范围的改变。

设备分类分层是按设备的功能、结构或用途对设备进行分类，如可将机械设备分为风机设备、泵类设备、齿轮箱设备类型等，设备类型的划分需要依据企业中拥有的设备及种类来确定。每一种设备类型可根据其结构形式再分为若干类别，如风机可以分为轴流风机、单吸离心风机、双吸离心风机等。在此基础上，按重要程度、设备价值、环境影响等对每一类别设备进行分层，可以分为关键设备、重要设备、一般设备、低价值设备 4 个设备管理层级。一般情况下，设备类别和层级划分需要做到同一类别、同一层级的设备可采用基本相同的维护、维修、状态监测方式。具体设备分类分层方法和要求可参见 10.2 节。

这样对设备进行分类分层后，我们就可以比较容易地对不同设备类别和层级选择相应的维修方式和相应的设备数字化方法。

4.1.2 设备维修方式的确定原则、技术原理与特性

1. 原则

确定设备维修方式的原则一般如下。

1）事后维修设备：低价值设备、设备故障不会造成严重影响的设备、设备故障后进行维修相对容易的设备等。

2）预防维修设备：设备寿命与运行时间直接相关的设备、设备故障可能造成严重影响的设备、不易检测设备运行状态的设备等。

3）预知维修设备：关键和重要的设备、现有技术可以掌握设备运行状态的设备、设备

故障可能造成严重影响的设备、设备安全性要求高的设备等。

4）预测维修设备：设备价值高、安全性要求高、设备故障可能造成极大影响的设备等。

2. 技术原理

我们假设设备的劣化是一个从正常到异常的过程，如图 4-1 所示。其中 P 点为可以发现异常的起始点，F 为设备失效点，设备从开始使用到 P 点的时间段为正常状态，从 P 点到 F 点的时间段为劣化状态，从 F 点以后为故障状态。当然，从 P 到 F 的过程有长有短，这要看设备的类别和异常的原因。

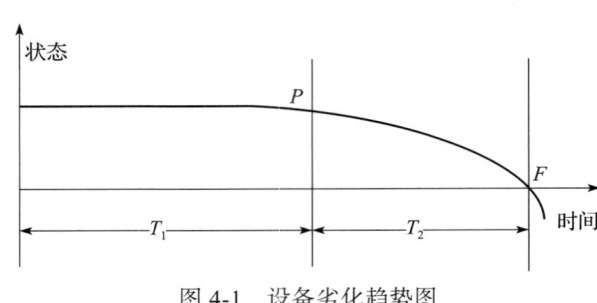

图 4-1　设备劣化趋势图

从图 4-1 中可以看出，如果同类设备或同一台设备从开始使用到 P 点的时间段 T_1 相对稳定，则采用预防维修的方式更为划算。如果这个时间段不稳定，则我们要看 P 到 F 的时间段 T_2 的情况。如果这个时间段足够长，可以在 F 点到来之前有时间采取措施避免设备状态发展到 F 点，则可以使用预知维修方式。如果 P 到 F 的时间段 T_2 时间很短，使我们没有足够的时间在设备故障前采取措施，那么只能采用事后维修方式，或者需要采用新的技术提前发现设备异常，即将 P 点的时间向前推，以延长 P 到 F 的时间段 T_2。当然，我们也可以提高维修响应速度，但响应速度提高是有极限的。设备维修方式的选择如表 4-1 所示。

表 4-1　设备维修方式的选择

T_1 时间	T_2 时间	推荐的设备维修方式
稳定	—	预防维修
不稳定	长	预知维修
	短	事后维修

上述方法是在不考虑设备的重要性、安全性的前提下，仅考虑设备劣化的表现形态而推荐的维修方式。

3. 特性

设备维修方式不是一成不变的，而是相对的。例如，对一台风机而言，如果没有安装传感器，一般情况下要采用预防维修的方式；我们也可以通过安装振动、温度在线监测传感器，监测风机状态的变化，从而实现预知维修。该风机的预知维修指的是，通过振动和温度在线监测传感器来发现异常情况。然而，有些风机部件的状态无法被这些传感器直接感知，如漏风和安装螺栓存在缺陷。这些部件通常要在进一步劣化或失效（比如安装螺栓断裂导致风机基础松动）后才会被注意到。由于单个螺栓断裂不影响风机的整体功能，从风机整体来看实现了预知维修,但从断裂螺栓的角度看,则属于事后维修。因此,观察角度和关注层面的不同会导致对维修方式的理解有所差异。

设备运维要关注设备的整体,因此要抓大放小,抓住主要矛盾,才能使我们在有限的人力、物力条件下最大限度地提高运维效果。维修方式分类要从大到小,从影响设备运行的关键环节入手,如梳理近几年来设备故障历史,将设备故障率高的设备的信息梳理得更细致,其他设备可以先粗略一些。

4.1.3 预知维修设备的确定

设备智能运维通常采用预知维修为主,多种维修方式并存的运维模式。因此预知维修是智能运维关注的重点。要实现设备预知维修,首先要掌握设备运行状态。掌握设备状态有多种方法(参见4.4节),但无论采用什么方法,掌握设备状态都要额外付出相应的成本。因此对什么设备采用预知维修要事先做好规划。

一般来说需要预知维修的有下列设备。
- 设备故障率高的设备。
- 设备维修时间长的设备。
- 设备备件采购周期长的设备。
- 设备故障可能导致更严重影响的设备。
- 可能影响产品质量的设备。
- 可能影响人员安全的设备。
- 可能影响环境的设备。
- 故障可能导致严重经济损失的设备。
- 故障可能导致大规模停产的设备。
- 人工点检频率高的设备。
- 人工检查困难的设备等。

随着技术的提升,管理要求的提高,可能还有其他类型的设备需要进行预知维修,但我们可以分类别、分批次地将这些设备逐步纳入预知维修范围。

注意:上述设备中可能存在一些目前技术水平不具备监测条件的设备,或者所需监测成本高昂的设备,我们可以将这些设备先纳入预防维修的范畴,待条件成熟后再逐步纳入预知维修。

4.2 事后维修设备的数字化方法

事后维修设备的数字化有助于分析设备及部件损坏对其他设备的影响、寻求性价比更高的备品备件、寻找延长设备部件寿命的方法,同时能够洞察设备维修过程的质量。

1. 事后维修设备数字化的基本思路

（1）明确数字化的目标

很多企业不能回答如 10kW 或以下电机在本企业有多少台？10kW 电机哪些品牌的性价比更好？进口轴承与国产轴承相比寿命差异有多少等。这些问题其实与设备的数据没有纳入管理系统有关。平常对关键重要设备（如大电机、高压泵、大齿轮箱）等关注度较高，其数据积累相对多一些，而对一些事后维修的小设备或配件关注度低，其数据缺失较多。这些问题在传统的设备运维模式中较为常见，而在推进智能运维的背景下，这些设备数据有了更重要的作用，获取这些数据就成为企业必须推进的工作。

事后维修设备所需的数据内容是由管理目标来确定的。例如，要掌握节能照明灯具的节能降耗效果，那么我们需要节能灯具与传统灯具的能耗数据、采购价格数据、使用寿命数据、更换费用数据等。假设节能灯具有多家供应商，还需要标明相应的供应商等信息。因此，明确管理目标是设备数字化的基础。

（2）挖掘潜在问题根源

工业现场有不少困扰设备运维人员的问题，其中有很大比例是由不适当的零配件选型或安装不到位所造成的。例如在进行监测系统需求调研时，经常有设备人员提出要监测漏油，其实漏油本身就是由一些相关的零配件选型不当或安装不到位所造成的，依靠监测并不能从根本上解决漏油问题，而需要在密封件的选型和安装上进行深入的研究，以杜绝漏油事故的发生。其他更换的备品备件中也隐含了大量的信息。因此在智能运维中，事后维修的设备及部件是重要的设备数据来源，当然也包括这些设备及部件的更换过程数据。

2. 事后维修设备数字化的通用方法

对于事后维修的设备的数字化，由于涉及的设备、部件、配件种类繁多，本书无法给出标准答案，需要设备运维管理者根据设备运维的需求来制定数字化要求。这里只能给出一个通用的思路与方法。

（1）做好数据的分类

我们可以将事后维修设备的数据分为三个部分。

第一部分为**设备的基础数据**：主要为设备、部件或配件的名称、型号、规格、生产厂家、生产日期、批号等。这些数据在铭牌上或者在采购合同上一般都有，很容易获得，这些数据将作为统计分析的依据。另外，我们需要设备备件的价格，作为性价比分析的重要数据。这些数据应统一由设备责任者负责提供并输入数据平台。为了在数据统计中便于统计同类型设备的整体情况，建议增加一个设备分类选项。

第二部分为**安装数据**：主要有安装时间（开始使用时间）、安装位置或设备编码、安装参数（如对中数据、安装轴承间隙、安装螺栓扭矩、密封安装图片等），这些数据大部分应该由设备维修人员提供并经点检人员确认后输入数据平台。

第三部分为**故障处理数据**：主要有故障停机时间或下机时间（也有一些配件可能是由于其他原因导致更换，并不是自身失效，如密封等）、设备或部件使用效果、设备损坏的状态等。这些数据大部分应该由设备维修人员提供，并经点检人员确认后进入数据平台。

在实际工作中，故障处理数据包含了拆除与安装两部分，即上一个周期的第三部分数据与本周期的第二部分数据应该是在同一项工作中完成的。其中需要注意的是，更换的备件是否与上一周期的属于同一型号和规格，如果不同，则需要修改第一部分的数据。

（2）选择合适的切入点

为了快速体现事后维修设备数字化的价值，可以选择从更换时间短、备品备件不良可能造成较大损失、质量不稳定的备件等开始，如密封件、法兰、阀门、泄水阀、液压软管、液压管道、油箱冷却器等，逐步积累经验，在取得效果后在所有事后维修设备中推广。

事后维修策略针对的一般是设备的配件，在整体设备中有较高的比例，按企业类型不同，事后维修的设备占设备总数的比例约为20%～40%。即使到智能运维的高成熟度等级，事后维修的设备也可能会超过10%。因此，事后维修设备是设备运维中不可忽视的设备群体，也是设备数字化工作中不可或缺的组成部分。

4.3 预防维修设备的数字化方法

预防维修设备的数字化可以优化设备维修周期、寻求高性价比设备备件、保障设备维护维修质量、探索优化设备维护维修效果的方法、积聚和传承设备维护维修知识。

预防维修（定期维修）是目前主要的设备维修策略，其中有很多是难以掌握设备状态的重要设备，受生产过程的复杂性及设备安全性要求的影响，预防维修设备的维修周期在设定上一般都比较保守。如某设备原来的更换周期是1年，在使用中由于某一次意外，设备在9个月时发生了故障，如果分析不出故障原因，可能就会将更换周期缩短到9个月，而且以后会一直以9个月的周期进行更换维修。当然也有因为设备维修费用压缩，延长设备更换周期的，但由于缺乏必要的依据，在设备管理者提心吊胆的同时，设备故障还是会不可避免地发生。因此，预防维修设备的数字化是非常必要的。

对于预防维修设备来说，在设备上**增加设备状态监测装置，使预防维修设备转化为预知维修设备**，这对可监测设备来说是可行且有效的，也是设备运维的发展趋势。但对于一些难以监测状态的设备，或者价值不高但重要性较高的设备，采用预防维修方式仍不失为最经济的设备维修策略。

对于预防维修设备，有必要通过设备的数字化来优化设备的维修周期，从而在保障安全的基础上最大限度地延长设备维修周期。在预防维修模式下可引入可靠性维修、FMEA（失效模式和影响分析）等方法，因为它们具有良好的应用效果和价值，在智能运维模式下也有必要加以继承和发展。

4.3.1 预防维修设备的类型

预防维修常常被称为定期维修，这可能是引起大家对预防维修就是按规定时间间隔进行维修误解的原因。在很多场合，预防维修其实是按设备有效运行次数或里程等实际工况来判别设备是否需要维护或维修的，如平常汽车的保养，一般以行驶里程作为是否需要保养的依据。又如航空发动机，发动机的保养周期不仅与飞行里程、起降次数有关，还与起降地的空气中含尘量等气候条件有关，通过这些数据的统计分析，确定航空发动机的最佳维护时间。这种方法是通过大量的数据积累后挖掘和优化出来的。在某些场合，飞机发动机的这种维修方式被称为预测维修，实际上这种方式是 FMEA 的应用，因此本书将这种维修策略归在预防维修范畴。

可见，预防维修不都是简单地按时间周期进行维护维修，而是根据具体情况分为三种类型。

（1）按时间周期定期维修设备

一般情况下，负荷和工作时间相对稳定的，可以采用定期维修的方式。以汽车为例来说明，运行工况稳定的车辆（如公交车、出租车等），每天的运行里程基本稳定，那么可以按确定的时间进行保养维护。

（2）按设备累计运行时间进行维修的设备

负荷相对稳定，但工作时间不稳定的，可以参考设备工作时间来确定设备维护维修的周期。同样以汽车为例，如私家车等载荷、路况相对稳定，但行驶时间不确定的车辆可按行驶里程进行维护和保养。这类设备类型较多，如高压开关寿命与动作次数直接相关。

（3）按设备的负荷强度确定维修时间的设备

对于运行时间及负荷均不稳定的设备，需要根据设备负荷累计情况及历史数据来确定合适的设备维护维修周期。如对一些特种车辆、载重车辆等，由于工作负荷和里程都是不确定的，因此按吨·公里数（即每吨货物运输的距离）进行维护保养更为合理。对于工况复杂，影响设备寿命因素较多的设备，需要采用 FMEA 方法。利用 FMEA 对影响设备寿命的各项要素进行分析，并获取相应的数据，并按这些数据的分析结果合理安排维修时间。

4.3.2 预防维修设备的数据内容

预防维修设备数字化的方法与事后维修设备的一样，由于涉及的设备、部件种类繁多，本书同样无法给出标准答案，需要设备运维管理者根据设备运维的需要来制定数字化要求。这里也只能给出一个通用的思路与方法。

我们可以将预防维修设备的数据分为 4 部分。

（1）基础数据

设备的基础数据与事后维修设备的要求基本相同。主要为设备、部件的名称、类别、型号、规格、生产厂家、生产日期、批次号、采购价格等。在很多企业，预防维修的备件中有不少修复件，需要在基础数据中增加修复厂家、第几次修复等数据。这些数据应统一由设备责任者负责提供并输入数据平台。这些数据（如不同厂家的电机的正常使用寿命可能有较大区别）不仅与预防维修的周期优化有关，还是设备备件整体优化选型的数据基础。

（2）安装数据

设备安装数据主要有安装时间（开始使用时间）、安装位置或设备编码、安装参数[①]，这些数据大部分应该由设备维修人员提供，并经点检人员确认补充后进入数据平台。

（3）运行数据

设备运行数据对预防维修中的三类设备的要求各不相同。

1）对于按照固定时间周期进行维护的设备，无须采集详细的运行数据，条件允许时可采集表明设备是否正在工作的信号（例如电机的转速或电流等），并结合设备的工作指令信号来监控和判断其工作状态。同时，需要明确维修时间周期，以便确定下一次维修的时间。

2）对于按设备累计运行时间进行维护维修的设备，除了需要记录预期的运行时间或预期的动作次数数据外，还需要记录实际运行时间或实际动作次数，以便确定下一次维修的时间。

3）对于按设备的负荷强度确定维护维修时间的设备，需要记录实际运行时间及运行强度数据，以及相应的影响设备寿命的工况数据，以便确定下一次维修的时间。

对于设备寿命影响因素较多的设备，需要分析影响设备使用寿命的各种参数，将这些参数进行记录，形成设备数据库。如影响航空发动机寿命的参数有飞机载重量、起降次数、航行里程、起降地气候和含尘量、飞行中飞行姿态变化量、特殊气候影响等多种参数，从而确定发动机的最佳维修周期。与状态监测数据不同的是，获取的这些参数并不能直接反映设备的状态，而是通过这些参数的累积影响来判断设备是否已到最佳的检修周期。

负荷变化大且难以监测设备其状态的设备，或者检查设备状态需要将设备解体的设备等一般是企业中的关键设备。解决这些设备的运维问题可以获得较为可观的效益。这类设备有航空发动机、炼钢钢包、盾构的传动挖掘机构等。运行数据以系统自动获取为主，不能自动获取的需要安排责任人进行记录或复制。

由上可见，确定预防维修设备3种类型的维修周期所需要的运行数据是不同的，其区别主要在于获取设备工况数据的要求。3种类型设备计算预防维修周期所需的数据如图4-2所示。

（4）维护维修的结果数据

维护维修的结果数据与事后维修设备的维修数据要求不同。事后维修的设备在维修时已经处于故障状态，而预防维修的设备基本处于可正常运行的状态。因此在维护维修时需要检查设备或部件的劣化或磨损程度，以判断其剩余寿命。一般情况下，预防维修设备是更换易损坏部件，判断部件的劣化程度。开始时都是依靠经验，或者依靠设备相关的设计数据和

[①] 如对中数据、安装轴承间隙、安装螺栓扭矩等，具体数据需要视设备情况确定，主要以能够反映设备安装精度和质量为准。

材料检测分析结果。根据设备的类型的不同，这部分数据应尽可能地数字化，如可以测量磨损量、间隙、剩余厚度、变形度、表面形态等与设备使用寿命相关的数据，必要时可以以照片、视频、录音等作为补充。待同类设备数据积累到一定程度，对经验的依赖性将会降低，可逐步实现更精确的数字化评估。

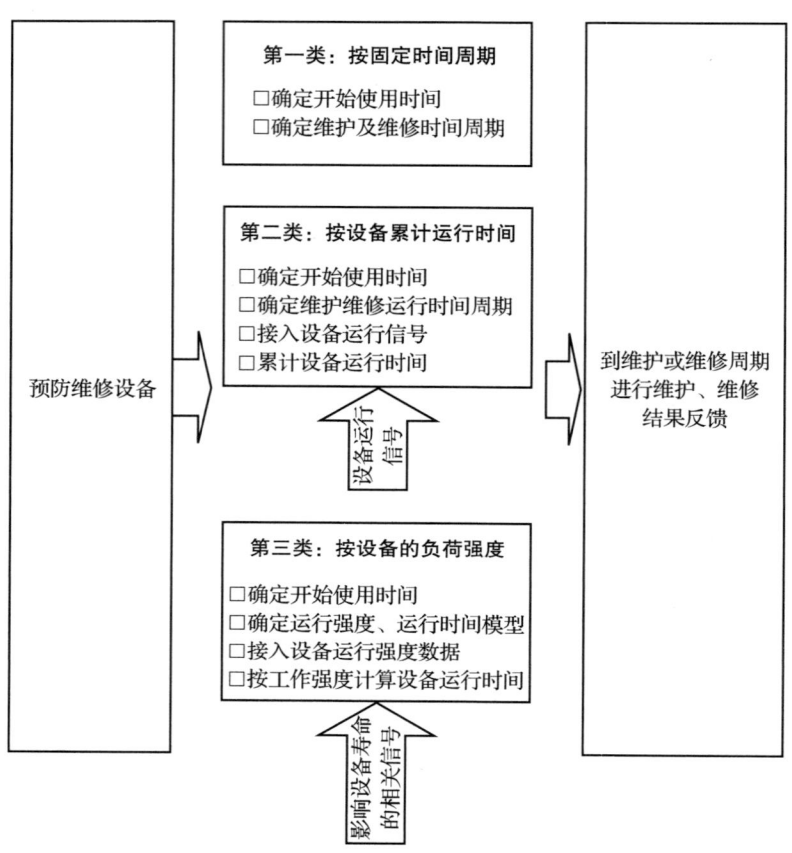

图 4-2　3 种类型设备计算预防维修周期所需的数据

在获取了维护维修的结果数据后，设备维护维修工作将进入**更换安装阶段**，即进入预防维修数据采集的第二阶段，开始一个新的循环。可以将安装数据（新备件）与维护维修的结果数据（使用后的备件）进行对比，包括数据的项次、数据的量值等，选择能够充分表现差异的数据进行重点记录。如果变更了设备、备件的厂家、批号等，都需要在设备基础数据中进行记录。

维护维修的结果数据大部分应该由设备维修人员提供并经点检人员确认和补充后进入数据平台。

在现阶段，一般预防维修设备占设备总数的一半以上，即使到智能运维的高级阶段，按设备特点，钢铁企业中预防维修设备可能占 30%～40%，石化企业可能占 40%～50%。

因此，在整体设备运维工作中，预防维修设备是非常重要的。

为了快速看到预防维修设备数字化的效益，增强设备数字化投资的信心，预防维修设备的数字化工作可以从使用周期较短、维修费用高、价值较高的设备开始入手。这类设备在各行业是不同的。钢铁行业典型的设备涉及钢包、中间包、连铸扇形段、沉没辊、轧辊及支撑辊、连退张紧辊等；石化行业中的典型设备涉及粉碎、混合、萃取、传质、反应等类别。其中一些复杂设备需要采用 FMEA 方法，以更准确地确定维修周期。

4.4 预知维修设备的数字化方法

通过对预知维修设备的数字化，我们可以做到按设备运行状态安排合理的维护维修周期、按设备状态优化生产过程参数、寻求高性价比设备备件、保障设备维护维修质量、探索优化设备维护维修效果的方法、设备维护维修知识积聚和传承等，并通过这些能力获得更好的设备运维效益。

预知维修是通过预知设备状态来安排维修时间，相比事后维修和预防维修是一种进步。目前大多数企业的预知维修比例还不高，但随着技术进步和设备运维人员劳动生产率的提升，预知维修的设备比例预计将快速上升，通常可达到全部生产性设备的 50% 以上。

实现设备预知维修的关键在于掌握设备的运行状态，因此掌握设备运行状态数据是预知维修设备数字化的重点。

4.4.1 掌握设备状态的方式

掌握设备状态有多种方式，常用的有定期（巡回）监测、在线监测、通过生产过程信号分析等。

定期（巡回）监测一般由人工参与完成，监测数据可能有测量设备的振动、温度、磨损、设备安装精度（如对中、裂纹、油液分析）等。定期（巡回）监测的优点是实施简单，可以委托专业人员进行数据的检测和分析；缺点是效率不高，而且有的检测方法需要设备停机后才能够实施。定期（巡回）监测数据也包含人工检查的定性数据。

在线监测的优点是可以连续获取设备状态信息，及时发现设备异常；缺点是要增加传感器以及数据的传输网络，维护比较复杂，也增加了一些投资成本。

通过生产过程信号来分析设备的状态是一种比较经济有效的方法，但需要对设备的整体功能做十分细致的分析，将设备的给定、动作过程、输出联系在一起进行分析，从而得出设备现行工作状态，并与设备理想的状态进行比较，分析其偏离度，可以得出设备的运行状态。

4.4.2 预知维修设备的数据内容

与预防维修一样，我们可以将预知维修的数据分为 4 个部分。

（1）基础数据

基础数据与预防维修设备的要求基本相同。主要为设备、部件的名称、类别、型号、规格、生产厂家、生产日期、批号、采购价格、维修手册等。如果是修复件，可以按照设备再制造要求进行维修，并在基础数据中增加修复厂家、第几次修复等数据。与预防维修不同的是，在基础数据中需要增加一些设备参数，如轴承型号、齿轮齿数、设备额定转速等数据。这些数据是为了在分析时确定设备异常部位的。上述数据应统一由设备责任者负责提供并输入数据平台。这些数据不仅能判断设备状态，也是部署预警、诊断模型的重要依据，还是设备备件的整体优化选型的数据基础。

（2）安装数据

安装数据主要有安装时间（开始使用时间）、安装参数（如对中数据、安装轴承间隙、安装螺栓扭矩等，具体数据需要视设备情况而定，主要以能够反映设备安装精度和质量为准），其中大部分数据应该由设备维修人员提供，并经点检人员确认、补充后进入数据平台。

（3）运行状态数据

运行状态数据包括在线监测数据、生产过程数据及设备工况数据，它们应由数据平台自动采集。原则上定期监测的数据也应通过数据接口自动输入。一些不能实现自动输入的，应由点检人员确认后进入数据平台。这部分数据的获取具有很强的技术性，可参考第 10 章的相关内容。

（4）维护维修结果数据

维护维修结果数据与预防维修设备的维修数据要求基本相同。但因为是基于状态数据的维修，一般是已经有状态异常后安排的检修工作，因此需要将检修中发现的设备异常情况与设备分析报告中的结论做对比，以检验状态监测及分析的准确性。对比结果可以设定为准确、基本准确（偏差是什么）、不准确（实际的异常情况），这些数据都是智能运维水平提升的数据基础，要力求真实。

在获取了设备维护维修结果数据后，设备维护维修工作将进入更换安装阶段，即进入预知维修数据采集的设备安装数据部分，开始一个新的循环。我们可以将设备安装数据（新备件）与设备维护维修结果数据（使用后的备件）进行对比，包括数据的项次、数据的量值等，选择能够充分表现差异的数据进行重点记录。如果变更了设备、备件的厂家、批号等，需要在设备基础数据中做记录。

设备维护维修结果数据大部分应该由设备维修人员提供，并经点检人员确认和补充后进入数据平台。

4.4.3 设备状态监测的要点

设备状态的监测首先要考虑监测的准确性与有效性，其次需要以更经济的投入掌握更准确的设备状态。

状态监测首先要选择合适的监测诊断技术。监测技术种类很多,分别针对不同类别的设备,具体参见第 10 章。监测诊断技术的选取要基于设备的主要失效形式或设备的故障类型,从而选择相应的参数。从经济性考虑,一般不需要对一台设备应用多种监测技术,而是选择一种或两种最有效的监测技术。

1. 设备的监测分类与监测技术选择

(1)选择监测技术

在选择监测技术时,根据重要程度、设备价值、安全性、故障影响等,我们可以将设备分为两类。这样的分类有助于优化监测投入,同时确保关键设备得到充分的监测。

- 重点监测设备:对于这类设备,我们采用对设备异常更为敏感的监测技术,配备可靠性、灵敏度和精度较高的传感器系统。
- 一般监测设备:对于这类设备,我们可以采用成本较低的传感器,如 MEMS 传感器或成本更低的替代技术,在确保总体监测效果的同时降低成本。

以风机设备为例,首先要找出风机设备的常见故障种类,以便针对性地选择监测技术,并且按重要程度分为重点监测设备和一般监测设备。风机设备的典型异常与各种监测有效性参照表如表 4-2 所示。

表 4-2 风机设备的典型异常与各种监测有效性参照表

异常类型	重点监测					一般监测		
	振动位移 滑动轴承	振动速度+ 冲击	振动 加速度	温度	电流	振动速度 (MEMS)	温度	电流
不平衡	●	●	●		◎	●		◎
不对中	●	●	●		◎	●		◎
转子结垢	●	●	●		◎	●		◎
安装故障	●	●	●	○	◎	●	○	◎
轴承磨损	●	●	●	◎	○	●	◎	○
轴承损坏	●	●	●	●	◎	◎	●	◎
叶轮偏心	●	●	●	○	◎	●	○	◎
叶轮损坏	●	●	●	○	◎	●	○	◎
油封损坏								
风箱损坏								

注:●表示可准确监测(机理清楚,可分辨异常);◎表示可监测(机理基本清楚,异常可发现);○表示可监测,但较难分辨异常;空白表示对该参数不敏感。

从表 4-2 可以看出,对于风机设备,监测振动是最为有效的,而电流、温度可以作为监测的替代项。但也不是风机的所有异常都可监测,如油封损坏和风箱损坏。因此每一种监测技术都有一定的局限性,我们不能武断地认为有了监测技术就什么问题都能发现。油封损坏和风箱损坏这样的问题发生的频率不高，一般加强检修时的质量管理就能解决，如果还存在这样的问题，则需要考虑采用更有效的监测技术。

（2）选择传感器

在选择了监测技术以后，要选择合适的传感器，如选择合适的传感器频响范围、量程、精度等级，还需要选择有线方式还是无线方式等。

在选定传感器和监测系统以后，要采用正确的传感器安装方法，确保传感器能够监测到有效的设备状态数据。在数据采集时，振动等类型的传感器还需要设置采样的频率、采样的数据长度等参数，并通过采集到的振动波形数据来提取合适的设备状态特征量。

变工况设备（如变转速、变负荷设备）需要在采集振动信号的同时，还要获取其他工况信息，如转数、负荷等。对于同一台设备有多个传感器的，如果采用同步采集方式，可以获取各振动信号的相位差异，这对后期数据分析有较好的作用。

以上这些状态监测的原则，需要在规划智能运维工作的同时或之前就制定好相应的规范，这样可以提高智能运维工作的开展效率。另外，同一类设备都使用相同的规范，如传感器选型、安装、数据采集等，则一类设备只需要一种预警模型，否则每台设备都不相同，相互无法借鉴。预警模型等不能通用，不但会导致监测到的数据从整体角度看是无序的，而且数据挖掘和知识积累也不可能实现，从而导致出现工作效率不增反减的情况。

2. 制定状态监测规范的 3 个原则

在制定状态监测规范时，要遵循 3 个原则。

原则 1：把握好设备状态预警与诊断的关系。预警是指能够提示设备运行的可能异常，而不一定能够提示异常的原因、部位及严重程度；诊断是指能够判定设备运行异常的原因、部位和程度。从效果看当然是诊断的监测程度更好。而对于一般设备，我们只需要安装温度传感器，那么在轴承损坏时，通过温度上升也能够发现问题，但不能达到诊断的要求。要实现诊断层面的要求需要安装振动传感器，振动传感器明显比温度传感器的价格要高。而每个轴承座安装一个振动传感器可以监测一部分设备异常，一些复杂的设备异常需要安装更多的传感器来监测。因此综合考虑，我们可以将重点放在预警上，并且对于关键、重要设备或者故障频发的设备，需要采取最有效的方法来确定设备状态监测方案。

原则 2：把握好定期监测与在线监测的关系。一般来说，定期监测比在线监测可获取的内容更多、更丰富，但缺点是周期较长。在一个监测周期内出现设备状态的突变时，定期监测就无法发挥作用。因此在选择采用定期或者在线监测的方法时，要考虑多方面的因素。如振动、温度等一般应选用在线监测方式，因为它针对的大多是旋转设备，设备状态的变化较快，而且振动、温度的监测成本已极大降低，技术也较为成熟，适合大规模普及应用。而对于如变压器油监测、润滑液压油监测等，可以采用更为经济的定期监测方式，还可以采用简易化的在线监测加定期监测方式。如变压器油监测，定期监测可以做绝缘油的理化指标（包括微水、介电常数、耐压等）分析、气相色谱分析（包括氢气、乙炔等气体成分）、液相色谱分析等，还可以分析变压器油本身的状态以及变压器内部是否有放电、局部高温、绝缘老化等问题，而在线监测往往只能做其中的一项或几项。润滑液压油等的监测也是如此，因此对于这些监测方法，在线监测需要有离线监测作为验证和补充。

原则3：通过生产过程数据分析设备状态。这是一种经济有效的方法，获取生产过程数据也需要相应的投入，但如果与智能制造项目同步开展，将会极大降低获取数据的成本。生产过程数据本身并不能直接告诉我们设备的运行状态，我们需要根据设备的运行规律，从生产数据提取特征来间接评估其运行状态。以电梯为例，如果电梯的门有卡阻现象，那么开门和关门的时间与正常状态就会有差异。我们可以根据开门动作给定、开门传感器的信号、门打开完成的信号等来获得门打开与关闭所需要的时间。如果这两个时间与正常时间的差异超过一定的阈值，则可以判断电梯门有卡阻现象。其中，我们并没有增加任何传感器，而是通过电梯本来必需的传感器信号来判断门的卡阻现象。生产设备同样如此。

4.5 预测维修设备的数字化方法

设备预测维修是通过当前设备的状态数据和生产数据，结合历史数据来预测设备将来的劣化趋势，是一种数据驱动的设备状态分析方法。其数字化方法与预知状态维修基本相同，在对数据的利用方面有所区别，这里不再赘述。

如果能够得到设备的劣化曲线或者设备的设计资料，对提高设备预测的准确性有较大的帮助。

4.6 设备维护过程的数字化方法

设备维护过程的数字化涉及的方法较多，并以定期维护与预知状态维护为主。这两种维护过程的数字化方法有一定的区别。定期维护的内容较多，涉及定期检查和各种维护活动，其数字化可以参考设备维护手册中的内容，并将关键的维护过程数据作为参考。预知状态维护比预防维修的目的性更强，其数字化工作也更有针对性，可根据维护建议进行针对性的维护工作，并做相应的数字化处理。

设备维护过程的数字化需要根据维护项目的不同而有所区别。通常来说，维护工作有清洁、补油、紧固、拆机检查、更换易损件等内容，如汽车定期维护中更换机油及机油滤清器。

1）设备的清洁多数是对电气设备而言的，如接插件、电路板等，可以拍摄清洁前后的照片、记录清洁介质（如压缩空气、清洁剂等）、记录被清洁的部位，以及其他需要记录的内容。

2）设备补油包括对润滑系统补油及对轴承座补脂等工作，需要记录补油的数量及部位。

3）设备紧固维护需要记录松动螺栓的紧固前扭矩、紧固后扭矩及位置信息。如果有多个螺栓松动，则需要记录每一个松动螺栓的数据。

4）设备拆机检查需要按设备维护手册的要求，记录每一个需要检查部件的状态。如有需要更换的部件，要记录新部件的型号规格及生产商等数据（特别是非原厂部件），记录回装的关键数据，如对中数据、紧固扭矩等。如果在拆机过程中有异常现象，也需要记录异常的现象。

5）更换易损件的维护需要记录新配件的基础数据及更换过程中需要记录的数据。

随着近年来设备维护技术的发展，如集中智能给油脂设备的应用有效解决了油脂管理的数字化问题。随着巡检机器人的应用，一些周期性的维护工作也可以通过它来完成，进一步推动了数字化工作。

不同的企业对设备维护的工作要求有很大的不同，设备维护的数字化内容也有较大差异，企业可以按照自身的管理要求，制定设备维护过程的数字化要求。

4.7 设备维修过程的数字化方法

设备维修过程的数字化是整个设备运维数据形成闭环的关键，但这一直是设备运维数字化中的薄弱环节，因此要做好设备维修过程的数字化，这需要设备运维人员的共同努力。

工业现场的设备千变万化，我们需要对每一类设备的维修过程都进行相应的分析，然后形成维修过程数字化的整体标准，因此设备的归类工作十分重要。如果设备分类过细，则需要完成的分析过程很多，但归类过于简单，那么一个标准不能覆盖这类设备。下面是设备维修过程数字化的一般方法。

设备维修过程一般为检查→拆除→清洁→安装→调整→清洁与恢复→试机等环节。其中不包括一些场所必需的安全确认、挂牌等工作。

设备维修可以从维修的一般过程着手，从中找出对整体运维工作有意义的数据并形成规范。维修过程各环节的工作内容与可能的数据如下。

1）检查环节：即对应维修前的评估与准备工作，一般采用目视检查、测量、拍照等方式。这些工作里包含了许多信息，如是否出现高温现象、磨损程度、渗油漏油情况、锈蚀情况等。根据设备不同、劣化程度不同，表现也会不同，这些都是宝贵的数据，需要按设备类型分别制定相应的数据采集标准。如果外观看不出异常，这也算是一个数据。

2）拆除环节：该环节是判断设备异常点的关键，尤其是执行预防维修、预知维修、预测维修的设备时。设备异常的反馈是非常重要的。我们需要视设备类型等情况提出数据反馈的要求，重要的设备或部件还需要进一步进行异常分析评估，如进行失效分析、金相分析、成分分析等。这些分析结果也是设备劣化数据的重要组成部分。

3）清洁环节：中间的清洁是为了保证新设备部件安装的质量，根据设备类型不同，清洁的要求也不同，对清洁度要求高的设备，如液压阀，需要做清洁操作记录及对安装面做测量记录或描述；对清洁要求低的设备，如电机安装基础（基座），则要视情况说明基础情况、地脚螺栓情况等。

4）安装环节：安装过程的数据能够比较全面地反映安装的质量，如安装的垫片厚度、轴承在安装时的加温温度、紧固的扭矩、密封的安装是否规范等，也要记录设备的附件是否都安装到位，如润滑油管、冷却水管等。每类设备一般都有安装规范，可以参考安装规范达到相应的数字化要求。同时，安装环节要视设备情况（如是否有磕碰、摩擦、刮削、切割等）记录相应的数值，如对于有焊接等操作的，可以记录焊缝情况（有探伤记录更好）、焊料品种规格等。

5）调整环节：设备在更换后需要进行必要的调整。对于机械设备，需要做设备之间的配合调整，如对中（对中一般是调整电机，这里把电机也作为机械设备的一部分）；对于电气设备，一般要做一些参数方面的调整，如继电保护的电流、电压等。这些调整一般都有数据，因此需要按设备类别制定数据规范。

6）清洁与恢复环节：该环节主要指一些设备需要进行清洁或恢复的工作，如液压系统在维修后需要进行冲洗以保障其清洁度，精密机床等需要做清洁、上油。这些工作内容直接影响设备的精度、可靠性与安全，需要做专门的记录。恢复是针对一些设备的附件或安全设施，如监测诊断的传感器是否恢复安装，设备护罩、围栏等是否恢复，安全接地线是否拆除等。

7）试机环节：该环节在一些复杂设备上也分为单机试机与多机联调。试机环节是检验维修过程质量的重要环节，可以参照试机要求，针对试机的结果制定相应的数字化规范。

以上是设备维修过程数字化的一般方法，可以按设备的类型和种类增加或减少相应的环节。其目的是通过设备维修数据，定量化验证设备劣化的情况和设备维修的质量。

这些工作在开始之初是十分复杂和烦琐的，可能会有很多阻挠和抵制，但设备运维数字化趋势是不可阻挡的，只有迎难而上，才能取得卓越的设备智能运维成果。

设备运维中还有很多内容在上述内容中未曾涉及，如备品备件的修复过程数据、设备改造改善的过程等。这些工作的数字化过程可以参考上述方法进行。如备品备件的修复过程可参照设备维修过程，如衡量备品备件的修复质量，同时积累修复过程的经验，对同类备品备件可以自动提示修复过程的流程和要点。这种方法通过必要的变换可以延伸到整个设备运维生态链。设备改造改善实际是设备的一种更新换代，可以像新设备一样推进数字化工作。

CHAPTER 5

第5章

设备数据分析与智能化方法

数据分析与智能化是设备智能运维的核心,所有获取的数据经过数据分析才能发挥作用。数据分析的方法有很多,本章的主要目的是让读者在众多的分析方法中找到最合适的方法,并应用到设备智能运维工作中。如果选择了不适当的分析方法将会造成分析的偏差甚至造成严重的投资损失。在不同的成熟度等级下,数据分析与智能化所应用的方法基本类同,但不同的成熟度等级在设备数据的完整度和数据类型方面存在差异,在模型的复杂度、准确度方面也有不同。因为所应用的方法基本相同,所以本章将不再指出这些差异,请各位读者按照实际需求选择合适的分析方法及相应的模型。

由于所有的分析过程及提取特征量的工作都应该在数据平台上完成,而且分析工具对任何数据分析方法都是必要的。因此与数据分析工具相关的内容放在第8章介绍。

数据分析一般包含7个阶段:①目标确定;②数据获取、清洗、整理;③数据分析;④结果呈现;⑤建立模型;⑥模型评估;⑦模型部署。在这7个阶段中,前4个为数据分析的必要过程,主要是以人工为主的数据分析过程。后3个阶段是将前4个阶段的分析结果和需求转化为模型并应用的过程,即实现智能分析的过程。本章将先介绍数据分析的7个阶段,之后介绍智能运维新技术的实现方法及其应用场景,如设备状态预测、健康度评价、数字孪生、知识图谱及智能决策等,以便于读者更全面地了解设备智能运维中这些技术的适用范围和优缺点。

在数据分析的7个阶段中,数据分析的目标及需要获取的数据应该是在规划设备数字化方案的时候就设定好的,因此数据分析的目标就是达到设备数字化时所设定的目标,包括模型构建的目标也同样如此。因此数据分析的目标及数据获取,本章将不会介绍。

5.1 数据预处理

在获得设备数据后,需要对设备数据进行预处理。数据预处理的主要内容包括数据清洗、数据整理、数据变换、特征量提取等。在设备运维中，对数据的预处理还包含数据分组和数据闭环。通过数据预处理，可以提高数据的质量和一致性，从而提升后续数据分析的准确性和可靠性。数据预处理还可以提高数据分析的效率，降低计算复杂度，也可以为后续的数据挖掘和机器学习的模型训练提供更好的基础。

5.1.1 数据清洗

数据清洗是数据预处理的第一步，目的是识别和指出数据中的错误或不完整的数据，包括处理数据异常值、数据重复及指出数据缺失等，以确保数据的准确性和完整性。

由于设备智能运维的数据一般都是通过不同的系统获取的，如振动、温度、音频等数据一般是通过在线监测系统获取的；工况数据或生产过程数据既可以通过 PLC、DCS 等系统获取的，也可以通过过程控制系统获取。由于单一的数据渠道很难判别数据的缺失或数据的重复，因此判断数据缺失或重复等一般需要对数据的用途进行组合后再进行判断。本节主要介绍数据异常的鉴别与处理方法。

在数据采集中，由于受干扰、工况等因素的影响，不可避免会造成异常数据或无效数据，这些数据如果混淆在正常数据之中，会极大地影响分析诊断的准确性。鉴别工业数据中的无效和异常数据是一个重要的数据预处理步骤，可以确保分析的准确性和可靠性，以下是一些建议的方法。

1）结合相应的工况数据，如设备的开停机、转速信号等，将设备在停机或转速为零时的相关数据（如设备振动数据）列为无效数据。对这样的无效数据可以直接剔除。

2）数据可视化，通过对数据样本进行抽样并可视化，可以直观地发现数据中的无效数据和异常数据。需要根据情况对这些无效数据及异常数据分别进行剔除或纠正。

3）删除异常值，这是一个简单直接的方法，可以直接删除含有异常值的记录，如振动值为负的数据或超过最大量程的数据等。但要注意，删除异常值需要小心操作。这种方法可能会对变量的原有分布造成影响，导致统计偏差。3σ 原则用于判断数据是否为异常值。如果一个数据点与平均值的差距超过了 3 倍的标准差，那么这个数据就被认为是异常值。这种方法需要慎重应用，首先要排除设备异常或工况变化的可能性，一般适用于数据不可能出现较大波动的场景。

4）格拉布斯方法，这是一种统计学上的方法，用于判定异常数据的出现概率。首先选定一个危险率 α（例如 1%、2.5%、5%），然后计算 T 值（标准化后的偏差值）来判断可疑数据是否为异常值。这种方法一般适用于数据不可能出现较大波动的场景。

在设备智能运维的实际应用中，由于设备状态的数据是周期性不断更新的，因此偶尔出现一些异常数据并加以剔除一般不会影响正常的设备状态分析判断，但需要考虑数据的采样频度和异常数据出现的频度。如果异常数据出现的频度过高，需要及时检查该数据的链路，发现并消除产生异常数据的源头。否则会影响数据的完整性和观测值的数量，从而影响后续的分析，严重时会造成不能及时发现设备异常的问题。

5.1.2 数据整理

数据整理在一些场合也称为数据集成，数据整理的主要工作是将不同来源的数据合并到一起。在这个过程中，需要解决数据冲突和不一致的问题。在设备运维的实际应用中，数据整理旨在解决数据在时间上的一致性问题。

对于取自不同系统的数据，在数据截取及数据传输中都可能存在时间上的不一致性，而在分析一个设备的动作的过程时，动作的先后顺序往往是关注的重点，因此数据在时间上的一致性是十分重要的。将数据在时间上保持一致的过程一般称为时序对齐。

不同的应用对时序对齐的精度要求是不同的。例如分析一台设备的动态响应时，设备的给定与输出结果等数据在时间一致性上的精度一般要比设备本身动态响应的时间要求高一个数量级以上，否则其分析结果就与实际情况相背离。而当一台设备的转速数据仅作为该设备振动分析的工况数据时，只需要在振动数据采集的时间内有对应的转速数据就可以了。因此，时序对齐的过程往往需要评估其需要的对齐精度，因为需要的对齐精度越高，数据获取的成本也会相应增加。

时序对齐在操作上一般可以选取一个主数据作为基准，其他数据以主数据的获取时间为基准，截取相同时间的数据与主数据对齐。没有进行数据对齐的数据不能进行基于时间顺序的分析。

在数据整理时同样要避免数据的冲突，如正常情况下电梯门打开时，电梯是不允许升降的。如果数据中出现电梯门打开的同时电梯还处于升降状态，那就说明这些数据在逻辑上有冲突，需要分析出现这种冲突的原因，如电梯是否处于检修状态或者这组数据在时间上存在不一致的情况。

5.1.3 数据变换

数据变换是为了将数据转换为适合分析的形式。通过数据采集获得的数据一般有多种表达形式，如振动、声音、电流等一般是数据波形的形式，而通过控制系统获得的数据有二进制、ASCII 码等形式，也有用脉冲编码表示的转速或旋转角度等。在进行数据分析前需要将这些不同形式的数据转换为相应的物理量以及适合进行分析计算的标准数据格式。

数据变换的另一个工作是统一数据的量纲。因为智能运维数据平台的数据来自各种系统，也有人工输入，在多数据源的情况下，一个参数可能存在不同的量纲，如有公制单位、英制单位，电压有毫伏、伏特、千伏等单位。因此在利用这些数据之前，需要将所有数据进行量纲的统一，以免用一次数据就要转化一次，也可以避免因忽视了量纲而造成的错误判断。

5.1.4 特征量提取

在智能运维的实际应用中，特征量提取指从获取的多元异构数据中将代表特定含义的数据提取出来，如文字描述中的关键词，振动波形中的振动量值及与频率、相位相关的参数，图形及视频中的异常状况，红外图像中的温度分布等。这些特征量以数值的形式被提取出来，以满足后续分析的需要。随着技术的发展，新的特征量也在不断地被挖掘出来，如振动信号中常规的方法是通过频谱分析，提取出各频率分量作为特征量，而随着小波分析、时变分析技术的应用，就产生了新的振动特征量。因此在数据平台中，各类原始数据也是需要保存的，以便新技术发展后可以提取出新的特征量。

随着嵌入式应用的普及，特征量提取的工作有向前端转移的趋势，如一些振动传感器，内置了转速感应传感器和高性能的嵌入芯片，可以直接输出相应的特征量；一些智能巡检机器人，可以直接识别图像及视频中的异常，以特征量形式直接输出相应的数据。

不同设备的特征量的形式也是不同的，因此特征量提取也需要遵循设备数字化的标准。如在振动分析中，同一传感器监测的振动速度与振动加速度在频域特征上有较大的差异，需要针对不同的分析目标，从相应的原始波形中提取所需要的特征量。

一部分设备数据本身就是特征量，如温度、湿度、液位等，也有一部分设备数据需要通过计算提取特征量如振动、声音、图像等。提取出的特征量可以进行预警及分析，是数据的有机组成部分。

以下是一些常见监测技术的特征量，我们需要根据分析要求进行特征量提取，而非所有特征量，即我们只需要关注表征异常的特征量。

1. 振动信号中的特征量

振动信号中的特征量主要用于描述和识别振动信号的特性，进而分析和预测设备的状态。这些特征量可以从不同的域（如时域、频域、时频域等）提取。以下是一些常见的振动信号特征量。

- ❑ 时域特征：这些特征直接从原始振动信号中提取，通常包括峰值、有效值、均值、标准差、峭度、偏度、脉冲因子、裕度因子等。
- ❑ 频域特征：通过将时域信号转换为频域信号（例如，通过傅里叶变换），可以提取频域特征，如转速频率、转速倍频、轴承频率、齿轮啮合频率、边频等。
- ❑ 时频域特征：这些特征结合了时域和频域的信息，如短时傅里叶变换（STFT）、小波变换等。
- ❑ 高阶统计量：这些特征用于描述非高斯、非线性系统的特性，如偏度、峰度、熵等。
- ❑ 非线性特征：振动信号的某些非线性特性，如相位、幅值调制、混沌特性等，也可用于描述系统的状态。

❑ 模式识别特征：这些特征用于识别振动信号中的特定模式或结构，如自回归模型参数、神经网络参数等。

具体采用什么特征量需要看设备分析的需要，一般情况下仅需要时域特征和频域特征就可以满足 90% 以上的分析需要。

2. 电流信号中的特征量

电流信号中的特征量主要用来描述电流的大小、电流中各次谐波的分量等信息，在利用电流信号分析设备状态时，其特征量与振动信号的特征量类似。以下是一些常见的电流信号特征量。

❑ 时域特征：这些特征直接从原始电流信号中提取，通常包括有效值、均值等。

❑ 频域特征：通过将时域信号转换为频域信号（例如，通过傅里叶变换），可以提取频域特征，如电流频率、各次谐波等。通常电流的谐波需要分析到基频的 50 倍。

3. 声音信号中的特征量

声音信号中的特征量主要包括以下几个方面。

❑ 频率：频率是声音振动周期性重复的速率，通常以 Hz 为单位表示。频率决定了声音的音调，高频率的声音听起来会比较尖锐，低频率的声音听起来会比较低沉。

❑ 振幅：振幅是声音振动的最大偏移量或振动幅度。它决定了声音的音量或响度，振幅较大的声音会听起来更响亮。

❑ 波形：波形描述了声音信号随时间的变化情况。不同的声音信号会产生不同的波形，例如正弦波、方波、锯齿波等。

❑ 时域特性：时域特性描述声音信号在时间轴上的变化，包括声音的持续时间、起始时间、结束时间等。

❑ 频域特性：频域特性描述声音信号在频率域上的成分。声音的频域特征类似振动的频域特征。

在设备监测中，声音信号中的特征量很多与振动的特征量接近，因此也可以参考振动的特征量分析方法。

4. 生产过程信号中的特征量

生产过程信号中隐含了大量的设备状态信息。通过对生产过程信号中特征量的提取，可以分析生产过程中设备的精度或动态响应是否满足生产过程的要求，可以分析生产过程的稳定性和效率，还可以预测最终产品的质量。

生产过程信号的特征量主要是与时序相关的特征量、与精度相关的特征量以及与动态响应相关的特征量三个类别。

以下是利用生产过程数据可以达成的分析目标，根据设备类型不同，需要提取的特征量也不同，具体的特征量需要根据设备类型来确定。

- 设备精确性：设备精确性描述了设备在执行工艺步骤时的准确程度。高精确性设备能够确保每个工艺参数都得到精确控制，从而生产出高质量、性能稳定的产品。
- 设备稳定性：稳定性是指设备在持续工作状态下保持性能一致的能力。一个稳定的设备能够减少工艺波动，保证生产过程的连续性和产品质量的稳定性。
- 设备效率：设备效率反映了设备完成工艺任务的速度和产能。高效率设备能够缩短生产周期，提高产能，从而降低成本，增加企业的竞争力。
- 设备耐用性：设备的耐用性是指设备在长期使用过程中抵抗磨损和故障的能力。耐用性高的设备能够减少维修和更换的频率，降低维护成本，保证生产线的持续运行。
- 设备兼容性：设备兼容性指的是设备能否适应不同工艺和产品的需求。高兼容性的设备能够灵活调整工艺参数，适应多品种、小批量的生产模式，提高生产线的灵活性和响应速度。

除了上述分析目标，还可以发掘出很多其他的分析目标，以达到分析要求。

5. 图像中的特征量

图像中的特征量在图像处理和分析中扮演着至关重要的角色。这些特征量是对图像内在属性的数学描述，帮助我们在大量的图像信息中抽取和识别关键内容。这些特征可以包括颜色、纹理、形状、边缘、角点等，它们共同构成了图像的独特标识。

颜色特征量描述了图像中像素的颜色分布和变化，是图像识别中常用的特征之一。纹理特征量则反映了图像表面的细节和质感，对区分不同物体或场景非常有用。形状特征量则描述了图像中物体的轮廓和形态，对识别和分类目标物体有重要意义。

边缘和角点等特征量则是图像处理中的基础，用于在复杂的背景中准确定位物体的位置和姿态。这些特征量的提取和识别，对实现图像分割、目标跟踪、立体视觉等应用具有关键作用。

随着深度学习技术的发展，图像特征提取方法也取得了重要突破。通过训练大量的图像数据，深度学习模型可以自动学习更加复杂和抽象的特征量，为图像分类、目标检测、图像生成等任务提供了强大的支持。

5.1.5 数据分组

数据分组是为了特定的分析需求将合适的数据项组合为一个族群，数据分组是数据分析的重要组成部分。例如在体检时，必须把每个人的体检结果数据形成体检报告，与每个人对应，而不能将不同人的体检结果搞混。在这个例子中，每个人的体检数据组合就是一个数据分组。当然数据分组可以分得更细，如专门针对某人的心血管疾病可以有一个相关的数据分组。也可以有更大的数据分组，如一个企业单位体检的整体情况也可以构成一个数据分组。

设备运维与人的体检和就医类似。由于设备数据来自不同的数据源，例如生产过程数据都是很多台设备的数据混杂在一起的，如果不对数据进行分组，很难找出数据之间的相互关系。设备运维是一个长期持续的过程，只要设备结构功能不改变，那么设备的数据分组都是相对固定的，设备建立数据分组后，对该设备的分析只需要在这些数据分组中进行，对这台设备构建或布置分析诊断模型同样如此。

1. 数据分组的目的

数据分组的目的是完成分析任务，因此并不是简单地将一台设备的数据组合在一起，而是需要根据不同的分析要求，对设备的数据进行组合。以风机设备为例，在企业中，一般电气设备与机械设备分别由不同的人员负责，因此一台风机常常被拆分为电机和风机两台设备，通常在设备的编码上也分为两台设备，但实际上要分析一台风机的设备状态，需要包含电机、风机的全部设备状态数据，通常是振动、温度、转速数据，包括电机与风机的连接方式，如采用联轴器连接还是皮带连接等。因此需要将这些数据项创建为一个数据分组。在没有数据分组时，只能将电机或风机单独进行分析，但这样往往会忽略一些重要信息，如设备连接方式、振动的相位等。同样是这台风机设备，要分析其运行的能效关注的是电机的能耗以及风机输出的风量等，因此也可以创建一个能效分析的数据分组。在分析该风机的运维绩效时，因为需要该风机的设备状态及其维护维修数据，所以同样可以创建一个运维绩效的数据分组。

通常只有实体设备才有相应的编码，因此设备树上没有针对设备功能的编码。如液压系统、传动系统、润滑系统等都不能在传统的设备树上体现，只能够体现单体设备，在液压系统中只能看到液压泵、伺服阀、液压缸等单体设备，而缺少了液压系统这一层级。分析时不能仅针对单体设备，而是针对设备功能或系统进行，因此需要将相应的单体设备数据进行组合，形成系统层级的数据分组，如液压系统数据分组、传动系统数据分组、加热系统数据分组等。

在对设备数据进行分组后，对设备的分析都可以在相应的数据分组内进行，也可以在数据分组内构建或布置相应的分析模型。

2. 数据分组的原则

原则上，所有的分析目标都应该有相应的数据分组，数据分析都应该在数据分组内完成，因此所有的数据项（元数据，即动态数据）都应该进入相应的数据分组。没有进入数据分组的数据项将不能在数据分析时被使用，因为这些数据没有对应的分析目标或对应相应的设备功能。需要检查这些没有进入数据分组的数据项产生的原因，通常情况下可能是这些数据项没有定义对应的设备或功能，或者缺少同设备的其他数据而不能构成数据分组，这些数据的存在将降低数据的利用率。除此之外，数据分组还有以下原则。

1）根据不同的分析目标与要求，数据可同时用于多个数据分组，数据分组中的数据项可以相互交叉。数据分组也可以嵌套，一个大的数据分组也可以包含多个小的数据分组。数据分组不是将所包含的数据项都复制或移到一个新位置，而是通过指针表来引用分组中的数据项。数据本身都集中保存在数据平台之中。

2）数据分组是数据分析的基础，即便是没有使用数据分组时，所有的分析都需要界定好数据项的范围。数据分析的要求是随着设备管理水平的提升而不断提高的，因此数据分组可以按分析需要循序渐进，逐步完善。同时，数据分组也可能对数据采集环节提出改进的要求，因此设备智能运维是在实践中不断完善和提升的。

3）数据分组都应该是公开透明的，对所有具备权限的人员开放，不应该仅由一部分人员专享。数据分组的情况也需要在数据平台的设备树上体现，以便所有设备运维人员都能了解和应用。

4）数据分组的构建和更改需要有相应的工作流，同类设备或同类功能一般需要同样的数据分组，因此设备分组的工作在条件成熟时也可以逐步实现标准化。

3. 数据分组的方法

数据分组应该遵循循序渐进的原则，由于分析目标和管理需求不同，因此首先需要满足在设备数字化时所设定的数据分组要求。

数据分组可以从下至上展开，但要确保每一个数据分组都有明确的分析要求，并且包含完成这个分析要求所需要的数据项。因此数据分组应该是由熟悉分析要求的人员来创建的。不同的设备类型或分析目标可能需要由熟悉的人员负责构建。例如轧机设备液压系统，一般由一系列的液压源、伺服阀、油缸等组成，可以先从压下液压系统、弯辊液压系统等入手，板坯轧机的压下系统通常有两套液压系统，需要先形成驱动侧液压压下系统分组、操作侧液压系统分组，两者再形成液压压下系统，再与弯辊液压系统数据分组及其他液压系统的数据分组组合，之后形成轧机液压系统的数据分组。在构建数据分组时，需要考虑数据项的完整性。例如在上述液压系统的数据分组中，除了能够表征液压系统运行状态的数据项以外，还应该考虑纳入液压系统维护维修的数据，以便在液压系统性能发生变化时分析变化的原因。

每一个数据分组都需要有合适并规范的名称，一般情况下可以按主要设备的名称或设备的功能来命名。数据分组的命名同样要遵循第 10 章中的设备及部件命名的规范。

5.1.6 数据闭环

数据闭环是指一个数据分组内的各数据之间在时间上的前后关系。其中有因果关系，也有设备从开始到结束的过程（设备的生命周期）。例如一台设备出现异常后通过维修恢复正常的过程产生的一系列数据形成一个数据闭环。在常规的设备运维中，同样会强调这种闭环，以便形成案例。但在常规的设备运维中，我们都是在完成了维修后去收集这些过程的数据的，这也是事后整理案例的过程。在智能运维的背景下，这种闭环可以做得更多、更好。因为设备运维数据是贯穿整个智能运维过程的，所以我们可以对数据闭环事先提出要求，如所有的行为都可以有工作要求、有工作过程、有工作结果，也有效果验证和评价。设备的工作过程同样可以形成闭环，如有设备动作的给定，有设备的响应及工作过程，也有设备工作过程的反馈及生产的质量等，通过这些设备的工作过程，可以对设备的功能、精度形成准确的评价。

数据闭环带有较强的管理属性，可以用数据的形式让每一个事件形成现象、原因、结果的整体闭环，而且可以在事件发生之前就设定需要的事件过程数据。

由于数据闭环是在一个数据分组内完成的，因此在设定数据分组时需要考虑数据闭环的要求。同样，在设定了数据闭环后，要检查数据分组的数据项，以保证数据分组中的数据项可以满足数据闭环的需要。

1. 数据闭环的意义

数据闭环在数据分析中具有重要的意义，主要体现在以下方面。

1）可以通过数据闭环快速积累案例，无论是成功的案例或失败的案例，都可以从案例中积累经验。因为通过人工事后总结，往往只能得到成功的案例，失败的案例没有人愿意去总结，而失败的案例可能也包含了宝贵的经验教训。通过事先设置数据闭环，无论是成功或失败的案例，都会加以保留。

2）数据闭环可以充分体现设备管理的要求，将设备运维活动的目标、行为、结果形成完整的闭环，进而从数据闭环中找到出现问题的原因，以便更好地解决问题。

3）通过数据闭环可以及时掌握设备运维中各阶段的工作进程，及时发现运维过程中未能及时做出响应的环节，避免因某些环节响应不及时而造成设备故障。

4）一些长周期的闭环，如设备生命周期闭环，可以分析运维行为对设备生命周期的影响，有助于提高设备运维行为的效果。

5）数据闭环有助于判断设备运维的成效，如可以分析设备状态判断的准确性、设备维护维修建议及方案的有效性、维护维修的效果等。

6）通过设备运行状态、生产过程及产品质量的闭环，可以找到影响产品产量、质量的关键因素，从而更好地掌握设备运维的关键因素。

2. 数据闭环的原则

数据闭环在一个数据分组内完成，以保证结果与过程之间的对应性，避免产生数据因果混淆。除此之外，数据闭环还需要遵循下述原则。

1）数据闭环要保证因果之间的关联性，如果原因与结果之间没有必然的联系，则这样的数据闭环就没有意义。

2）所有的数据分组原则上都应该有数据闭环，闭环的数据可以认为是经过验证的，其数据价值会得到提升，而没有闭环的数据通常难以反映实际情况，导致其应用价值受限。对于不能形成闭环的数据分组，需要检查其数据项的完整性。例如电气室的温湿度，可以与温度异常后空调的维修记录或者引起温湿度异常的因素相关联。更重要的是，电气室温湿度可以与设备所发生的异常进行关联，通过长期的数据积累，可以分析电气室温湿度对电气设备寿命的影响程度,从而优化电气室温湿度的设定值。数据分组的数据闭环率同样是数据利用率的关键指标。

3）数据闭环要保证整体过程的完整性,即一个事件的前后过程都需要保持完整,使之能够明确事件的因果,不能对只取过程的一部分如只有结果或只有部分原因和结果。不完整的过程闭环容易造成对一个事件的误解。

4）数据闭环需要具备充分且必要的数据项,以保障对结果产生影响的关键参数是充分且必要的。如果没有充分的数据,则得到的结果与这些不充分的数据之间的关联性就不强,当其他影响结果的参数发生变化时,只会发现过程数据与结果之间的变化有不确定性。而有过多的不必要数据时,则只会增加分析的难度,造成资源的浪费。

5）在数据闭环中,如果一个事件的数据间的前后关系是可预计的或有相应的管理要求的,则可以设定时间间隔。若超过此时间间隔,仍未获取到预期的数据,则可发出提醒,以确保事件的过程可控。造成超时的原因有多种,如果是针对设备运行数据,没有人员参与的,可能的原因有数据丢失或设备出现异常。如果是有人员参与的,则可能是人员响应不及时。通过提醒信息,可以及时发现问题并找到解决方法。

6）数据闭环可能会促进数据分组或数据采集的改进,这同样体现了智能运维水平的提升。

3. 数据闭环的种类

数据的闭环的种类有很多,主要有如下几种。

1）**设备正常工作的循环**:如设备动作的给定值→动作→反馈循环,其中有代表性的是转速控制,从给定转速到转速变化到给定转速。动作控制既有开环控制,也有闭环控制,只要是循环性的设备动作都可以形成闭环。这种数据闭环可以用来分析设备的性能,如动作的速度变化、设备响应的动态过程等。

2）**状态监测数据的采集及预警判断**:在线监测装置基本是按照一定的间隔采集设备的状态数据,采集的数据经特征值计算后,再经预警模型进行设备状态判断。其中大部分设备的状态是正常的,并不会触发预警,这部分数据一般都视为正常数据。我们需要将这些数据与预警模型的预警值一起作为一个数据闭环进行标识和存储,这些数据还可以作为同类设备查找漏报原因的参考。

3）**设备状态数据(从预警到诊断结果)**:设备状态数据超过预警值后会进入诊断流程,并形成设备状态诊断报告及维护维修建议。设备的状态数据、预警设置、诊断结果就形成了一个诊断闭环。

4）**设备维护过程的闭环**:设备维护包含多种方式,其中主要涉及预防维修的定期维护和预知维护的状态维护。对于定期维护而言,数据闭环的内容包含定期维护周期、设备运行数据、设备维护数据;对于状态维护而言,数据闭环的内容包含设备状态数据、预警模型参数、设备诊断报告、设备维护建议、设备维护数据等。其中，设备状态数据可包含从上一次维护后到本次维护前的所有设备的状态数据。

5）**设备维修过程的闭环**：设备维修过程数据闭环包含各种维修方式下的数据闭环。事后维修方式下的数据闭环包含设备使用时间、设备损坏状态、本次维修结果数据。预防维修方式下的数据闭环包含从上次维修结束后的所有设备运行数据、维护数据、本次检查及维修数据。预知维修方式下的数据闭环包含设备状态数据、预警模型参数、设备诊断报告、设备维修建议、设备维修检查结果、设备维修数据等。其中，设备状态数据可包含从上一次维修后到本次维修前的所有设备的状态数据。这些数据既可以用于构建一个包含所有维修数据的大闭环，也可以仅包含维修前的一组有代表性的状态数据，即形成小闭环，两种不同的数据闭环有不同的用途。

6）**设备生命周期闭环**：设备生命周期闭环一般指大型设备的生命周期。对于简单设备（如事后维修的设备），如果一次维修就意味着更换设备的情况，则此次更换将被记录在维修过程数据闭环之中。大型设备的生命周期一般都会经历多次维护、维修、部件更换的情况，因此闭环中应包含设备整个生命周期的所有数据。在设备更换后，可以认为该设备得到了"新的生命"，设备生命周期重新开始，以前的数据仅与同类设备的数据一样，仅作为参考。

7）**生产过程数据闭环**：在设备状态对产品质量有较大影响的场景，可以设置设备状态、生产过程与产品质量之间的数据闭环，以分析产品质量与设备状态、生产过程参数之间的关系。我们还可以通过相应的数据模型来优化当前设备的状态、调整相应的控制参数，以达到期望的产品质量，并可以分析对产品影响较大的设备问题，为设备运维找到重点。

8）**关键要素的影响度闭环**：某些状态变化给其他设备或生产质量带来影响的闭环，如液压油清洁度提高后对液压设备寿命的影响，润滑油进水后对设备寿命的影响，或者轧机辊中度与产品质量之间的关系等。

数据闭环的种类还有很多，可以通过设备运维的实际需要来不断完善。通过数据闭环，可以不断积累经验，数据的利用效率与效果才可能不断提升，数据的价值才能真正得到体现。

5.2 基于知识的分析诊断方法

基于知识的分析诊断方法主要依赖于专家经验和领域知识，通过事先掌握的知识分析设备的异常，并得出诊断结果。基于知识的分析方法在某些地方也称为基于规则的分析方法，但本书中的知识和规则是有区别的：本书中知识包含理论知识、普遍的规则、经验、案例、标准及个人的专业学识等，而规则是指从知识中提取出来用于模型判断的局部知识。

基于知识的设备分析方法具有实用性强、易于理解和实施的优点，但这种方法高度依赖于丰富的领域知识和经验。尤其在处理复杂设备和故障时，识别和处理需要更为深入的领域知识。这主要是因为我们对复杂设备的失效机理以及异常特征缺乏全面、有效的描述，或者由于监测技术不足而无法获取有效的异常特征。因此，基于知识的分析诊断方法对通用设备具有较好的效果。而一些复杂的专用设备，由于设备量少，我们对设备的失效机理也缺乏全面的了解时，则基于知识的分析诊断方法可能很难获得较好的效果。基于知识的分析诊断方法主要如下。

5.2.1 故障诊断方法

故障诊断方法是目前应用最为广泛的诊断方法，如国家标准《机器状态监测与诊断人员培训与认证的要求》中有关诊断工程师的培训内容几乎都是基于故障诊断方法的。故障诊断方法依赖于对设备异常现象的认知，设备异常现象与数据的特征量之间存在关联关系，所以称之为关联的知识模型。诊断活动一般是由设备的状态预警触发的。例如，我们通过振动方法监测一台风机的状态，基本会在振动量达到预警值后触发诊断流程，在分析时依靠分析风机的各种特征频率及其变化来判别风机是否存在异常及异常的程度。

设备的状态预警一般由以下几种情况产生。

1）设备状态特征量超过预警值。

2）设备状态特征量并未达到预警水平，但其变化率超过正常水平。

3）人工检测或感知发现设备状态出现异常变化（噪声、气味、温度、湿度、泄漏等）。

故障诊断过程一般包含确认设备状态预警数据（测量数据是否准确、预警值是否合理、是否为干扰信号等）的过程。这是一个数据预处理的过程。

在确认已产生状态预警的数据是真实数据后，进入故障诊断流程，诊断流程通常包含以下内容。

1）根据设备状态数据的特征量，列出超标特征量所代表的设备异常，形成异常假设表，并根据多个特征量之间的相互关系及逻辑，对异常假设表进行缩减和重排，形成确定的设备异常结论。

2）根据设备特征量的幅值及特征量之间的关系，以及同类故障出现的概率及同类型的设备在相同的服役和运行工况下的反馈数据，分析得到设备异常的严重程度。

3）根据设备异常情况确定设备的预警等级，并提出适合的设备维护维修建议。

4）提出诊断结论并完成诊断报告。

5）通过维护维修结果验证诊断结论。

5.2.2 因果关系树诊断法

因果关系树诊断法是一种用于分析问题原因和解决方案的方法。它基于问题分析出多个可能的原因，然后通过逻辑推理和归纳来确定最可能的原因。这种方法通常用于复杂问题的分析和解决。在企业中，因果关系树诊断法经常应用于职工自主管理场景中。

当设备的异常或故障可能有多种原因导致，而故障诊断法不再满足要求时，可以使用因果关系树诊断法。以下是使用因果关系树诊断法的步骤。

1）**确定问题**：明确要解决的具体问题，例如如何提高一个复杂设备的寿命。

2）**分解问题**：从问题出发，得出多个可能的原因。这些原因应该是相互独立的，即它们之间没有直接的因果关系。

3）**建立因果关系树**：在一些场合，因果关系树也称为鱼刺图，可以在一张纸上或使用计算机软件，从问题开始，将每个可能的原因作为树的一个分支。每个分支代表一个可能的原因，而树的末端表示问题的根本原因。

4）**评估每个原因**：对每个可能的原因进行评估，以确定其出现的可能性和影响程度。可以使用定性或定量的方法来进行评估，例如概率、权重等。

5）**确定最可能的原因**：根据评估结果，确定最可能的原因。这通常是具有最高可能性和影响程度的原因。

6）**制定解决方案**：针对最可能的原因，制定相应的解决方案。这可能包括改进过程、更换设备、培训员工等。

7）**实施解决方案**：将制定的解决方案付诸实施，并监控其效果。如果问题得到解决，那么已经找到了根本原因；如果问题仍然存在，那么需要重新评估其他可能的原因，并重复上述步骤。

8）**持续改进**：在解决相应的问题后，对解决问题的过程进行分析和总结，以期达到不断优化过程和提高绩效的效果。

5.2.3 第一原则模型

第一原则模型是一种分解复杂问题和产生原始解决方案的有效策略。第一原则模型基于第一原则关系或数学公式对设备的运行行为进行正确建模。通过建立系统结构和部件行为的模型，用它来推导该设备或部件在特定情况下的表现。

根据模型推导的结果与一组设备的观察数据比对，能分析观测到结果的与预计（正常）行为的偏差。通过分析偏差情况，可以找出设备的故障部件。

在实际应用中，第一原则模型的分析过程是一个系统化、逻辑性强的方法，用于从基础科学原理出发构建复杂、系统的数学模型或计算模型，并与实际设备的输出进行对比分析。以下是应用第一原则模型的基本过程。

1）**问题定义**：明确要解决的问题或要模拟的系统是什么。这是整个建模过程的起点，也是最关键的一步。

2）**基本原则识别**：确定识别问题所依赖的基本物理、化学或其他科学原理。这些是不能进一步推导的基本假设，例如牛顿的运动定律或热力学第一定律。

3）**概念框架构建**：基于基本原则构建一个概念性的框架，来描述系统的主要组成部分及其相互作用。这有助于理解系统的结构和功能。

4）**数学表达**：将概念框架转化为数学语言，使用方程和不等式来描述系统的动态行为。这可能包括微分方程、代数方程等。

5）**参数估计**：确定模型中所需的所有参数，并通过实验数据、文献调研或理论推导来估计这些参数的值。

6）**模型验证**：通过仿真运行模型，并将其结果与已知结果或实验数据进行比较，从而验证模型的准确性。这是确保模型可靠性的重要步骤。

7）**实际设备状态信号采集**：基于设备实际情况及模型的分析，找到能够准确表征设备状态的变化量，并进行数据采集。

8）**对比分析**：对采集的信号进行预处理后，将采集的信号与模型的输出进行对比，包括量值、响应频率等，并分析其差异。

9）**诊断决策**：根据对比分析结果及差异，分析诊断设备及部件存在的异常，并提出维护或维修的建议。

综上所述，第一原则模型的建模涉及从问题定义到基本原则识别，再到数学表达和仿真运行，以及与真实设备进行对比分析的过程。它要求对问题进行深入分析和理解，通过科学的方法和工具建立准确的模型，并通过模型输出与实际采集数据进行对比，分析设备存在的问题。该方法与数字孪生分析方法基本类似。

5.3 数据驱动的分析诊断方法

数据驱动的分析诊断方法是一种利用机器学习和数据分析技术来进行设备状态分析诊断的方法。我们可以利用设备数据来分析设备异常的原因和预测未来可能出现的故障。该方法主要是通过对历史数据使用机器学习、数据挖掘和模式识别等方法来进行训练及建模。我们需要建立设备异常诊断模型或设备状态预测模型，并根据模型对设备状态的实时数据进行诊断或预测。

在设备智能运维中，可以应用的数据驱动分析诊断方法有很多，分析方法的分类也各有不同。本书依据《GB/T 22394.1—2015 机器状态监测与诊断数据判读与诊断技术 第1部分：总则》中的分类，将数据驱动分析诊断方法分为统计数据分析、案例推理、神经网络、分类树、随机森林、逻辑回归和支持向量机等。以下是这些数据驱动的分析诊断方法的概要和适用场景介绍。

5.3.1 基于统计数据的分析诊断

基于统计数据的分析诊断方法能够充分利用大量历史数据和实时监测数据，揭示设备运行状态和潜在故障。基于统计数据的分析诊断方法适用于各种类型的设备和系统，无论是线性还是非线性、稳态还是动态。只要有足够的数据支持，就可以建立有效的统计模型并进行故障诊断。该方法可以对故障进行定量化的评估，如计算故障的概率、严重程度等，为决策提供更加科学、合理的依据。

基于统计数据的分析诊断方法在优化管理策略方面同样有较大的应用空间。例如，通过对设备健康状态与备件数量进行关联分析，确保备件库存既充足又不过剩，从而在保障设备安全运行的前提下让经济成本最小化。我们也可以通过分析设备的历史运行数据，识别出设备性能的变化趋势和潜在的故障模式。这有助于预测未来可能出现的问题，并提前准备相应的备件。

基于统计数据的分析诊断法也可以通过历史数据帮助企业优化管理策略。例如，通过分析备件更换的成本，包括直接成本（如备件价格、维修人工费）和间接成本（如停机损失、生产效率下降等）数据，通过对比不同备件方案的成本效益，选择最优的备件管理策略。

基于统计数据的分析诊断方法还可以帮助企业评估供应商的可靠性、交货时间和服务质量等。这有助于选择最合适的供应商来提供备件支持。

基于统计数据的分析诊断方法主要包括下列实施步骤。

1）**数据收集**：设备运行状态及维护维修数据在第 4 章已有介绍，但用于管理优化目的时，必然会涉及备件的采购价格、采购数量、单位维修费用等关键数据，因此需要企业在数据收集及保密方面做好平衡。

2）**数据预处理**：同样，数据预处理涉及管理优化的关键数据，也需要在获取所需的数据项后进行必要的数据分组。

3）**数据分析**：可以利用适当的统计分析方法对数据进行分析。这些方法可以粗略地分为四大类：变化、分布、对比、预测。例如，通过分析指标随时间的变动情况（如增幅、同比、环比等），或者在不同层次上的表现（如地域分布、用户群分布等），来揭示数据背后的规律和趋势。

4）**数据解释**：这是数据分析结果的解读阶段，通过对数据分析结果的解释，可以帮助我们更好地理解数据所反映的现象，从而做出合理的决策。

5）**结果应用**：将数据分析的结果应用到实际问题中，如制定备件优化策略、优化维修流程等。

5.3.2 基于案例推理的分析诊断

基于案例推理的分析诊断是一种利用历史案例解决新问题的方法，通过重用或修改以前解决类似问题的方案来解决新问题。这种方法能够充分利用已有的经验和知识，避免重复劳动，提高问题解决的效率和准确性。同时，它还能够通过不断学习和积累新的案例，不断完善自身的知识库，提高问题解决的能力。下面将概括介绍基于案例推理的分析诊断步骤及关键技术。

1. 步骤

1）**案例检索**：从案例库中检索出与当前问题最相似的案例。这一步骤通常涉及特征匹配、相似度计算等技术。

2）**案例重用**：如果检索到的案例与当前问题足够相似，则可以直接重用该案例的解决方案。否则，需要对案例进行修改以适应当前问题的需求。

3）**案例修改**：根据当前问题的具体需求，对检索到的案例进行修改。这可能涉及解决方案的调整、参数的修改等。

4）**案例保存**：将新问题及其解决方案作为新的案例保存到案例库中，以便未来使用。

2. 关键技术

1）**案例表示**：常见的案例表示方法包括使用面向对象的数据模型和数据库技术相结合的方式。

2）**案例检索**：常用的检索算法有最近邻法等。

3）**案例修改**：需要根据当前问题的具体需求，对检索到的案例进行灵活的修改，比较有挑战性。

4）**案例学习**：能够从新的问题中学习并更新自己的知识库，通常涉及案例的评估、反馈和存储等过程。

基于案例推理的分析诊断方法在案例积累丰富的领域有着广泛的应用，如飞机故障诊断。通过构建飞机故障案例库，并采用字符型字段匹配和K-近邻方法相结合的检索模型可实现案例的快速检索和匹配。在机电液设备故障诊断场景下，通过抽象案例，建立故障案例的层次结构模型，同时采用聚类方法对案例库进行分级聚类，可提高故障诊断的效率和准确性。

5.3.3 基于神经网络的分析诊断

ANN（人工神经网络），简称神经网络。它是一种模仿生物神经网络结构和功能的数学模型及计算模型。它由大量相互连接的人工神经元组成，能够根据外部信息调整内部结构，形成自适应系统。神经网络通常包括输入层、隐藏层（一个或多个）和输出层。每一层都包含多个神经元，这些神经元通过权重相互连接，形成复杂的网络结构。神经网络是由许多基本处理单元（即神经元）组成的系统，其集体行为可以近似实现特定的函数功能。

神经网络需要有一个训练阶段，通过检验正常数据和故障数据对模型进行调整，并通过改变内部模型的权重，使得该模型的输出与输入数据状态相匹配。一旦训练完成，当新的数据输入时，神经网络如同一个"黑箱"，会生成与机器运行状态有关的输出（与训练数据一致）。

基于神经网络的分析诊断的具体执行步骤如下。

1）**数据准备**：首先需要收集大量的历史数据，包括正常状态和故障状态下的数据。这些数据需要进行预处理,如归一化、去噪等,以提高神经网络的训练效果。

2)模型选择:根据问题的具体需求,选择合适的神经网络结构。例如,对于图像识别任务,可以选择CNN(卷积神经网络);对于序列数据处理,可以选择RNN(循环神经网络)或LSTM(长短期记忆网络)。

3)模型训练:使用训练数据对神经网络进行训练,通过不断迭代、更新权重和偏置,使模型能够准确地识别出不同的故障模式。

4)模型应用:训练完成的模型,可以准确识别与训练数据类似的设备问题,当输入新的实时数据时,可以实时判别设备是否存在问题。

神经网络可以应用于图像分析领域,利用神经网络可以对视频图像进行实时分析,以及时发现设备的异常情况,如皮带撕裂、漏气、漏液等。基于神经网络的故障诊断方法也可以应用于各种机械设备的故障检测和预测,如通过对设备运行过程中的各种参数(如振动、温度、压力等)进行监测和分析,及时发现并预测可能出现的故障。

基于神经网络的分析诊断方法具有自适应性强、非线性映射能力强、容错性好等优点。它可以自动从大量数据中提取出有用的特征,并进行模式分类和预测。同时,神经网络具有很强的学习能力,可以通过不断学习和积累经验来提高诊断的准确性。然而,基于神经网络的分析诊断也存在一些缺点。

首先,它需要大量的历史数据作为训练数据,而这些数据的获取可能需要长时间的积累,而企业中设备出现问题的数量与神经网络所需要的训练数据量相比是远远不够的。

其次,神经网络的训练过程需要大量的计算资源和时间,这可能限制了它在实时故障诊断中的应用。此外,神经网络还可能受到过拟合和欠拟合问题的影响,导致模型在新数据上的表现不佳。

5.3.4 基于决策树的分析诊断

决策树又称为分类树,是一种强大且灵活的数据分析方法,它通过一系列的问题将数据进行划分。其基本思想是在特征空间内创建矩形区域,从根节点开始,根据某些决策标准持续进行数据的划分。一旦数据不能再被进一步划分,那么这个节点就成为叶子节点。如果还有可能继续划分,那么就会生成两个新的节点。

CART(Classification And Regression Tree,分类与回归树)是分类树的一种特殊形式,既可用于分类任务,也可用于回归任务。当处理的数据集的因变量是离散值时,我们通常会选用CART进行拟合,此时叶节点的预测类别是概率最大的那个。

此外,决策树是非参数的有监督学习方法,这意味着它可以从一系列具有特征和标签的数据中学习并总结出决策规则。这些规则会以树状图的结构进行呈现,因此可以清晰地看到每个特征如何影响最终的预测结果。这种方法在解决分类和回归问题上非常有效。

分类树是一种非参数技术，通过递归地将数据分割成类纯度更高的子集（正常、故障1、故障2等）。在每个节点，算法会根据特定的规则（如信息增益、增益比等）评估所有变量的分割效果，并选择最优的单一变量及其分割值。但并不是所有的变量都需要参与数据分割，某些变量甚至可以在不同的节点多次使用。

分类树容易出现过拟合，对数据的微小变化非常敏感，同时对数据缺失值和异常值敏感。对于关联性强的数据特征，决策树可能不能很好地表达复杂关系，因此一般不适用于设备异常诊断。决策树可以帮助企业在备品备件管理中做出最优的库存和物流决策，也可以对生产过程数据进行分析，发现生产过程中的异常状况。

5.3.5 基于随机森林的分析诊断

随机森林（RF）是一种非参数的分类方法，它采用 Bagging（自助法聚合）这一集成学习技术来构建多个分类树。在标准的分类树构建中，每个节点都会选择一个特征来进行分割，以最大限度地减少不纯度（如基尼指数或熵）。而在随机森林中，每个节点仅从随机选择的特征子集中挑选最优分割特征。此外，每棵树都是基于数据集的自助样本（Bootstrap Sample）来构建的，自助样本是通过有放回的随机抽样得到的，与原始数据集大小相同但存在差异。这意味着在每个自助样本中，某些数据记录可能会被多次选中，而另一些则可能完全不会出现。

随机森林中的"随机"一词来源于在构建决策树时的两个关键步骤：随机选择样本和随机选择特征。首先，它从全部训练数据中随机抽取一部分样本（即自助样本），然后仅使用这部分样本来训练该决策树。其次，在每个节点的划分过程中，随机森林并不总是选择最好的特征，而是从所有特征中随机抽取一个子集，再从该子集中选择最优的特征进行划分。这样的随机性使得每一棵决策树都能够在不同的数据子集上进行学习，从而产生多样化的分类结果。最终，所有决策树的分类结果通过一定的投票机制（如多数投票）汇总，得到最终的分类结果。

与标准的分类树相比，单个随机森林树不进行剪枝，而是通常生长至所有叶节点达到100%的纯度。尽管随机森林可以生成数百棵树，但其训练速度非常快，对于相同的数据集和硬件配置，其训练速度远超典型的神经网络。随机森林通过融合所有树的预测结果（通常采用多数投票法）进行最终预测。因此，随机森林的性能通常显著优于单一分类树分类。

基于随机森林的分析诊断方法集合了多个决策树的预测能力。其优点是能提升预测准确性、模型稳定性，并能有效处理非线性问题等；其缺点是模型的复杂度增加、需要更多的计算资源、对噪声数据敏感等。随机森林在设备智能运维领域的应用场景如下。

1）图像处理：该算法可以从像素级数据中提取复杂的特征，进行有效分类。

2）能源消耗预测：用于预测能源消耗和负荷需求。这对于能源管理和优化资源配置具有重要意义。

3）生产过程诊断及产品质量预测：随机森林通过集成多个决策树，有利于提高生产过程诊断的准确性，并能有效利用生产过程参数预测产品的质量情况。

5.3.6　基于逻辑回归的分析诊断

逻辑回归也被称为对数概率回归，是一种广义的线性回归分析模型。尽管名字中有"回归"两个字，但实际上它主要用于分类问题，特别是二分类问题。

逻辑回归是一种统计学习方法，用于研究因变量（二项分类或多项分类结果）与某些影响因素之间的关系。其基本思想是通过建立一个逻辑模型来预测某个事件发生的概率。在实际应用中，逻辑回归可以用于解决多种问题，包括因素分析、预测和分类等。例如，在设备异常的原因分析中，研究者经常需要分析异常发生与各影响因素之间的定量关系，这时就可以使用逻辑回归进行分析。此外，逻辑回归也可以用于研究 X 对 Y 的影响。其中，Y 为分类数据，X 可以是定量数据或分类数据。

逻辑回归分析方法的优点是模型简单、易于实现与理解，能输出概率值等；缺点是特征空间大小受限、对噪声数据敏感等。其使用场景涵盖设备健康度评价、工艺过程诊断等。

5.3.7　基于支持向量机的分析诊断

支持向量机（SVM）算法通过将输入特征数据集非线性地映射到一个更高维度的空间中，并在该空间内构建一个线性分类器来进行分类。经过训练后，SVM 能够高效地对新样本进行分类。

梯度下降法常被用于估计 SVM 模型的系数。目前有许多基于计算机的软件工具可用于构建 SVM 模型。

SVM 的显著特点是对于给定的问题提供了唯一的解决方案（而神经网络可能有多个局部最优解）。此外，与神经网络不同的是，SVM 的计算复杂性并不依赖于输入数据的维度。然而，SVM 的主要限制在于它直接适用于二分类问题。这意味着对于多分类问题（如多种故障分类），需要将问题分解为多个二分类问题来解决。

SVM 的优势在于其高准确性、对不同类型数据的适应性、对异常值的鲁棒性以及灵活性和可扩展性。但同时也存在一些缺点，比如较高的计算成本、复杂的参数调优，以及处理大规模数据集时的局限性。在设备智能运维领域，SVM 的应用场景主要为文本分类、图像识别，以及生产过程的数据分析。

5.4　分析诊断方法的比较和选择

在数据分析中，选择合适的分析诊断方法对于确保分析诊断结果的准确性和可靠性至关重要。在选择分析诊断方法之前，必须清晰地定义分析的目标和需求。同时还需要考虑数据的分布情况和数据样本的数量。也需要了解数据类型和特征，数据的类型和特征对分析方法的选择有重要影响，例如对于备件的使用数据，应用统计数据分析方法可能更为合适。最后，应根据分析任务的复杂性和数据量，来选择合适的数据分析工具。

在数据分析时，应避免过度简化数据，如在选择统计方法时，应避免因简化数据而忽视重要信息，从而导致错误的统计结果。

随着数据分析领域的不断发展，新的方法和工具不断涌现。因此，在选择分析诊断方法时，应保持开放的态度，不断学习和探索新的技术和方法。

5.4.1 分析诊断方法的比较

分析诊断方法分为基于知识的分析诊断方法和基于数据的分析诊断方法，它们各自有优缺点，主要的优缺点介绍如下。

1. 基于知识的分析诊断方法的优缺点

基于知识的分析诊断方法的优点如下。

1）不需要历史数据就可以进行分析诊断，没有对历史数据的依赖性。

2）依靠丰富的知识可以解决设备运维中的全部问题，也可以解决复杂的设备问题。

3）特别是对于故障机理比较清楚的场合，通过提炼相关的规则也可以实现自动分析诊断，且具有实现简单、解释性较强的特点，也可以处理多个独立的故障。

基于知识的分析诊断方法也有其固有的不足，如下。

1）基于知识的分析诊断方法对于经验丰富的分析诊断人员有较强的依赖性，分析人员的经验越丰富、分析水平越高，则分析的准确性也越高。而经验丰富的分析人员难以培养。

2）需要分析诊断的设备越多，所需要的分析人员也越多，培养大量的分析诊断人员对企业是一个负担。

3）对于复杂的设备，要完整地描述这些设备所有故障的机理特征及诊断规则是比较困难的，因此对复杂设备实现自动分析诊断较为困难。

4）分析诊断规则一般不能随着数据的积累自行提升，需要通过人工不断完善。

2. 基于数据的分析诊断方法的优缺点

基于数据的分析诊断方法的优点如下。

1）与基于知识的诊断方法比较，数据驱动方法的优点是不需要领域知识就可以诊断。对领域知识丰富的分析诊断人员的依赖大幅度降低。

2）基于数据的分析诊断方法可以实现自动高效的诊断。

3）基于数据的分析诊断模型可以在不断应用的过程中，通过机器学习逐步提高分析诊断的准确性。

4）与基于知识的分析诊断方法相比，可以更好地捕捉数据中的异常变化。

基于数据的分析诊断方法的缺点如下。

1）需要有大量的历史数据和案例，基于数据的分析诊断方法主要依靠历史数据来训练模型或利用历史案例进行对比分析。当历史数据不足或历史数据与当前工况存在较大差异时，可能会导致诊断结果不准确或无法适应新的工况需求。

2）对数据质量要求高，如基于统计数据的诊断方法需要保证数据的准确性、完整性和一致性。如果数据存在噪声、缺失值或异常值等问题，可能会影响诊断结果的准确性。

3）计算复杂度高，基于数据的分析诊断方法可能需要较高的计算资源。特别是在处理非线性、多模态或复杂过程时，计算复杂度可能进一步增加。在一个企业布置大量数据模型，需要有较大的计算资源投入。

4）模型解释性差，一些基于数据的分析诊断方法（如深度学习）虽然能够取得较高的准确率，但其内部机制和决策过程往往难以解释，这可能导致用户对诊断结果的信任度降低。

3. 常用分析诊断方法的模型比较

将上述的分析诊断方法转化为分析诊断模型后，其模型同样有各自的优缺点。这里引用相应的国家标准来进行说明。

监测技术最常用的诊断模型比较如表 5-1 所示。

表 5-1 监测技术最常用的诊断模型比较

诊断模型	用到的知识	优点	缺点	典型应用和参考
• 基于规则	人类专业知识	• 实现比较简单	• 不完备 • 解释能力差 • 对系统变化脆弱	• 旋转机械诊断 • 医疗诊断
• 因果关系故障	故障机理和传递的推述	• 能够诠释诊断过程 • 能够处理多个独立的故障	• 对可能故障（被试设备）要求有熟悉的知识 • 不完备	• 旋转机械诊断 • 医疗诊断
• 第一原则	设备的分解和传递函数	• 不要求故障知识（新设备） • 能很好处理多个故障 • 对系统修改、测试生成、FMEA、故障分析等具有灵活性	• 非解释性诊断 • 可能误诊 • 在某些领域模型复杂	• 电路或液路诊断 • 汽车发动机和控制系统
• 统计方法 • 基于案例的推理	以往典型诊断案例的样本集	• 方法好懂 • 不需要深层的故障知识	• 难以获得足够数量的典型的描述良好的案例	• 飞机发动机诊断
• 分类树 • 随机森林 • 逻辑回归 • 神经网络 • 支持矢量机	以往典型诊断案例和相关数据的样本集	• 不需要深层的故障知识 • 随机森林可以包容缺失数据	• 非解释性诊断 • 难以获得足够数量的、典型的、描述良好的案例	• 各种应用

常用的诊断模型的成熟度如表 5-2 所示。

表 5-2 常用的诊断模型的成熟度

监测技术	基于知识的			基于数据的							
	基于规则	因果关系故障	第一原则	统计方法	基于案例的推理	神经网络	分类树	随机森林	逻辑回归	支持矢量机
振动	M	D	P	M	D	D	—	D	—	—
热成像	M	—	—	M	—	D	—	P	—	—
油液分析	M	P	—	M	D	D	—	D	D	D
过程参数	M	—	D	M	M	M	M	M	M	M
性能	M	—	D	M	M	M	M	M	M	M
声发射	M	—	—	M	—	D	P	D	—	—
声监测	M	—	—	M	—	D	—	D	—	—
电监测	M	—	—	M	—	D	—	—	—	—

注：引用自 GB/T 22394.1—2015《机器状态监测与诊断 数据判读与诊断技术》第 1 部分总则。
其中，
M——成熟，而且在工业应用中普遍使用。
D——正在开发，而且有一些初步应用。
P——有前途和潜力。

5.4.2 分析诊断方法的选择

分析诊断方法的选择取决于分析的目标、数据的类型、历史数据的数量、案例的积累，以及分析诊断人员的配置等各种要素。例如，对于备件优化而言，一般选择统计的分析方法，而对于设备振动数据的分析，多数情况下采用故障诊断方法。

在实施智能运维的初期，由于缺乏历史数据的积累，或者历史数据的质量不能满足数据分析的要求，这些情况下，基于知识的分析诊断方法是唯一的选择。此时如果要建立分析诊断模型，一般情况下也只能是采用基于规则的模型。例外的情况是其他同类企业已经拥有的丰富的数据积累并完成了模型的训练，可以在设备类别相同、数据采集标准相同的情况下使用这些成熟的模型。

在完成了一定程度的数据积累后，可以尝试应用基于数据的分析诊断方法，同时可以与基于知识的分析诊断方法相比较，当基于数据的分析诊断方法其准确率和效果达到或超过基于知识的分析方法时，可以用基于数据的分析诊断方法逐步替代基于知识的分析诊断方法。因为基于知识的分析诊断方法会受到人员情绪等人为干扰，或者受到规则不完整等因素的影响，而基于数据的方法随着数据不断积累，其性能会不断提升。

当随着需要分析诊断的设备数量的增加，现有分析诊断人员的配置不能满足数据分析的需要时，需要考虑是增加分析诊断人员还是建立分析诊断模型，增加分析人员需要增加人员费用，而建立分析诊断模型需要增加模型开发的费用和增加算力。

如果是确定建立分析诊断模型以减轻人员分析负担，那么选择用什么分析诊断方法建立模型又是一个需要决策的过程。

选择建立模型的类型，可以参考表 5-1 及表 5-2 中的内容。从表 5-2 中可以看出，基于规则的模型对于表中所有的监测技术都是成熟的，基于统计方法也同样是成熟的，基于数据的分析诊断方法对于过程参数和性能而言也是成熟的。我们在选取分析诊断方法的模型时，要尽量选择成熟的分析诊断模型以避免不必要的经济损失。对于表 5-2 中给出的正在开发或有前途和潜力的分析诊断模型，可以进行必要的尝试，在成功后再应用。表 5-2 中未包含所有的监测技术，我们可以根据监测技术的数据类型来相应地选择合适的分析诊断模型类别。

在选择完成分析诊断模型的类别后，便可以开始构建模型了，构建模型的方法见第 5.6 节模型的构建、评估、部署与优化。

5.5　分析结果的展现

在选择合适的分析诊断方法并完成分析工作后，需要将分析结果进行展现，而需要展现的内容很多，包括设备异常状态、异常设备的占比、异常类型的分布、异常设备的分布、同类设备的异常统计结果、需要更换备件的种类及数量等。这些结果的展现不仅要做到准确，还要做到清晰明了。因此数据分析的结果展现不仅仅是一个技术过程，它还融合了艺术性和科学性。一份好的分析报告，就像一幅精心构图的画作，能够让人一眼就捕捉到关键数据。色彩的运用、图表的设计、布局的安排，每一个细节都需要经过深思熟虑，以确保信息的清晰传达和视觉的舒适度。这样的分析结果展现方式，不仅能够吸引接收者的注意力，更能让他们在愉悦的阅读过程中，更轻松自然地接受和理解数据。

结果展现的层次性是引导思考深度的关键。通过逐层深入的数据展示，我们能够带领结果接收者从宏观走向微观，逐步探索数据的内涵。这种层次分明的表述，不仅有助于建立起逻辑清晰的思维框架，还能激发出结果接收者更多的问题和洞见，推动决策过程的深入和完善。

结果展现的方法有很多种，其中数据可视化是一种常见且重要的方法。数据可视化是研究如何将数据以图片或图形的方式展现的科学，它专注于展现，能够以连贯和简短的形式把大量的信息展现出来。人类大脑的 1/3 是用来处理视觉信息的，因此数据可视化的运用，可以帮助人们更快速、方便地获取数据，并理解隐藏在数据背后的信息。

数据可视化的类型包括分布型、构成型、联系型等，具体的图表类型有折线图、柱形图、饼图、旭日图等。例如，折线图可以展示数据在时间上的变化，条形图可以对比数据的不同类型，饼图和旭日图则可以展示数据的构成关系。

在进行数据结果展示时，关键是抓住"找关系"和"找重点"两个要点。具体而言，首先，需要找出数据之间的关系，如对比关系和构成关系；其次，需要选择合适的图表类型，将这些关系清晰地展现出来。

除了数据可视化之外，还有如下一些常用的数据分析结果展现方法。

1）**表格**。表格是一种简单直观的数据展现方式，可以用来展示大量数据的基本信息。表格通常由行和列组成，每一行代表一个数据记录，每一列代表一个数据字段。可以将表格按照不同的需求进行排序、筛选和分组等操作，以便更好地查看和分析数据。

2）**文字描述**。文字描述是一种非图形化的数据展现方式，可以用来解释和阐述数据分析的结果。文字描述通常包括对数据的描述性统计分析、对数据的解读和对数据的推断等内容。文字描述可以帮助读者更好地理解数据分析的过程和结果。

3）**报告**。报告是一种综合性的数据展现方式，可以用来展示数据分析的全过程和结果。报告通常包括背景介绍、目的说明、方法描述、结果分析和结论等内容。报告可以帮助读者全面了解数据分析的情况，并对数据分析的结果进行评估和应用。

4）**演示文稿**。演示文稿是一种动态的数据展现方式，可以用来展示数据分析的过程和结果。演示文稿通常包括幻灯片、动画效果和音视频等元素，可以通过演讲者的操作和讲解来展示数据分析的内容。演示文稿可以帮助观众更好地理解和记忆数据分析的结果。

5）**交互式界面**。交互式界面是一种现代化的数据展现方式，也可以用来展示数据分析的过程和结果。交互式界面通常包括图标、按钮、滑块和下拉菜单等元素，可以通过用户的操作和反馈来进行数据分析。交互式界面可以帮助用户更好地探索和发现数据分析的结果。

总之，数据分析中结果展现的方法有很多种，每种方法都有其适用的场景和优势。在进行数据分析结果展现时，需要根据具体的需求和目标选择合适的方法，并注意保持简洁明了、易于理解和易于操作的原则。

5.6 模型的构建、评估、部署与优化

模型构建是将已经得到验证的分析方法固化的过程，或者是部署一种新的数据分析方法。模型构建完成后，还要经历模型评估、模型部署和验证优化3个阶段。

在数据分析中有基于知识的分析诊断方法和基于数据的分析诊断方法，模型构建同样也应用这些分析方法。模型的作用是协助或替代人工分析、诊断及决策。

5.6.1 模型构建

模型构建是一个复杂而系统的过程，涉及多个步骤和方法。在这里，我们假设已经通过一系列的研究，确定了分析方法，当前准备将这种分析方法形成模型并投入实际应用。

在模型构建中，可以将模型分为基于规则的模型和基于数据的模型两种类型。

1. 基于规则的分析诊断模型构建方法

基于规则的分析诊断模型是一种利用预先定义的规则和逻辑来对设备进行诊断的方法。

以下是基于规则的分析诊断模型构建的具体步骤和要点：

1）**明确诊断目标和问题**。首先需要明确要诊断的具体问题或目标，是诊断某种设备状态还是识别某类设备异常问题等。如风机设备分析诊断模型、轴承分析诊断模型等。

2）**数据项确定和匹配**。根据诊断目标，明确模型所需的相关数据项，这些数据项可能包括设备参数及设备运行状态数据等。如风机设备的参数需要有风机额定转速、风机叶片数量、轴承型号等。这些数据应该已经在数据平台的相应数据分组之中，但模型需要与这些数据项进行匹配。

3）**定义诊断规则**。根据通用知识和专家经验，定义一系列用于诊断的规则。这些规则通常以"如果—那么"的形式表达，即如果满足某些条件，那么就得出相应的诊断结果。规则的定义需要尽可能全面和准确，以覆盖所有可能的情况。

4）**构建诊断模型**。使用定义好的规则构建诊断模型。这通常涉及将规则组织成一个层次结构或决策树的形式，以便按照一定的顺序进行推理和判断。在构建模型时，还需要考虑如何处理不确定性和模糊性的问题，例如可以通过引入置信度或概率来表示规则的可信度。

5）**模型验证**。完成诊断模型构建后，需要利用历史数据对模型进行验证，在达到预期目标后完成模型构建。如未能达到预期效果，则需要检查数据项或规则是否正确、完整，检查规则的层次结果是否合理等，直到模型能够达到预期目标。

2. 基于数据的分析诊断模型构建方法

基于数据的分析诊断模型是利用历史数据或历史案例，通过训练或案例对比等对设备进行诊断的方法。以下是基于数据的分析诊断模型构建的要点。

1）**明确诊断目标和问题**。首先需要明确要诊断的具体问题或目标，例如诊断某种设备、识别某类设备异常问题等。

2）**确定数据项并进行匹配**。根据诊断目标，明确模型所需的相关数据，这些数据主要为设备运行状态数据。这部分数据应该在数据平台的数据分组中，且模型应该与这些数据进行匹配。

3）**构建模型**。根据选择的数据分析诊断方法，构建相应的模型。

4）**模型训练**。使用历史数据对模型进行训练。

5）**模型验证**。对训练好的模型，需要进行相应的验证，通常情况下，我们可以将历史数据的 90% 用于训练，剩余 10% 未参与训练的数据用于模型的验证，如果验证结果能够满足要求，则完成模型的构建。如果未能满足要求，则需要检查数据项是否能够完全表征设备的状态，或者模型的结构和参数是否合理等，不断进行优化调整，直到达到预期的要求。

5.6.2 模型评估

模型评估是指对构建完成的模型进行稳定性、性能、适用性等方面的评估，模型构建可以是个人或团队完成的,模型评估需要模型开发者及使用方代表等一起完成。以确保新的模型具有最佳的分析诊断能力和解释能力。以下是模型评估的主要工作内容。

1)**评价泛化能力**:也是评估模型的稳定性,即模型在不同数据集和样本上的性能表现。在智能运维中,构建的模型一般都要求用于同类型的设备,而不是用于某一台设备,因此要求模型在不同的数据条件下保持稳定。这是模型评估的核心。

2)**选择评估指标**:根据不同的问题类型(如分类、回归、聚类等),选择合适的评估指标,如准确率、召回率、F1分数、均方误差等,以量化模型的性能。

3)**进行性能测试**:通过设计的测试方案,比如交叉验证、A/B测试等,来测试模型的性能。测试结果需要符合预期目标,测试结果既不能过于乐观也不能过于悲观。测试结果过于乐观时需要对测试方案和数据进行合理性审核。

4)**效率评估**:评估模型的计算效率和计算资源消耗情况。这涉及模型大范围部署后对资源的调度和配置。

5)**特征和样本审查**:评估特征的来源是否合理,确保特征在未来可以稳定获取。同时,检查训练样本是否合理,避免样本数据与实际数据不符的情况发生。这种情况在跨企业模型移植时更需要重视。

6)**宣讲和报告**:评估模型时,需要对模型进行解释,并对模型的参数进行解读。模型算法工程师(或智维分析师)需要向产品经理(或智维工程师)宣讲模型的选择理由、特征选取、训练样本以及测试方案和结果等信息,包括对模型中的系数、截距等参数进行分析,以促进有关人员了解不同变量对目标变量的影响程度和方向,以确保模型的透明度和可解释性。

7)**误差分析**:分析模型预测结果的误差来源,包括随机误差和系统误差。这有助于了解模型预测的不确定性,并为模型的改进提供指导。

8)**模型改进和调优**:如果模型的性能不理想,需要对模型进行改进和调优。这可能涉及增加更多的变量、调整模型参数等。通过不断地改进和调优,可以提高模型的预测能力和解释能力。

综上所述,模型评估在数据分析中起着至关重要的作用,它有助于选择最佳的预测模型,提高模型的稳定性和效率,并为模型的部署打下坚实的基础。

5.6.3 模型部署

模型部署是指将建立好并通过评估的模型应用到实际场景中,为智能运维的预警、诊断、决策提供支持。模型部署的工作重点主要包括以下几个方面。

1)**模型转换**:将建立好的模型转换为可执行的程序或库,以便在实际应用中使用。模型转换的方法有很多,如将模型转换为Python脚本、Java程序、C++库等。模型转换的工作重点是确保模型在不同平台上的兼容性和稳定性。

2）**系统集成**：将模型集成到现有的业务系统中，与其他模块协同工作。系统集成的方法有很多，如 API 接口、SDK 包、Web 服务等。系统集成的工作重点是确保模型与其他模块的无缝对接，实现数据的顺畅流通。

3）**性能优化**：针对实际应用中的性能需求，对模型进行优化。性能优化的方法有很多，如并行计算、缓存策略、负载均衡等。性能优化的工作重点是提高模型的运行速度和响应时间，以满足实际应用的需求。

5.6.4 验证优化

验证优化是指对已部署的模型进行评估和改进，以确保模型在实际场景中的准确性和可靠性。验证优化的工作内容与模型评估基本接近，但验证优化是面对真实的未训练数据，且是一个需要长期不断优化的过程。其工作重点主要包括以下几个方面。

1）**评估指标**：根据实际问题的性质和业务需求，选择合适的评估指标来衡量模型的性能。常见的评估指标有准确率、召回率、F1 值、AUC 值等。选择评估指标的工作重点是确保评估结果能够真实反映模型的性能水平。

2）**持续监控**：对已部署的模型进行持续监控，收集模型在实际应用中的运行数据和反馈信息。通过对比分析不同时间段的数据，可以发现模型性能的变化趋势和潜在问题。持续监控的工作重点是及时发现并解决模型的问题，确保模型始终处于良好运行状态。

3）**迭代优化**：根据验证优化的结果，对模型进行迭代优化。迭代优化的方法有很多，如调整模型参数、引入新的特征等。迭代优化的工作重点是不断提高模型的性能，以满足实际应用的需求。

5.7 设备状态预测

设备状态预测是指利用当前及历史数据，预测设备状态未来的变化趋势。设备的预测维修是设备管理者期望的维修方式，预测维修的基础就是预测设备状态未来的发展趋势，并根据设备的劣化趋势预先安排备件采购及合理的维护维修计划。因此在预测维修方式中，准确地预测设备状态未来的趋势十分重要。

预测算法通过对历史和现有数据进行分析，利用机器学习、统计模型等技术手段来分析设备状态的变化规律，从而对未来作出判断。然而，预测算法并非万能的，其准确性也受限于数据的质量和数量级，以及模型本身的复杂程度。如果数据不全面或者存在偏差，则预测结果可能会与实际情况大相径庭。尤其是对于那些制造过程中质量波动较大的设备及其零部件而言，由于这些设备的质量离散度较大，因此在进行预测时其准确度会受到显著影响。鉴于此，我们应当充分认识到任何算法都存在一定的局限性，实际中应结合专业知识与人的实践经验来进行综合考量。

设备状态预测需要根据设备的特点和预测需求选择合适的预测模型，如时间序列分析以及基于数据的分析诊断方法中提到的分析诊断模型等。

在完成预测模型后，需要使用历史数据对模型进行训练和验证，不断调整模型参数以提高预测的准确性。与模型构建过程一样，预测模型同样需要完成评估、部署和优化的过程。

在完成预测模型的部署后，可以通过对设备状态数据的长期观察和分析，识别出设备运行的趋势和规律。结合趋势分析和预测模型的输出结果，对设备的未来状态进行预测和评估。然后可以根据预测结果制定相应的维护维修策略和计划，最后将预测维修纳入企业的设备管理体系中，形成闭环。

5.8 设备健康度评价

设备健康度评价是一个综合性的过程，该过程涉及设备在运转过程中的各种特征参数，用以评估设备的整体运行状态和健康状况。这个过程包括选择评价目标对象、确定评价目的、建立评价指标体系、确定指标权重以及选择评价模型等多个方面。

在设备健康度评价过程中，通常会使用到一些特定的标准和方法，例如振动幅值标准、ISO 2372《相对振动标准》以及波峰因数评价法等。这些标准和方法可以用来测量和评估设备的振动、噪声、温度等参数，从而判断设备的运行状态是否正常，是否存在故障或隐患。

振动幅值标准是一种常见的设备健康度评价标准，它通过对设备在额定转速下的振动幅值进行测量和评估，来判断设备的运行状态。根据振动幅值的大小，可以将设备的运行状态划分为不同的区域，例如振动良好区、振动注意区和振动报警区等。当设备的振动幅值超过设定的阈值时，就会触发报警，提醒操作人员及时采取措施，以避免设备进一步损坏或造成安全事故。

除了振动幅值标准外，ISO 2372《相对振动标准》也是一种常用的设备健康度评价标准。它通过对设备的相对振动进行测量和评估，来判断设备的运行状态。与振动幅值标准不同，ISO 2372 相对振动标准更注重设备振动的相对变化量，而不是绝对的振动幅值。当设备的相对振动变化量超过设定的阈值时，也会触发报警，提醒操作人员及时采取措施。

波峰因数评价法是一种用于评估设备振动特性的方法。它通过计算设备振动的峰值与有效值之比，来评估设备的振动状态。波峰因数越大，说明设备的振动越剧烈，可能存在故障或隐患。因此，波峰因数可以作为设备健康度评价的一个重要指标。

除了以上提到的几种标准和方法外，还有其他的评价指标可以用于设备健康度评价，例如温度、压力、流量等参数的测量和评估。在实际应用中，需要根据具体的设备类型和使用环境选择合适的评价指标，以确保设备健康度评价的准确性和有效性。

选择了评价的参数和指标后，我们可以运用合适的评估算法和模型对设备状态的健康度进行评价，以下是几种常用的设备健康度评估算法。

（1）基于阈值的评估算法

通过设定一系列阈值，将收集到的设备特征量与这些阈值进行比较。如果某个参数超过或低于设定的阈值，则设备可能处于异常状态。此方法简单直观，但可能无法捕捉到设备状态的细微变化。

（2）基于统计的评估算法

通过收集大量设备正常运行时的数据，建立统计模型（如正态分布）。当新数据进入时，将其与统计模型进行比较，判断其是否偏离正常范围。此方法能够捕捉到设备状态的细微变化，但需要大量的历史数据。

（3）基于机器学习的评估算法

使用如支持向量机（SVM）、随机森林、神经网络等机器学习算法，对设备数据进行训练和学习。通过学习，模型能够识别设备正常运行和异常运行的模式，并进行预测和分类。此方法具有强大的自适应和学习能力，但需要大量的训练数据和专业的知识来调优模型。

（4）基于物理模型的评估算法

根据设备的物理原理和运行规律，建立数学模型。通过将实际数据与模型预测数据进行比较，判断设备的运行状态。此方法能够深入了解设备的内部运行状态，但需要深入的领域知识和复杂的建模过程。

此外，评价模型还有模糊评价模型、灰色评价模型、神经网络评价模型等。随着技术发展，一定会有更多的评价技术出现。这些模型各有优缺点，需要根据具体情况进行选择和应用。

设备健康度评价是一个综合性的过程，需要综合考虑多个因素和指标。通过选择合适的评价标准和方法，可以及时发现设备的故障或隐患，从而可以及时采取相应的措施进行维修和保养，以确保设备的正常运行和使用寿命。

在实际应用中，通常会结合多种算法和方法，以提高健康度评价的准确性和可靠性。在评价设备健康度时，我们还需要考虑设备的运行环境和使用情况。不同的运行环境和使用情况会对设备的性能和状态产生不同的影响，因此我们需要综合考虑这些因素。

评价完成后，我们需要根据评价结果制定相应的维护维修计划。对于健康状况良好的设备，我们可以认为设备状态良好；对于存在问题的设备，我们需要按设备异常的程度及时进行维护维修，确保设备的正常运行。

设备健康度评价是一个持续的过程，我们需要定期对设备进行评价和维护维修，才能确保设备的长期稳定运行。

5.9 数字孪生的应用

设备智能运维中的数字孪生以模型为基础，通过耦合仿真等方法，完成实体设备到虚拟世界中数字化设备模型的映射，并充分利用实体与虚拟两者的双向数据交互验证，以达到实体设备状态在数字空间中的准确呈现。通过对数字化模型的诊断、分析和预测，进而优化实体设备的分析、振动、决策。本节通俗地介绍了数字孪生的建模方法适合的应用场景。

5.9.1 数字孪生建模方法

在数字孪生中，建模是一个核心环节，它涉及如何准确、全面地反映设备的实际状态。以下是设备状态的数字孪生建模方法。

1）**确定建模目标**：明确建模的目标，是为了预测设备故障、优化设备运行，还是为了进行设备性能评估。这有助于确定建模所需的数据类型和精度。

2）**数据收集与处理**：收集与设备相关的各种数据，包括静态数据（如设备规格、配置等）和动态数据（如运行时的性能参数、故障记录等）。这些数据的种类和要求与分析的目标密切相关，直接影响数字孪生与客观设备的差异度。此外，还需要对这些数据进行清洗、去噪及标准化处理，确保其质量与一致性。

3）**建立模型**：基于收集到的实物数据和特征，建立数字孪生模型的结构和参数。模型可以使用物理模型、统计模型、神经网络等不同的数学模型和算法，要根据实物的特性和模拟的需求选择合适的模型。也可以根据设备的实际结构和功能，构建相应的物理模型。该模型需能体现设备的基本工作原理及其关键组件间的互动关系。然后，基于已建立的物理模型，进一步开发出能够描述设备状态变化的数学模型。此数学模型可能由一系列微分方程、状态方程或者概率分布构成，旨在模拟不同工况下设备的行为特征及潜在故障模式。

4）**参数识别与校准**：利用历史记录以及实验获得的数据来调整并验证所建立的模型。这一过程可以通过优化算法或机器学习技术实现，从而保证模型能够真实准确地再现设备当前状况。

5）**模型验证与优化**：对已完成构建的模型执行严格的测试程序，并通过对比实际观测值等方式对模型进行验证。一旦发现任何偏差或缺陷，则需及时做出相应修正以提高准确性。

6）**及时更新与维护**：鉴于随着时间的推移及使用情况的变化，设备本身的状态也会发生变化，因此必须定期对数字孪生模型进行更新和维护，使其始终贴近于最新的现实情况。

通过上述步骤创建出来的设备状态数字孪生模型，不仅能够为诊断现有问题提供强有力的支持，同时也能为未来开展预防维修工作奠定坚实基础。随着技术的进步以及更多高质量数据的积累，相信此类方法将会变得越来越成熟、有效。

5.9.2 数字孪生在设备状态诊断中的应用

数字孪生在设备状态诊断中的应用主要体现在以下几个方面。

1）**设备监测与数据分析**：数字孪生技术可以对物理设备的几何形状、功能、历史运行数据以及实时监测数据（如轴承振动、转轴转速、定子电流、功率等）进行建模。这种方式改变了传统的实体设备运行的"黑箱"状态，使得设备的各部件运行情况可以被实时监测。

2）**故障预测与维修**：数字孪生体将实体设备的历史故障与维修数据、实时工况数据与故障诊断知识库相连。利用机器学习技术和知识图谱技术，可以对数字孪生体的情况进行分析，进而实现实体设备的故障检测、判断、定位与恢复。可以通过数字孪生体实时收集产品的各项内在性能参数的关系曲线，分析各项性能偏差，提前预判产品零部件的损坏时间，以便主动、及时或提前进行维护维修，避免设备非计划停机带来的损失。

3）**预防维修与设备优化**：通过分析设备运行数据，企业可以预测设备可能出现的故障，提前进行维修，避免生产中断。此外，数字孪生技术还可以帮助企业对设备进行优化升级，提高设备性能和使用寿命。

总的来说，数字孪生技术在设备状态诊断中，不仅可以实时监测设备的运行状态，预测并预防可能的故障。还能够发现设备中的不足和薄弱环节，帮助我们改良设备。

5.9.3 数字孪生在生产过程中的作用

数字孪生在生产过程中同样发挥着重要作用。以下是其在生产过程中的一些应用。

1）**精准监控与实时反馈**：数字孪生技术允许对生产过程进行实时、高精度的监控。通过收集并分析生产线上的各类数据，企业可以迅速了解生产线的运行状态，识别潜在问题，并及时调整生产策略。这种实时反馈机制有助于企业快速响应市场变化，提高生产灵活性和适应性。

2）**模拟预测与流程优化**：数字孪生技术通过构建生产过程的虚拟模型，能够模拟并预测不同生产条件下的结果。这为企业提供了优化生产流程、改进产品设计的宝贵机会。企业可以在虚拟环境中测试不同的生产方案，进而选择最优方案，以减少试错成本，提高生产效率。

3）**新产品导入与测试**：在新产品投入生产之前，可以利用数字孪生预先对生产计划排程、质量管理、物料管理和设备管理等进行建模测试。这有助于找出最优方案，帮助企业缩短新产品导入周期，提高产品交付速度，缩短设计开发时间。

4）**智能化决策与风险管理**：数字孪生技术通过整合生产数据，为企业管理层提供智能化决策支持。企业可以利用这些数据制定更加科学合理的生产计划，优化资源配置，降低生产成本。同时，数字孪生技术还可以帮助企业评估生产过程中的风险，并制定风险防范措施，从而确保生产安全。

总体来说，数字孪生在生产过程中的应用，可以为企业提供实时监控、模拟预测、预防维修、设备优化、智能化决策和风险管理等全方位的支持。这些有助于提高企业的生产效率、降低成本、提升产品质量和市场竞争力。

5.9.4 数字孪生在工业应用中面临的难点问题

数字孪生在工业应用中也面临不少难点问题，可能包括以下几个方面。

1）**有效收集、整合和处理大量数据**。工业生产或设备运维的数字孪生需要集成来自不同设备和系统的数据，这些数据可能包括机器性能、生产线状态、环境条件等。如何有效地收集、整合和处理这些大量的数据是一个重要的挑战。

2）**模型的准确性和复杂性**。建立一个准确的数字孪生模型对于预测和模拟而言是非常重要的。然而，工业系统的复杂性使创建精确模型变得困难。模型要想准确地反映物理实体的行为和性能，这除了需要高级的数学和物理知识外，还需要解决一些关键问题，如材料在不同温度下的强度变化问题；金属材料成分不均时对机械性能的影响问题；物体内外温度不均的可测量性问题等。

3）**实时性和延迟问题**。在工业应用中，数字孪生需要实时或近实时地反映物理世界的状态。这就要求数据处理和分析的速度要非常快，任何延迟都可能导致不准确地预测和控制问题。

4）**技术标准和互操作性**。为了实现不同设备和系统之间的有效通信，需要有统一的技术标准和协议。标准化缺乏可能会导致互操作性问题，从而限制数字孪生的广泛应用。

5）**安全性和隐私**。随着数据量的增加，保护这些数据不被未授权用户访问或恶意攻击变得更加重要。此外，某些数据可能涉及商业机密或个人隐私，因此需要确保数据的安全管理。

6）**成本和投资回报**。建立和维护数字孪生系统可能需要显著的初期投资，包括硬件、软件和人力资源。企业需要评估这些成本与预期收益之间的关系，确保投资能够带来合理的回报。

7）**技能和专业知识**。操作和维护数字孪生系统需要特定的技能和专业知识。目前，这方面的专业人才可能相对匮乏，需要通过培训和教育来解决这一短缺。

8）**规模化和适应性**。随着工业应用的扩展，数字孪生系统需要能够适应不同的规模和复杂性。如何设计可扩展且灵活的系统以适应不断变化的需求是一个挑战。

9）**维护和更新**。随着时间的推移，物理设备和系统的状态可能会发生变化，这就需要定期更新数字孪生模型以保持其准确性。这个过程可能是耗时且复杂的。

虽然数字孪生技术在工业现场的应用具有巨大的潜力，但在实际操作中仍需克服上述难点，在实际应用中，可以选择设备耦合相对简单、温度对设备及材料影响较小、设备响应频率要求不高的场景先进行尝试，先易后难，逐步积累经验。以实现数字孪生在设备智能运维中的广泛应用和效益最大化。

5.10 知识图谱

知识图谱是一种用于描述实体之间关系的语义网络，是显示知识发展进程与结构关系的一系列各种不同的图形,用可视化技术描述知识资源及其载体,挖掘、分析、构建、绘制和显示知识及它们之间的相互联系。

知识图谱本质上是语义网络,其结点代表实体,边代表实体之间的各种语义关系。旨在描述真实世界中存在的各种实体或概念及其关系,进而构成一张巨大的语义网络图。知识图谱不仅是一个图形化的知识库,它还包含了对实体和关系的语义描述,这种语义描述可以被计算机理解和处理。

1. 知识图谱的构建过程

知识图谱的构建过程如下。

1)**知识抽取**:从各种文本数据中提取实体、属性和关系的信息。这个过程通常需要利用自然语言处理技术,例如文字识别、关系抽取等。

2)**知识融合**:将不同来源的知识进行融合,消除冲突和重复的信息,生成统一的实体、属性和关系。这个过程通常需要利用数据融合和数据清洗技术。

3)**知识存储**:将融合后的知识存储到知识库中。知识库可以采用关系型数据库或者图形数据库等存储技术。

4)**知识推理**:利用知识库中的实体、属性和关系进行推理,生成新的实体、属性和关系。这个过程通常需要利用知识表示和推理技术。

5)**知识维护**:不断更新和维护知识库中的实体、属性和关系。这个过程通常需要利用自动化的知识更新和知识维护技术。

2. 知识图谱的应用

知识图谱作为人工智能系统的知识库,可以帮助人工智能系统更好地理解和应用知识。知识图谱可以应用到很多领域,其他领域读者可以自行查找资料了解,这里主要关注知识图谱在设备智能运维中的作用。

1)**维修指导与决策支持**:知识图谱通过对相关设备维护维修资料的学习,可以为维修人员提供详细的维修步骤和注意事项,帮助他们高效解决问题。例如,在机械设备维修过程中,知识图谱可以提供详细的设备拆解步骤、所需要的工具和注意事项,从而提高维修的效果和降低维护维修的成本。同时,基于过往案例库中的成功解决方案,知识图谱还能自动推荐最合适的维修策略和备件更换方案,帮助维修人员做出更合理的决策。

2)**故障诊断与预测**:知识图谱通过整合设备的历史故障数据、维修记录、操作手册等多源信息,能够为维修人员提供全面、准确的故障诊断依据。当设备出现故障时,系统可以根据故障现象和历史数据,快速定位问题根源,并提供可能的故障原因和解决方案。此外,知识图谱还可以结合机器学习算法,对设备的未来状态进行预测,提前发现潜在故障,实现预警功能,从而减少非计划停机时间,提高生产效率。

3）**知识共享与传承**：知识图谱将分散的、异构的设备信息整合到一个统一的语义网络中，便于不同部门之间的信息共享和沟通协作。这有助于促进企业内部的知识传承和经验积累。

4）**优化维修计划**：通过对设备运行数据的持续监测和分析，知识图谱可以帮助企业制定更加科学合理的维修计划。这有助于降低设备维护维修成本，提高设备的可靠性和稳定性。

5.11 智能运维决策模型

智能运维决策模型是一种基于人工智能和大数据技术的先进工具，它能够帮助企业实现运维管理的智能化和自动化。决策模型也需要遵守模型构建的步骤。运维决策模型的目标是为运维团队提供精准、高效的决策支持，从而优化运维流程、提高运维效率。

智能运维决策模型的核心在于其强大的数据处理和分析能力。它能够对各种运维数据进行清洗、整合和挖掘，进而提取出有价值的信息和特征。通过运用先进的机器学习算法和模型，智能运维决策模型能够自动发现运维数据中的潜在规律和趋势。

智能运维决策模型还能为运维团队提供优化建议。通过对运维数据的分析，它能够发现运维流程中存在的问题和瓶颈，提出针对性的优化方案，帮助运维团队优化工作流、提高资源利用率，从而降低成本、提升服务质量。

此外，智能运维决策模型还需要具备自适应能力。随着企业业务的发展和变化，决策模型需要能够自动调整参数和策略，以适应新的需求。这意味着模型需要具备一定的学习能力，能够不断地从实践中积累经验，优化自身的性能。

值得一提的是，智能运维决策模型并非一蹴而就，而是需要不断地实践和优化。在这个过程中，企业需要与专业的技术团队紧密合作，共同探索适合自身业务需求的决策模型。同时，企业还需要关注行业的发展趋势和技术动态，以便及时调整和升级决策模型。

智能决策是指设备运维管理系统逐步完善后，机器能提供给运维专家解决故障的可靠方案的技术。综合利用健康状态评估和状态预测的数据资源，并利用相关技术给出具体设备的优化解决方案，包括维修内容及建议维修时间，进而减少设备维修费用以及提高设备维修效率，达到了利益最大化。

当前有关智能决策的正在研究的技术包括逻辑推理决策技术、模糊多属性决策技术以及智能优化决策技术。

5.11.1 智能决策方法

智能决策主要有以下方法。

（1）逻辑推理决策方法

逻辑推理决策方法基于设备的实时状态信息，通过计算描述设备状态的各项属性值，并综合考虑目标函数要求、维修实施条件以及使用任务需求等因素，依据维修规则进行逻辑推理，最终制定出设备维修方案。

（2）模糊多属性决策方法

模糊多属性决策方法关注影响设备维修决策的各种因素，这些因素的值往往是定性和定量相结合的。通过将各指标值进行模糊隶属度量化，并根据专家意见确定各指标的影响权重，最终将通过计算决策规则得出的值进行排序，以确定设备的维修方式和维修时机等。

（3）智能优化决策方法

智能优化决策方法将设备维修决策的影响因素视为约束条件，以目标函数为优化目标，通过建立数学模型，并运用遗传算法、模拟退火算法或粒子群算法等进行全局优化搜索，从而获得最佳决策结果。

设备维修决策的核心在于建立有效的维修决策模型。该模型通过综合参数，如故障概率和剩余寿命等来描述设备状态，利用设备特征信息与状态描述参数之间的关系，并按照预定的决策目标，建立维修决策优化模型。其理论基础包括数理统计和随机过程等，主要建模如下。

（1）随机滤波模型

随机滤波模型利用状态监测的历史数据评估设备的健康状态，并直接给出设备剩余寿命的概率密度分布，从而实现基于剩余寿命的维修决策。

（2）时间延迟模型

时间延迟模型将设备的寿命周期划分为缺陷形成和故障发生两个阶段，其核心在于确定缺陷概率密度函数和故障概率密度函数。

（3）比例风险模型

比例风险模型是一种多元非线性回归方法，它以概率的形式描述设备状态劣化的分布特征，并考虑了各类协变量对设备失效时间的影响。其特点在于综合利用检测数据、故障历史和维修历史等多种信息。

（4）Levy过程模型

Levy过程模型是一类随机连续的独立增量过程，典型实例包括Wiener过程、Gamma过程等。这类模型能够较好地描述设备系统的劣化过程。

（5）马尔可夫决策模型

马尔可夫决策模型应用随机过程中的马尔可夫链理论来描述设备的状态变化规律，并据此进行维修决策。其特点是通过将设备状态离散化，简化设备状态维修决策模型。

5.11.2 决策模型部署与优化

部署决策模型首先需要考虑的是模型的环境适应性。由于每个企业的文化、流程和数据特征各不相同，决策模型应当如同一把精确匹配的钥匙，无缝嵌入这些独特环境中。因此，技术人员需要深入理解业务逻辑，并据此制定出"量身定制"的部署方案。这要求从数据准备、模型训练到系统集成的每一个环节都必须精细规划，确保模型能够在特定环境中稳健运行并发挥最大效能。

优化决策模型是持续迭代与演进的。随着数据的累积和环境的变化，模型的预测能力可能会有所下降。因此，定期对模型进行评估和调整至关重要。这包括使用最新数据重新训练模型、调整模型参数，甚至可能需要更换算法或重构模型架构。优化工作类似于对模型进行精雕细琢，每次迭代都有可能带来性能的显著提升。

在部署与优化过程中，还需重视决策模型的可解释性。优秀的决策模型不仅要能够做出准确的预测，还应当让决策者明白其背后的逻辑依据。因此，模型设计者在追求高性能的同时，也需注重模型的透明度和可解释性。唯有如此，决策者才能信任并充分利用模型提供的建议，从而作出更加明智的业务决策。

此外，决策模型的安全性不容忽视。随着模型应用范围的扩大，它们可能成为黑客攻击的目标。保障模型免受恶意篡改，确保数据安全和隐私，是部署与优化过程中不可缺少的一环。这要求我们在设计与实施模型之初，就须考虑包括加密技术、访问控制和异常检测机制在内的多种安全措施，以确保模型的完整性和可靠性。

总之，决策模型的部署与优化是一项复杂且细致的工作，它要求我们在技术精确性与创新性之间找到平衡点。通过不断地实践与探索，可以使决策模型变得更加智能、高效和安全，从而为企业创造更大的价值。

CHAPTER 6

第 **6** 章

智能运维对人员素质的要求

智能运维的成功实施离不开较高的人员素质。这意味着设备运维人员不仅需要正确认识智能运维,还需要掌握新技术和新技能,如智能运维数据平台的使用、状态监测系统设计与维护、状态预警与诊断、模型设置与调优、数据分析及效果评价等。提升人员素质不应仅依赖招聘新人才,还应在原有设备运维人员中开展职业教育和培训,增强他们在智能运维领域的知识与技能。智能运维强调的是提高效率和质量,此时原有的运维经验非常重要,因此本章的重点在于增强而非取代设备运维人员的基础设备运维能力。智能运维会影响到几乎所有的设备运维人员。企业中设备运维人员一般可分为设备点检人员、设备技术人员、维护维修人员和设备管理人员四大类。尽管在不同企业中分法可能存在差异,但这 4 类人员都是设备运维中不可或缺的角色。

随着智能运维的实施与发展,传统的 4 类设备运维人员需要逐步向智能运维人才方向发展,成为智维工程师、智维分析师、智维维护师(智能运维中维护维修师的简称)和智维管理师。设备运维人员的转变如图 6-1 所示。

要适应智能运维的发展,智维工程师、智维分析师、智维维护师和智维管理师除了需要掌握原来的设备点检、设备技术、维护维修及设备管理技术等技能外,还需要掌握在数字化环境下的新技术和新技能,这些新技术和新技能的要求如下。

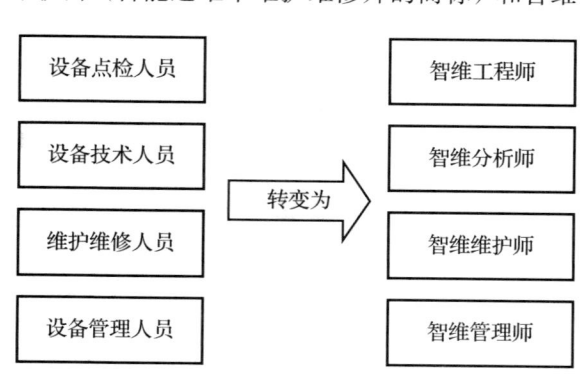

图 6-1 设备运维人员转变示意图

6.1 智维工程师的能力素质要求

这里智维工程师的能力素质要求特指在智能运维条件下新增的能力素质要求,不包括在传统运维条件下既有的能力素质要求。

智维工程师的主要职责为:承担设备点检人员的全部职责,包括但不限于负责所管辖设备的安全、稳定运行,维护维修管理和安全管理;负责管辖设备的数字化工作;负责所在区域的状态监测系统维护和参数设置;负责设备状态判别及相应的维修建议审核;负责设备及备件优化措施实施;负责区域内设备分析决策模型的设置和参数调优工作等。

参加智维工程师培训或考核的人员,必须满足各等级智维工程师对工作经历的要求。

智维工程师分为 4 个等级,即一级、二级、三级和四级,其中一级最低,四级最高,各等级的能力素质要求如下。

6.1.1 智维工程师一级

智维工程师一级,除了具备相应的设备点检工作经验与能力外,还应该能够胜任以下工作。

1)掌握设备及部件的名称规范和分类分层方法,能够在平台中录入规范的设备基础数据。

2)具有设备分类分层能力,可对本区域内设备进行分类分层,可按规范要求确定维修策略,即确定每台设备是事后维修、预防维修还是预知维修等。

3)了解所在区域设备的常见异常和故障,能够在平台中录入异常和故障现象的规范描述。

4)了解本区域设备维护、维修标准及其数字化方法,可根据标准指导维护维修作业并审核维护维修作业的数据内容。

5)了解设备数据的有效范围,对异常数据和无效数据有分辨能力,能够剔除数据平台中由干扰等因素产生的异常和无效数据。

6)了解基本的数据分组概念,具备一定的数据分组能力,可以给出所管辖设备的数据分组建议。

7)了解设备数据闭环的概念,可提出所需要的数据闭环要求。

8)了解常用检测技术,掌握振动、温度监测的原理及可监测的异常种类,了解振动的数据表示,了解数据采集中各项参数的意义,能够读懂设备诊断报告。

9)了解传感器的分类和特点,掌握常用传感器的安装要求和安装位置,可指导在线监测传感器的安装。

10)了解在线监测系统的构成与软件设置,能够对在线监测系统的常见异常进行维护(如传感器损坏、传感器连接断开、信号干扰等),了解数据采集的设置方法,能够按说明对数据采集参数进行设置。

11）了解各类监测数据的含义，了解设备状态特征量的概念；了解常见通用设备异常与特征量变化的关系，可通过特征量的变化判断常见设备异常（如不平衡、不对中、变压器气体成分异常、磨损等）。

12）了解在不同工作状态下设备的各类监测参数的变化，能够按照给定的预警参数在平台中设置或修改预警值。

13）了解设备智能运维概念，能规范应用平台状态监测、维护、维修等模块的基础功能。

14）了解设备接入平台概念，能规范应用设备接入平台的基础功能（如设备新增、可视化配置、测点配置、数据项配置等）。

15）了解工作流基础概念，能规范应用工作流基础功能，并在平台上完成自身的工作。

16）能规范应用报表基础功能（如查看、打印、下载等）。

6.1.2 智维工程师二级

智维工程师二级，除了具备相应的设备点检工作经验与能力外，还应能够对智维工程师一级人员进行培训和带教，同时应该能够胜任以下工作。

1）熟练掌握本区域设备、部件的数字化方法，可以在平台中添加缺失的设备、部件数据。

2）熟练掌握设备分类分层知识，可以对本区域设备的分类分层进行审核，对设备的维修策略进行审核。

3）熟练掌握本区域设备可能的各类异常和故障，能够对异常的名称进行规范表达。

4）熟练掌握本区域设备维护、维修标准，能够对维护、维修提出数字化方法，可指导维护维修作业的数字化工作并审核维护维修过程的数字化内容。

5）了解设备失效分析原理，可以指出影响设备寿命的关键影响因素。

6）掌握设备数据的有效范围，对异常数据和无效数据有鉴别能力，能够剔除数据平台中由干扰等因素产生的异常和无效数据，并对产生异常数据的原因进行分析并排除。

7）掌握数据分组概念，具备设备数据分组能力，可以给出所管辖设备的有效数据分组。

8）掌握设备数据闭环的概念，可提出所管辖设备的数据闭环要求。

9）掌握常用检测技术，熟悉常用检测技术的特点与可检测的设备异常；掌握常用监测诊断技术的原理与数据含义，掌握数据采集原理及数据预处理技术；对预知维修类设备可选定相应的监测技术。

10）熟悉传感器分类和特点，掌握传感器选型，熟悉常用传感器的安装要求和安装部位，可结合现场要求指导传感器的安装。

11）熟悉在线监测系统的构成与软件功能，能够分析和定位在线监测系统异常并进行修复；掌握数据采集的设置方法，能够对数据采集参数进行设置。

12）了解各类控制信号的含义，理解控制信号相互作用的关系；具有基本的逻辑运算和时序计算能力，可根据给出的逻辑时序关系组成相应的逻辑时序关系图。

13）可根据设备及工艺要求按生产过程信号相互作用的关系，形成逻辑时序关系预警条件，并在平台中编辑预警模型。

14）熟悉各类监测数据及状态特征量，掌握通用设备异常与特征量变化的关系，可通过特征量的变化判断通用设备异常。掌握设备在不同工作状态下各类监测参数的变化，能够在数据平台中编制、修改预警模型。

15）能熟练应用平台监测、报警、诊断等模块的常规功能。

16）了解预警规则和原理，能熟练处理设备常规预警及报警。

17）能熟练应用平台维护、维修等模块的常规功能。

18）能熟练应用设备接入数据平台的常规功能，能够在数据平台中使用新增设备并配置相应的数据项，完成设备接入。

19）熟练掌握工作流，并能够对缺少的工作流提出完善建议。

20）熟练设计常规报表。

6.1.3　智维工程师三级

智维工程师三级，除了具备相应的设备点检工作经验与能力外，还应该能够对智维工程师二级及以下人员进行培训和带教，同时应该能够胜任以下工作。

1）能够编制本区域设备维护、维修的数字化标准。

2）能够编制设备分类分层标准并根据设备运维实际需要提出设备分类分层的优化方案。

3）能够对本区域内设备的维修策略提出优化方案。

4）能够制定本区域内设备异常及故障的命名标准或规范。

5）能够制定本区域内的设备维护、维修数字化标准或规范。

6）掌握设备的主要失效原因，能够分析设备失效的关键影响因素，可提出关键影响因素的相关量化参数（或替代参数），并可导入数据平台。

7）熟练掌握设备数据分组技术，可以对本区域内设备数据的分组进行审核及优化。

8）熟悉数据闭环方法，能够对本区域内设备数据的闭环进行审核及优化。

9）熟练掌握常用检测技术，掌握各类检测诊断技术的原理与实施方法，掌握数据采集方法和过程，可根据本区域设备特点选用最适用的检测诊断技术，为本产线设备状态监测提供解决方案。

10）掌握常用传感器的参数和特点，掌握常用传感器的安装要求和安装部位，可结合现场要求提出传感器的安装标准或规范。

11）掌握在线监测系统的构成与软件构成，掌握软件配置方法，能够对系统整体进行配置，可对在线监测系统提供设计支持。

12）掌握各类生产过程及控制信号的含义，可根据设备控制及工艺要求整理各生产过程信号相互作用的关系；可根据设备及工艺情况，提出合理的数据采集周期等生产过程数据采集的要求，并具有一定的生产过程数据分析能力。

13）了解控制优化的概念，可根据设备状态情况利用控制优化模型提出工艺控制参数的优化建议。

14）掌握监测数据中的各类参数及特征值的作用，掌握在不同工作状态下设备的各类监测参数的变化规律，能够将设备数据按工况进行分类，并能够根据设备工况变化情况优化预警模型，提高预警准确率。

15）具备逻辑算法和时序基础知识，对明确的信号逻辑关系能够编制信号的逻辑时序关系图，并能够在平台中建立逻辑关系模型。

16）了解通用数据分析技术（数理统计、规则模型等），具备相应的模型测试和调试能力。

17）可根据设备状态及平台信息，编制及审核检修模型。

18）熟悉智能运维数据平台各部分的功能，能够对常用功能提出改进建议。

19）深入理解设备接入平台原理，具备区域化设备整体接入实施能力。

20）掌握工作流设计原理，具有工作流优化能力。

21）精通报表设计，具备良好的数据展示能力。

6.1.4 智维工程师四级

智维工程师四级，除了具备相应的设备点检工作经验与能力外，还应该能够对智维工程师三级及以下人员进行培训和带教，同时应该能够胜任以下工作。

1）能够编制同类区域设备维护、维修的数字化标准。

2）能够编制同类区域适用的设备分类分层标准；根据同类区域设备运维实际需要，提出设备分类分层的优化方案。

3）能够对同类区域设备的维修策略提出优化方案。

4）能够制定同类区域设备异常及故障的命名标准或规范。

5）能够制定同类区域范围的设备维护、维修数字化标准或规范。

6）掌握设备的失效原因，能够分析设备失效的所有影响因素，可提出影响因素的相关量化参数（或替代参数），并对这些参数的获取及进入数据平台提供指导。

7）熟练掌握设备数据分组技术，可以对同类区域设备数据的分组提供指导。

8）熟悉数据闭环方法，能够对同类区域的设备数据闭环提供指导。

9）熟练掌握常用检测技术，掌握各类检测诊断技术的原理与实施方法，掌握数据采集方法和过程，可根据同类区域设备特点选用最适用的检测诊断技术，为同类产线设备状态监测提供解决方案。

10）掌握传感器的参数和特点，掌握传感器的安装要求和安装部位，可审核批准传感器的安装标准或规范。

11）掌握在线监测系统的构成与软件构成，熟练掌握软件配置方法，能够为系统整体配置及在线监测系统提供设计指导。

12）掌握各类生产工艺及控制信号的含义及设备工作原理，掌握工艺、控制信号相互作用的关系，并可根据设备及工艺要求，提出根据生产过程信号进行设备状态判断的方法。

13）了解控制优化的概念，可根据设备状态情况利用优化控制模型提出工艺控制参数的优化建议。

14）熟练掌握监测的各类参数及特征值的作用，掌握在不同工作状态下设备的各类监测参数的变化，能够对不同工况的设备数据按工况分类，并根据设备情况优化预警模型，提高预警准确率。

15）具备逻辑算法和时序关系知识，对在平台中建立的逻辑关系模型具有审核能力。

16）熟悉通用数据分析技术（数理统计、规则模型等），具有模型测试、调试和优化能力。

17）可根据设备状态编制优化检修模型。

18）熟悉智能运维数据平台的功能，能够对常用功能提出改进及优化建议。

19）理解设备智能运维实施方法，具备同类区域设备智能运维的指导能力。

20）掌握工作流设计原理，具有工作流优化能力。

21）精通报表设计，具备良好的数据展示能力。

22）具备根据同类产线或生产车间的设备特点，引入新型监测技术、发现新的状态特征量及其组合的能力，可提出同类产线设备判断规则。

23）能利用数据平台持续优化现有智能运维流程。

24）能结合数据平台及使用体验提出优化方案。

6.1.5 培训时长及工作经历要求

智维工程师的推荐最短累计培训时长见表6-1，培训包括课堂教学、实践教学及课程考核。

表6-1 智维工程师的推荐最短累计培训时长　　　　　　（单位：小时）

等级	一级	二级	三级	四级
时长	40	80	120	180

为了符合本部分参与培训的条件，培训人员应在设备运维岗位（如设备点检岗位）有实际工作经历，推荐的最短累计工作年限如表6-2所示。

表 6-2 智维工程师的推荐最短累计工作年限 （单位：年）

等级	一级	二级	三级	四级
年限	1	3	5	8

通常，智维工程师一级应具备高级工或以上资格，智维工程师二级应具备助理工程师以上或相当的资格，智维工程师三级应具备工程师以上或相当的资格，智维工程师四级应具备高级工程师以上或相当的资格。

6.1.6 培训课程内容及要求

智维工程师的培训课程内容及要求见表 6-3，不同等级智维工程师的培训课程在内容的深度和广度上是有区别的，具体的要求应与各等级的能力素质要求相匹配。

表 6-3 智维工程师培训课程内容及要求

序号	课程内容		级别和学时			
			一级	二级	三级	四级
1	设备智能运维基础知识及设备数字化	数字化整体培训时长（学时）	8	8	8	8
		设备维修策略		●	●	●
		设备分类分层及设备描述	●	●	●	●
		设备异常及故障描述	●	●	●	●
		设备基础数据	●	●	●	●
		设备故障处理数据	●	●	●	●
		设备运行数据	●	●	●	●
		设备维护数字化		●	●	●
		设备维修数字化	●	●	●	●
		设备故障模式及危害性分析		●	●	●
2	设备状态监测技术	监测技术整体培训时长（学时）	16	12	12	24
		监测技术概论				
		振动监测诊断技术	●	●	●	●
		振动监测系统及传感器	●	●	●	●
		传感器及监测装置安装	●	●	●	●
		振动采集参数设定	●	●	●	●
		温度监测技术		●	●	●
		油液检测技术	●	●	●	●
		无损检测技术（失效分析）		●	●	●
		精度检测技术		●	●	●
		应力检测技术		●	●	●
		电流诊断技术		●	●	●
		声音检测技术		●	●	●
		图像检测技术		●	●	●
		生产过程参数检测技术		●	●	●

（续）

序号	课程内容		级别和学时			
			一级	二级	三级	四级
3	数据分析	数据分析整体培训时间	8	12	16	24
		数据可信度分析	●	●	●	
		数据分组	●	●	●	
		数据闭环	●	●	●	
		设备数据的特征量	●	●	●	●
		设备工况和特征量的关系	●	●	●	●
		预警值设置	●	●	●	●
		振动诊断技术	●	●	●	●
		常用分析方法	●	●	●	●
		数据展现	●	●	●	●
		知识学习	●	●	●	●
		分析模型		●	●	●
		控制过程优化			●	●
4	数据平台	数据平台整体培训时长（学时）	8	8	4	4
		平台使用	●	●	●	●
		平台数据结构	●		●	●
		平台工作流	●	●	●	●
		数据分析工具	●	●	●	
		数据分组功能	●	●	●	●
		数据闭环功能	●	●	●	●
		设备特征量的设置	●	●	●	●
		模型嵌入方法			●	●

6.2 智维分析师的能力素质要求

本节中智维分析师的能力素质要求特指在智能运维条件下新增的能力素质要求，不包括在传统运维条件下既有的能力素质要求。

智维分析师的主要职责为：承担原设备技术人员的全部职责，包括但不限于掌握所管辖设备运维所需的各项技术，负责设备运维的各类技术标准的制定、修订及审核，负责在线监测系统的设计及验证，负责设备数据的分组，负责设备数据的分析及提出各类优化建议，负责各类数据分析模型的选型、设置和验证工作等，负责智能运维工作推进的各项技术工作。

参加智维分析师培训或考核的人员，一般为设备技术人员，必须满足各等级智维分析师工作经历的要求。

智维分析师分为4个等级，即一级、二级、三级和四级，其中一级最低，四级最高，各等级的能力素质要求如下。

6.2.1 智维分析师一级

智维分析师一级,除了具备相应的设备技术工作经验与能力外,还必须能够胜任以下工作。

1)具有设备分类分层能力,了解设备维修策略的概念,可根据设备分类分层原则对设备进行分类分层,并能够制定初步的设备维修策略规范。

2)掌握设备、部件的规范名称,掌握设备异常及设备故障的规范名称,可以制定初步的设备名称规范。

3)能够按照事后维修、预防维修、预知维修的设备维修策略,为设备的数字化提供技术支持,可以制定部分设备的数字化规范。

4)掌握设备维护、维修技术及相关标准,掌握设备维护维修的数字化方法和规范,可以提供维护维修数字化的技术支持并能够制定部分设备的维护维修数字化规范。

5)了解设备数据分组的概念,具备设备数据分组的能力。

6)了解设备数据闭环的概念,可提出必要的数据闭环需求。

7)了解设备的失效机理,了解影响重要设备寿命的主要因素,可以对这些影响因素的数字化提出解决方法。

8)对预知维修类设备可选定相应的监测技术,并可以确定监测设备的功能及性能要求。

9)了解常用检测技术,掌握振动、油液、温度监测的原理及可监测的异常种类,了解常用检测方法所获取数据的含义,了解数据采集中各项参数的意义,能够读懂设备诊断报告。

10)了解传感器的分类和特点,掌握常用传感器的安装要求和安装位置。

11)掌握数据分析入门知识,包括数据分析的意义、流程、思路与方法等。

12)了解问题界定、问题拆分、指标确定、数据收集、报告方案、趋势预测等基本数据分析方法。

13)了解各类生产过程数据的含义,理解生产过程信号中相关信号的相互作用关系,具有基本的逻辑运算和时序计算能力,可根据给出的逻辑时序关系组成相应的逻辑时序关系图。

14)了解各类监测数据的含义,了解设备状态特征量的概念,掌握常见通用设备异常与特征量之间的关系,能够解释特征量变化对设备状态的影响,可通过特征量的变化判断常见设备异常。

15)了解在不同工作状态下设备的各类监测参数的变化。

16)能规范应用平台各模块的基础功能,能规范应用报表基础功能(如查看、打印、下载等)。

17)能够按照给定的预警参数在平台中设置或修改预警模型。

6.2.2 智维分析师二级

智维分析师二级,除了具备相应的设备技术工作经验与能力外,还应该能够对智维分析师一级人员进行培训和带教,同时应该能够胜任以下工作。

1)具有设备分类分层能力和确定维修策略的能力,可对设备进行分类分层并确定设备的维修策略,可以制定设备维修策略规范。

2)熟练掌握设备、部件的命名规范,审核并补充缺失设备部件的名称,可以制定大部分设备的名词规范。

3)熟练掌握设备的数字化方法,可以对设备的数字化提供辅导,可以制定大部分设备的数字化规范。

4)熟练掌握设备维护维修的数字化方法,可以指导维护维修的数字化工作,可以制定、审核大部分设备的数字化规范。

5)熟练掌握设备数据分组的方法,具备设备数据分组的能力并审核数据分组的准确性。

6)熟练掌握设备数据闭环技术,可审定数据闭环需求。

7)掌握设备失效机理,可分析影响设备寿命的各种因素,可以用直接或间接的方式用数字化参数表示这些影响因素。

8)掌握常用检测技术,熟悉常用检测技术的特点与可检测的设备异常,包括振动、油液、温度、扭矩、无损检测等,掌握常用监测诊断技术的原理与数据表示,掌握数据采集原理及数据预处理技术,可以选择合适的设备状态监测技术,审核设备状态监测技术的选择方案。

9)熟悉各类监测数据及状态特征量,掌握通用设备异常与特征量之间的关系,可通过特征量的变化判断通用设备异常,可以对通用设备的分析目标提出相应的设备特征量的组合,并依据特征量变化解释设备状态的变化情况。

10)熟练掌握数据分析流程,可以对大部分设备问题做数据分析,可以编制或审核常见问题的数据分析报告。

11)具备逻辑算法与时序的相关知识,能够结合工艺要求对生产过程信号进行逻辑关系梳理,形成对各类信号的逻辑时序关系图,并能够在数据平台中建立逻辑关系模型。

12)了解并掌握常用的数据可视化方法,如直方图、条形图、散点图、箱线图、热力图等,能够利用常用的数据展示方法完成数据展示。

13)熟悉监测数据中各类参数及特征值的作用,掌握在不同工作状态下设备的各类监测参数的变化规律。

14)能熟练应用平台监测、报警、诊断等模块的常规功能,了解报警规则原理,能熟练应用设备常规报警规则功能，了解诊断模型原理，能规范应用设备诊断模型基础功能。

15）具有设备维护维修经验，能够按照设备劣化状态推荐设备的维护维修措施。

16）具有设备预警值的计算和设置能力，能够在数据平台中设置、修改预警模型。

17）理解工作流的概念，能设计常规工作流。

18）能够熟练设计常规报表。

6.2.3 智维分析师三级

智维分析师三级，除了具备相应的设备技术工作经验与能力外，还应该能够对智维分析师二级及以下人员进行培训和带教，同时应该能够胜任以下工作。

1）制定所辖区域设备的分类分层规范、设备及部件的命名规范、设备维修策略选择规范，并保障数据平台中设备数据的规范化、统一化。

2）制定所辖区域各类设备异常、故障现象和维护维修结果的用词规范。

3）编制所辖区域设备维护、维修的数字化标准，可以审核录入数据平台的维护、维修数据的规范性。

4）具有对整条产线或整个车间设备进行设备分类分层的能力。

5）具有对整条产线或整个车间设备数据进行数据分组的能力。

6）具有对整条产线或整个车间设备的数据分组进行数据闭环的能力。

7）熟悉设备失效机理，可进行失效模式、影响及危害性分析，能够分析影响设备寿命的关键因素，并能够将这些关键因素用直接或间接的方法形成数据。

8）熟悉常用监测技术的作用与范围，掌握常用传感器的参数和特点，掌握常用传感器的安装要求和安装部位，可结合现场要求提出传感器的安装规范并形成标准，可为在线监测系统提供设计支持。

9）掌握所辖区域各类工艺控制参数的相互关系，具备对各类工艺控制信号进行逻辑关系梳理的能力，对各类信号的逻辑时序关系图进行有效性评价并优化。

10）掌握监测数据中的各类参数及特征值的作用，掌握在不同工作状态下设备的各类监测参数的变化规律，能够根据设备情况优化预警模型。

11）熟练掌握常用的数据分析方法，理解并知晓各类统计方法的适用范围和用途，掌握数据分析的数学基础和数学方法。

12）熟练掌握各类常用的数据可视化方法，可以针对不同的应用选择合适的可视化工具和方法。

13）了解神经网络、深度学习、分类树、随机森林、逻辑回归、SVM 等算法的适用范围，能够为相应的应用选择合适的算法。

14）可根据设备状态的总体情况给出合适的检修模型，可审核系统推荐的检修模型。

15）精通设备预警的规则和原理，深入理解设备在不同工况下的预警规则和设置方法；熟知设备诊断模型细节，熟练掌握设备诊断模型的参数设置；能根据实际情况优化设备预警规则。

16）熟悉工作流设计，可以设计及优化所辖区域的工作流。

17）熟悉报表设计，具备设计各类数据报表的能力。

6.2.4　智维分析师四级

智维分析师四级，除了具备相应的设备技术工作经验与能力外，还应该能够对智维分析师三级及以下人员进行培训和带教，同时应该能够胜任以下工作。

1）制定及审核设备、部件的命名规范或标准，审核及优化平台中的设备、部件的命名规则，必要时能提出相关平台的需求。

2）可以在同类产线设备或车间中制定统一的设备分类分层标准，制定统一的设备维修策略标准。

3）制定及审核各类异常现象和故障的命名规范，审核及优化平台中的异常和故障命名规则，必要时提出相关平台的需求。

4）审核同类产线或同类车间设备的维护、维修标准，审核同类产线或同类车间设备的维护、维修数字化标准，对不合理的、粗放的规范标准提出修改和优化方法，并可以指导实施。

5）具有标准的推广实施能力，可以进行跨地域的标准推广工作。

6）熟悉各类设备分析、诊断、决策、健康度评价等应用对数据的要求，具有针对各种应用对数据进行分组的能力。

7）可以针对各种应用需求提出数据闭环的要求，充分提升数据的价值。

8）能够审核及批准同类产线设备的状态监测传感器的选型和安装、在线监测系统的设计等标准。

9）可以根据设备特点及设备异常的需求，探索最佳监测方案，优化设备状态监测方案。

10）可以审核、优化设备维护维修方案，审核、优化检修模型。

11）熟练掌握数据分析方法，理解并掌握各类数据分析方法的适用范围和用途，能够为具体应用选择合适的数据分析方法和数据模型。

12）熟练掌握和应用各类常用的数据可视化方法，可对平台中的数据展示提供建设性改进建议，可策划各类应用中的数据可视化方案。

13）能够利用数据平台持续优化或重构现有智能运维流程。

14）能够结合使用体验及各层次的应用体会，提出体系化的数据平台优化方案。

6.2.5 培训时长及工作经历要求

智维分析师的推荐最短累计培训时长见表6-4，培训包括课堂教学、实践教学及课程考核。

表 6-4 智维分析师的推荐最短累计培训时长　　　　　（单位：小时）

等级	一级	二级	三级	四级
时长	40	80	120	180

为了符合本部分参与培训的条件，培训人员应在设备技术岗位有实际工作经历，推荐的工作经历要求见表6-5。

表 6-5 智维分析师的推荐累计工作经历最少年限　　　　（单位：年）

等级	一级	二级	三级	四级
年限	2	5	8	12

通常，智维分析师一级应具备助理工程师或以上资格，智维分析师二级应具备工程师以上或相当的资格，智维分析师三级应具备高级工程师以上或相当的资格，智维分析师四级应具备教授级高级工程师或相当的资格。

6.2.6 培训课程内容及要求

智维分析师的培训课程内容及要求见表6-6，不同等级智维分析师的培训课程在内容的深度和广度上是有区别的，具体的要求应与各等级的能力素质要求相匹配。

表 6-6 智维分析师培训课程内容及要求

序号	课程内容		级别和学时			
			一级	二级	三级	四级
1	设备智能运维基础知识及设备数字化	数字化整体培训时长（学时）	8	8	8	8
		设备维修策略	●	●		
		设备分类分层及设备描述	●	●	●	
		设备异常及故障描述	●	●	●	●
		设备基础数据	●	●	●	●
		设备故障处理数据	●	●	●	●
		设备运行数据	●	●	●	●
		设备维护数字化	●	●	●	●
		设备维修数字化	●	●	●	●
		设备故障模式及危害性分析		●	●	●

（续）

序号	课程内容		级别和学时			
			一级	二级	三级	四级
2	设备状态监测技术	监测技术整体培训时长（学时）	12	12	16	24
		监测技术概论	●	●	●	
		振动监测诊断技术	●	●	●	●
		振动监测系统及传感器	●	●	●	●
		传感器及监测装置安装	●	●	●	●
		振动采集参数设定	●	●	●	●
		温度监测技术	●	●	●	●
		油液检测技术	●	●	●	●
		无损检测技术（失效分析）	●	●	●	●
		精度检测技术			●	●
		应力检测技术			●	●
		电流诊断技术			●	●
		声音检测技术			●	●
		图像检测技术			●	●
		生产过程参数检测技术			●	●
3	数据分析	数据分析整体培训时长（学时）	12	12	12	24
		数据可信度分析	●	●		
		数据分组	●	●	●	
		数据闭环	●	●	●	
		设备数据的特征量	●	●		●
		设备工况和特征量的关系	●	●	●	●
		预警值设置	●	●	●	●
		振动诊断技术	●	●	●	●
		常用分析方法	●	●	●	●
		数据展现	●	●	●	●
		知识学习	●		●	●
		分析模型		●		●
		控制过程优化		●	●	●
4	数据平台	数据平台整体培训时长（学时）	8	8	4	4
		平台使用	●	●		
		平台数据结构	●	●	●	
		平台工作流	●	●	●	●
		数据分析工具	●	●	●	●
		数据分组使用方法	●	●	●	●
		数据闭环使用方法	●	●	●	●
		设备特征量的设置	●	●	●	●
		模型嵌入方法		●	●	●

从表 6-6 可以看出，智维分析师与智维工程师的课程名称完全一致，但课程内容的深度不同。课程内容深度应符合智维人员相应的能力要求。

6.3 智维维护师的能力素质要求

本节中智维维护师的能力素质要求特指在智能运维条件下新增的能力素质要求，不包括在传统运维条件下既有的能力素质要求。

智维维护师的主要职责为：承担设备的各类维护维修工作，负责设备维修方案制定，负责维修过程数字化标准制定及维修过程的数字化工作，负责判定设备维修中下线设备的最终状态，负责设备的安装与维护标准的制定和实施，负责在线监测系统的安装、调试，负责维修方案的优化工作等。

参加智维维护师培训或考核的人员，一般为经验丰富的设备维修人员，必须满足智维维护师各等级对工作经历的要求。

智维维护师分为 4 个等级，即一级、二级、三级和四级，其中一级最低，四级最高，各等级的能力素质要求如下。

6.3.1 智维维护师一级

智维维护师一级，除了具备相应的设备维护维修工作经验与能力外，还应该能够胜任以下工作。

1）了解所维护维修设备的分类分层，了解设备名称规范，可以区分设备的维修策略。

2）了解所维护维修设备的异常及故障的规范描述，能够规范描述设备的当前状况，并能够制定部分设备故障描述规范。

3）了解设备维护维修过程的数字化方法，能够完成常规维护维修过程的数字化工作，可参与设备维护维修过程数字化规范规划工作。

4）掌握各类设备的维护维修要领，能够参与编制设备维护维修的标准或规范。

5）掌握振动传感器的安装方法，能够按指定位置正确安装传感器。

6）掌握振动监测系统的安装方法，能够按规范布置信号电缆、网络电缆（光缆）及电源电缆。

7）掌握正确的接地技术与屏蔽技术，可以使信号免受电磁干扰。

8）能够在设备维护维修时对在线监测系统进行安全拆卸和恢复，避免维护维修工作损坏在线监测装置。

9）能够读懂设备诊断报告，并理解诊断报告中的维修建议。

10）能够判别常见设备的损坏情况并准确表达。

11）能够描述维修建议内容与维修结果之间的差异情况。

12）能够正确使用数据平台的相关功能。

13）能够将维护维修的数据输入数据平台。

6.3.2　智维维护师二级

智维维护师二级，除了具备相应的设备维护维修工作经验与能力外，还应该能够对智维维护师一级人员进行培训和带教，同时应该能够胜任以下工作。

1）掌握所维护维修设备的分类分层，掌握设备及部件名称规范，可以区分设备的维修策略，可以正确使用规范的设备及部件名称。

2）掌握所维护维修设备的异常及故障的规范描述，能够准确、规范地描述设备的当前状况，并能够参与大部分设备的异常及故障描述规范的起草工作。

3）掌握设备维护维修过程的数字化方法，能够完成维护维修过程的数字化工作，可参与制定大部分设备维护维修过程的数字化规范。

4）熟练掌握各类设备的维护维修要领，能够编制设备维护维修的标准或规范。

5）掌握多种传感器的安装方法，能够按指定位置正确安装传感器。

6）掌握多种监测系统的安装方法，能够按规范布置信号电缆、网络电缆（光缆）及电源电缆。

7）掌握正确的接地技术与屏蔽技术，可以查找干扰来源并采取相应措施消除信号干扰。

8）能够在设备维护维修时对在线监测系统的安全拆卸和恢复提供指导，避免维护维修工作损坏在线监测装置。

9）能够读懂设备诊断报告，并正确理解诊断报告中的各项内容。

10）能够判别所维修设备的损坏情况及损坏程度，并能准确表达。

11）能够描述维修建议内容与维修结果之间的差异情况，并对维修建议的准确度进行评价。

12）能够正确使用数据平台的所有相关功能。

13）能够对维护维修的数据进行审核。

6.3.3　智维维护师三级

智维维护师三级，除了具备相应的设备维护维修工作经验与能力外，还应该能够对智维维护师二级及以下人员进行培训和带教，同时应该能够胜任以下工作。

1）掌握所维护维修设备的分类分层、设备及部件名称规范，可以对分类分层及名称规范提出修改意见，并参与规范标准的修订。

2）掌握设备的维修策略，可以对设备维修策略的优化提出建议。

3）掌握所维护维修设备的异常及故障的规范描述，能够准确、规范描述设备的当前状况；可以制定设备异常及故障描述规范。

4）掌握设备维护维修过程的数字化方法，能够完成设备维护维修过程数字化的规范标准。

5）掌握多种传感器的安装方法，能够设计传感器安装图，并指导传感器安装。

6）掌握多种监测系统的安装方法，能够设计监测系统安装布线图，并指导监测系统的安装。

7）掌握正确的接地技术与屏蔽技术，可以在安装设计中采取相应措施，避免信号干扰产生。

8）能够设计维修作业流程，将对在线监测系统的保护措施编制在维修作业流程中，并对整个维修作业提供指导。

9）能够判别所维修设备的损坏情况及损坏的程度，并可将损坏情况进行分级，形成判别标准或依据，使设备损坏程度能够以数字化方式展现。

10）能够判断导致设备损坏的关键因素，可以参与设备的危害性分析工作。

11）能够描述维修建议内容与维修结果之间的差异情况，对维修建议的准确度进行评价，并对诊断报告中的维修建议优化提供建设性意见。

12）能够正确使用数据平台的所有相关功能，并可以对数据平台中设备维护维修数字化等模块的功能、便捷性等提供优化建议。

13）能够对维护维修的数据进行整体审核，并可以提出整体性的审核报告。

6.3.4 智维维护师四级

智维维护师四级，除了具备相应的设备维护维修工作经验与能力外，还应该能够对智维维护师三级及以下人员进行培训和带教，同时应该能够胜任以下工作。

1）掌握设备的分类分层、设备及部件名称、设备异常名称、设备维护维修名称等的标准规范，可主持设备维护维修各类标准的制定和修订。

2）掌握设备维修策略的确定原则，可以对设备维修策略优化提出建议，并参与制订设备维修策略规范的编制。

3）掌握设备的异常及故障的规范描述，能够准确、规范地描述设备的当前状况；可以审核及指导设备异常及故障描述规范的编制工作。

4）精通设备维护维修过程的数字化方法，能够审核及指导设备维护维修过程数字化的规范标准编制。

5）准确掌握多种传感器的安装方法，能够制定传感器现场安装规范或标准。

6）准确掌握多种监测系统的安装方法，能够制定监测系统现场安装规范或标准。

7）精通维修作业流程，可以跨地域审核维护维修作业流程，并从中发现最佳的维修作业方案以形成设备维修作业标准。

8）能够准确判别所维修设备的损坏情况及损坏的程度，并可将损坏情况进行分级，可审核判别标准或依据，指导设备故障程度的数字化工作。

9）能够准确判断导致设备损坏的关键因素，可以主导设备的危害性分析工作，分析设备故障的原因、影响因素及其防治方法，可以进行设备寿命改善性维修。

10）能够准确描述维修建议内容与维修结果之间的差异情况，能够为维修建议的优化提供系统性的意见。

11）熟练使用数据平台的所有相关功能，可以对数据平台中设备维护维修数字化等模块的功能、便捷性等提供系统性的需求及建议。

12）能够跨地域对维护维修的数字化工作提供评价及指导，并可以提出整体性的优化方案。

6.3.5 培训时长及工作经历要求

智维维护师的推荐最短累计培训时长见表6-7。培训包括课堂教学、实践教学及课程考核。

表6-7 智维维护师的推荐最短累计培训时长 （单位：小时）

等级	一级	二级	三级	四级
时长	30	60	90	120

为了符合本部分参与培训的条件，培训人员应在设备维修岗位有实际工作经历，推荐的工作经历要求见表6-8。

表6-8 智维维护师的推荐累计工作经历最少年限 （单位：年）

等级	一级	二级	三级	四级
年限	1	2	5	8

通常，智维维护师一级应具备高级工资格，智维维护师二级应具备技师或相当的资格，智维维护师三级应具备高级技师或相当的资格，智维维护师四级应具备特级技师或相当的资格。

6.3.6 培训课程内容及要求

智维维护师的培训课程内容及要求见表6-9，不同等级智维维护师的培训课程在内容的深度和广度上是有区别的，具体的要求应与各等级的能力素质要求相匹配。

表 6-9 智维维护师培训课程内容及要求

序号	课程内容		级别和学时			
			一级	二级	三级	四级
1	设备智能运维基础知识及设备数字化	数字化整体培训时长（学时）	16	18	18	18
		设备维修策略	●	●		
		设备分类分层及设备描述	●	●	●	●
		设备异常及故障描述	●	●	●	●
		设备基础数据	●	●	●	●
		设备故障处理数据	●	●	●	●
		设备维护数字化	●	●	●	●
		设备故障程度描述	●	●	●	●
		设备维修数字化	●	●	●	●
		设备故障模式及危害性分析	●	●	●	●
2	监测系统安装维护	监测技术整体培训时长（学时）	10	8	8	8
		监测技术概论	●	●	●	●
		传感器安装	●	●	●	●
		监测系统安装	●	●	●	●
		各类电缆的安装	●	●	●	●
		设备接地及屏蔽	●	●	●	●
		传感器及监测系统维护	●	●	●	●
		诊断报告解读	●	●	●	●
		监测系统安装设计				
3	数据平台	数据平台整体培训时长（学时）	4	4	4	4
		数据平台概念	●	●	●	●
		数据平台使用	●	●		
		平台工作流	●	●	●	●
		维护维修知识学习			●	●

6.4 智维管理师的能力素质要求

本节智维管理师能力素质要求特指在智能运维条件下新增的能力素质要求，不包括传统运维条件下本身必须具有的能力素质要求。

智维管理师的主要职责为：除原有的设备管理职责外，负责智能运维整体方案的制定和推进，负责智能运维目标的制定和评价，负责智能运维标准规范的制定、批准及实施评价，负责智能运维流程的设计和优化，负责智能运维各类项目的审核，负责智能运维组织架构设计和优化调整工作等。

参加智维管理师培训或考核的人员，一般为经验丰富的设备管理人员，必须满足各等级智维管理师对工作经历的要求。

智维管理师分为4个等级,即一级、二级、三级和四级,其中一级最低,四级最高,各等级的能力素质要求如下。

6.4.1 智维管理师一级

智维管理师一级,除了具备相应的设备管理工作经验与能力外,还应该能够胜任以下工作。

1)理解设备智能运维的内涵,了解设备智能运维的主要工作内容及主要的管理任务。

2)具有一般的项目管理知识,具备一定的智能运维模式变革管理能力。

3)了解设备智能运维的数字化要求,了解在企业中推进智能运维的紧迫性和面临的阻力,能够按照企业实际起草智能运维的具体目标。

4)理解设备分类分层的概念,理解各种设备维修方式,能够按设备类型和层级确定设备的维修方式。

5)理解设备数据分组和数据闭环的概念,可以提出相应的管理要求,并推进设备数据分组和数据闭环的执行。

6)了解智能运维的标准体系,能够将设备智能运维的目标与标准相联系,能够组织相关人员完成标准的起草。

7)了解设备运维人员的能力水平,可协助制订人员培训计划。

8)了解智能运维工作流及数据流,能够设计基于数据的运维流程。

9)了解设备管理数字化转型的重要性,能够按数字化要求重新考虑设备管理的各项评价考核指标。

10)了解数据资产化概念,以数据资产化要求思考设备数字化的工作要求。

11)能够正确使用数据平台的相关功能。

12)能够形成设备运维的管理报表。

6.4.2 智维管理师二级

智维管理师二级,除了具备相应的设备管理工作经验与能力外,还应该能够对智维管理师一级人员进行培训和带教,同时应该能够胜任以下工作。

1)充分理解设备智能运维的内涵,理解设备智能运维的主要工作内容及主要的管理任务。

2)具有相当的项目管理知识,能够配合智能运维模式变革管理。

3)熟悉设备智能运维的数字化要求,了解在企业中推进智能运维的紧迫性和面临的问题,能够制定切实可行的智能运维目标,使智能运维有明确的方向和具体的阶段目标。

4）深入理解设备分类分层和设备维修方式之间的关系，能够按设备类型和层级指导确定设备的维修方式。

5）理解设备数据分组和数据闭环的实际作用，可结合管理要求提出相应的数据分组及数据闭环要求，并能够检查落实。

6）深入了解智能运维的标准体系，能够将设备管理目标与相应的标准相结合，能够组织相关人员完成标准的起草，组织完成标准的审核，能够配合推进标准的实施。

7）熟悉设备运维人员的能力素质水平，可以制订培训计划，推进智能运维能力素质提升。

8）深入了解智能运维工作流及数据流，能够设计基于数据的运维流程，并根据智能运维的特点优化流程。

9）深入了解设备管理数字化转型的重要性，能够按数字化要求修订设备管理的各项评价考核指标，能够将指标量化并提供评价报告。

10）深入了解数据资产化概念，以数据资产化要求提出设备数字化的工作要求。

11）了解设备智能运维的投入产出过程，能够按企业实际情况提出资源分配计划。

12）了解企业价值最大化的概念，能够从企业价值最大化的角度审视智能运维的目标、计划及投入等管理内容。

13）了解智能运维对管理要求的变化，可以提出组织架构优化建议。

14）能够熟练使用数据平台的相关功能，能够对设备的整体运行状态提出评价意见，可以审核设备维修建议。

15）可以在数据平台上制定设备维修标准流程，安排设备维修计划。

16）能够利用数据平台对设备智能运维的各项指标做出初步评价。

17）能够形成完整的设备运维的管理报表。

6.4.3　智维管理师三级

智维管理师三级，除了具备相应的设备管理工作经验与能力外，还应该能够对智维管理师二级及以下人员进行培训和带教，同时应该能够胜任以下工作。

1）充分理解设备智能运维的内涵，理解设备智能运维的工作内容及管理任务，能够将智能运维推进的重要意义与企业的文化相结合。

2）具有较强的项目管理能力，具有智能运维模式变革管理能力，能够组织推进智能运维按计划实施。

3）熟悉设备智能运维的数字化要求，充分了解在企业中推进智能运维的紧迫性和面临的问题，可指导制定切实可行的智能运维目标，使智能运维工作有明确的方向和具体的目标。

4）具备指导设备分类分层及设备维修方式选择的能力，能够指导企业内设备维修方式的优化工作。

5）深入理解设备数据分组和数据闭环的实际作用，并能够将数据分组及数据闭环纳入标准体系。

6）深入理解智能运维的标准体系，能够组织完成标准的起草和审核，并推进标准的实施。

7）掌握企业设备智能运维人员的能力素质水平，能够组织推进人员能力素质提升。

8）深入理解智能运维工作流及数据流，能够设计、审核、优化基于数据的运维流程，并推进实施。

9）深入理解设备管理数字化转型的重要性，能够审核数字化要求下设备管理的各项评价考核指标，并审核评价结果。

10）深入理解数据资产化的概念和要求，以数据资产化为目标提出设备数字化的工作要求，并组织推进。

11）掌握设备智能运维的投入产出过程，可按企业实际情况审核资源分配计划，并能够做到科学合理的资源分配。

12）掌握企业价值最大化的概念，能够从企业价值最大化的角度合理调整智能运维的目标、计划及资源分配，以促进企业价值最大化。

13）能够根据智能运维对管理要求的变化，适时调整和优化组织架构。

14）能够熟练使用数据平台的相关功能，能够掌握设备的整体运行状态，可以按运行状态调整和优化设备维修计划。

15）能够在数据平台上审核设备智能运维的各项评价指标。

16）能够形成完整的设备运维的管理报表。

17）能够对数据平台的功能提出优化建议。

6.4.4 智维管理师四级

智维管理师四级，除了具备相应的设备管理工作经验与能力外，还应该能够对智维管理师三级及以下人员进行培训和带教，同时应该能够胜任以下工作。

1）掌握设备智能运维的理论和内涵，明确设备智能运维的方向，能够将智能运维发展与当前的重要工作相结合，营造集团范围内推进智能运维的企业文化。

2）具有高级项目管理经验，具备智能运维模式变革管理能力，能够组织推进智能运维的全面发展。

3）掌握设备智能运维的数字化要求，充分了解集团内各企业的现状，可跨地域指导各企业制定切实可行的智能运维目标，使智能运维工作有明确的方向和具体的目标。

4)具备跨地域指导设备分类分层及设备维修方式选择的能力,能够指导集团内设备维修方式的优化工作。

5)深入理解设备数据分组和数据闭环的实际作用,并能够将优化管理思路与数据分组及数据闭环相结合以提升设备管理水平。

6)熟悉智能运维的标准体系,能够将智能运维的目标纳入标准体系之中,可组织完成标准的审批,能够在全集团范围组织推广。

7)掌握集团内企业的设备智能运维人力资源状况,推进人员能力素质提升。

8)掌握智能运维工作流及数据流,能够设计、审核、优化基于数据的运维流程,能够根据集团内各企业的特点将流程优化和推广。

9)深入理解设备管理数字化转型的重要性,能够在集团范围内统一评价指标及其计算方法,形成统一的数字化要求下设备管理的各项评价指标,并审核评价结果。

10)掌握数据资产化的概念和要求,以数据资产化为目标,将数据资产化与设备智能运维紧密结合,形成工作要求和目标,并组织推进。

11)掌握设备智能运维的投入产出过程,可按各企业实际情况指导制订资源分配计划,并能够做到科学合理的资源分配。

12)掌握企业价值最大化的概念,能够从集团价值最大化的角度合理调整智能运维的目标、计划及资源分配,促进企业价值最大化。

13)能够根据智能运维对管理要求的变化,适时调整和优化组织架构。

14)能够熟练使用数据平台的相关功能,能够掌握设备的整体运行状态,可以按运行状态指导调整和优化设备维修计划。

15)能够在数据平台上审核集团内各企业的各项设备智能运维评价指标。

16)能够形成完整的集团设备运维的管理报表。

17)能够对数据平台的各项功能提出优化建议。

6.4.5 培训时长及工作经历要求

智维管理师的推荐最短累计培训时长见表6-10,培训包括课堂教学、实践教学及课程考核。

表6-10 智维管理师的推荐最短累计培训时长 (单位:小时)

等级	一级	二级	三级	四级
时长	30	60	90	120

为了符合本部分参与培训的条件,培训人员应在设备维修岗位有实际工作经历,智维管理师的推荐累计工作经历最少年限如表6-11所示。

表 6-11　智维管理师的推荐累计工作经历最少年限　　　　（单位：年）

等级	一级	二级	三级	四级
年限	1	5	8	12

通常，智维管理师一级应具备助理管理师或工程师或相当的资格，智维维护师二级应具备管理师、工程师或相当的资格，智维维护师三级应具备高级管理师、高级工程师或相当的资格，智维维护师四级应具备教授级管理师、教授级工程师或相当的资格。

6.4.6　培训课程内容及要求

智维管理师的培训课程内容及要求见表 6-12，不同等级智维管理师的培训课程在内容的深度和广度上是有区别的，具体的要求应与各等级的能力素质要求相匹配。

表 6-12　智维管理师培训课程内容及要求

序号	课程内容		级别和学时			
			一级	二级	三级	四级
1	企业文化	智能运维的概念及内涵	●			
		企业文化塑造		●	●	●
2	数字化与标准化	设备数字化概念	●	●	●	●
		设备维修策略	●	●	●	●
		设备分类分层	●	●	●	●
		设备名称规范	●	●	●	●
		设备异常及故障规范	●	●	●	●
		数据分组及数据闭环	●	●	●	●
		数据分析	●	●	●	●
		设备状态数字化规范	●	●	●	●
		设备维护维修数字化规范	●	●	●	●
		设备智能运维的成熟度评价及管理指标		●	●	●
		工作流设计	●	●	●	●
3	企业管理	项目管理	●	●	●	●
		数据资产化		●	●	●
		企业价值最大化			●	●
		组织机构管理			●	●
4	数据平台使用	数据平台使用	●	●	●	●
		各类报表的生成	●	●	●	●

注：各科目的培训时长需按企业性质及管理导向确定。

第 7 章 设备管理

在智能运维的背景下,设备管理也需要适应设备数字化的要求,从目标制定、设备数字化规范及标准、设备数字化管理、设备数据资产化、追求价值最大化、资源配置、组织架构优化等方面提升管理水平,保障和促进智能运维的发展。

本章所描述的设备管理仅包含设备数字化后所增加的设备管理内容,并不包含设备管理的全部内容。

7.1 目标制定

智能运维的发展是一个长期的过程,在这个过程中,我们应该明确具体的设备管理目标,并且需要让所有设备运维的参与者都清楚地知道设备管理目标。

在制定目标之前,我们要充分了解自身的现状、当前的发展水平、人员的能力素质及可塑性,以及目前存在的问题和短板等,以便更好地制定合适的目标。

1. 目标制定方法

智能运维的目标制定不是写一段话就能够完成的,要分为长远目标、大目标、中目标和小目标。长远目标一般指设备运维的终极目标,是为智能运维的发展指明方向的;大目标一般指达到智能运维成熟度的等级,比现有水平高的一个等级;中目标可以是设备智能运维成熟度评价的5个要素,以达到大目标所确定的成熟度等级中5个要素的发展水平要求为目标;小目标可以是对各类设备的要求,可以是对预警诊断的要求,也可以是设备故障率的要求,还可以是设备维修费用的要求,等等,要以管理的侧重点来确定。当然各种目标也可以按企业的要求来重新制定。

2. 目标制定原则

目标制定通常应遵循 SMART 原则,即具体(Specific)、可测量(Measurable)、可实现

(Achievable)、相关性（Relevant）和时限性（Time-bound）。

1）**具体**：一个具体且明确的目标能让人清楚知晓终点在哪里，避免模糊不清。可以帮助明确方向和焦点，使得个人或团队能够集中精力在最重要的任务上。

2）**可测量**：目标应该有明确的衡量标准，最好可以通过数据表达，这样才能在实施过程中跟踪进度，并最终评估是否达成目标及评估成效。

3）**可实现**：目标应该是实际可达成的，并符合现有的资源和能力，以确保目标不会过于遥不可及，设定过高或不切实际的目标可能会导致挫败感和动力的丧失。

4）**相关性**：目标应该与企业的发展目标一致，与职工个人职业发展要求一致。这有助于确保所有努力都指向共同的总体目标，形成企业价值和个人价值共同增长。

5）**时限性**：为目标设定一个明确的时间框架，有助于优先级的设定和时间管理，促使我们保持紧迫感。

除了 SMART 原则，还应该注意目标之间的匹配，包括结果目标、绩效目标和过程目标之间需协调一致。结果目标关注最终的成果，绩效目标关注执行过程中的表现，而过程目标则关注实现结果目标所需的步骤和活动。这三者之间的良好匹配可以确保目标的顺利实现。

3. 目标的动态调整

在制定目标时，应确保它们既富有挑战性，又足够现实，以激励人们朝着既定的方向努力。同时，目标应该是动态的，能够随着情况的变化适时进行调整。这样的目标制定原则有助于确保目标的有效性和实现的可能性。

环境的变化、技术的进步及智能运维生态的发展，都可能影响我们对目标的重新评估和调整。在这个过程中，保持灵活性和适应性，是确保目标始终与现实相契合的关键。

最后，目标的实现离不开持之以恒的努力和坚定的信念。在追逐目标的道路上，难免会遇到挑战和困难，但正是这些磨难塑造了我们的意志与能力。因此，面对逆境不退缩，持续进步，才能最终达到预设的目标。

7.2 设备数字化规范及标准

设备数字化规范及标准确保了数据的准确性、交互的高效性和系统的安全性，为数字化转型提供了坚实的基础。

设备数字化不仅仅是将传统的机械设备转换为数字设备的过程，更是一场涵盖设备安装、运行、生产、管理和维护等全方位的革新。规范及标准不仅保障了数据的一致性和互操作性，还为设备的性能优化和功能拓展提供了可能。

设备数字化规范及标准确立了统一的数据格式，这些规范和标准让不同设备之间的"对话"变得可能，确保了信息的无障碍流通和高效交换。统一的规范是实现高度自动化和智能化的前提。

在数字化时代，设备不再是孤立的个体，而是通过网络相互连接的整体。设备数字化规范及标准的制定和实施，不仅要考虑经济效益，更要兼顾环境保护和可持续发展的要求。这些规范和标准通过优化资源配置和减少大量重复劳动，帮助我们构建更加绿色、高效的智能运维环境。

设备数字化规范及标准至少需要包含以下内容。

1）设备分类分层规范。
2）设备维修策略选用规范。
3）设备及部件名称规范。
4）设备异常及故障名称规范。
5）设备维护维修名词。
6）设备维护维修数字化规范。
7）设备数字化基础数据规范。
8）设备运行数字化规范。
9）设备下机状态评价规范。
10）设备状态监测技术选用规范。
11）设备状态监测系统选型要点。
12）设备监测系统设计规范。
13）传感器及监测系统安装标准。
14）监测数据设置规范。
15）设备预警值设置规范。
16）信息安全规范。
17）智能运维工作流程及变更流程规范。

上述规范及标准都有其必要性和特定的用途，在第10章将有详细的描述。规范和标准不是一次性完成的，需要有一个不断积累和完善的过程。至于哪些规范及标准需要先做、哪些可以后做、先做到什么程度，就需要设备管理者结合企业实际，充分发挥聪明才智来科学地决策。

通常，关系到全局的、基础的规范及标准需要首先完善，如上述规范及标准的第1～7条，就是首先需要完善的，应该在策划智能运维项目的同时就逐步开展，而且这些规范标准的制定一般很少产生额外的费用，可以先行开展。同时，这些标准都可以按照相应的成熟度等级要求，分期分批逐步完成。

上述规范及标准的第8～16条可以放在第二步制定，其中涉及了较多的专业内容，企业内部如果刚开始实施智能运维，如果在一些方面的专业知识还不能满足规范及标准制定，可以与高校、拟开展合作的专业公司等合作，当然制定规范与标准首先要客观公正，要以企业利益为第一考虑要素。

第 17 条规范可以在完成智能运维项目后再进行完善。

除了以上所述的规范及标准外，还有一些没有涉及的技术内容，它们可以以规范或标准的形式来体现，也可以按技术方案的形式体现，主要有以下这些内容。

1）数据传输格式。

2）数据接口协议。

3）数据分组技术要求。

4）数据闭环技术要求。

5）数据处理流程。

6）第三方软件版权要求。

7）数据平台架构。

8）分析功能及模型。

这部分内容主要与数据平台功能及其使用相关，而不像前一部分规范及标准基本与智能运维的业务直接相关，因此这部分内容没有纳入规范及标准中，但这些内容同样重要，需要在引入智能运维数字化平台时慎重考虑。

总之，设备数字化规范及标准是数字化的基石，为我们走向更加智能、互联、安全的目标铺平了道路。随着技术的不断进步，我们有理由相信，这些规范和标准将继续引领我们，跨越数字化的浪潮，迎接充满无限可能的未来。

7.3 设备数字化管理

设备数字化管理的核心在于对数据的分析及有效利用。通过安装在设备上的传感器以及各种方式获取了设备的数据后，怎么发挥这些数据的最大作用，是设备数字化管理的关键。

设备数据经过数据平台的处理和分析，不仅可以实现故障的早期预警，还可以优化设备的维护计划，实现"预知性维修"，这可以大幅提升设备管理的智能化水平。然而，数字化转型并非一蹴而就。它要求企业管理者具备前瞻性的思维，敢于打破传统的束缚，构建起一套适应设备数字化的管理体系。

要完成设备数字化管理，除了前两节所描述的制定合理的目标、制定及应用智能运维规范标准外，还有以下重要的工作。

7.3.1 保障设备数据的合规性和完整性

设备数据的合规性主要针对的是需要人工输入的数据，包括设备基础数据、设备维护维修数据等。在智能运维的初始阶段，在将设备数据导入数据平台时，尽管制定了设备数字化的标准，但在执行过程中难免存在各种偏差，需要有一个不断检查纠正的过程，在这个过程中，可以采用教导、劳动竞赛、鼓励先进等多种激励的方法促进数字化文化的形成，合适的时候再启用考核评价机制。

在形成数字化的氛围后,也要进行定期的检查与鉴别,以保障数据的合规性。

数据的完整性主要针对人工输入的数据和连续采集的数据,数据的完整性由已制定的设备数字化标准定义。对于人工输入的数据而言,除了需要进行合规性检测外,也需要进行完整性审核,完整性审核的内容包括设备基础数据、设备维护数据、设备维修数据等。连续采集的数据包括设备状态数据、设备运行数据、生产过程数据等,这些数据不具备完整性可能由数据采集系统设计、监测系统的维护、数据通信等环节的问题形成,因此对数据的完整性检查是一个长期的工作内容。

在开展设备智能运维的初期,需要确定设备分类分层的要求和标准,并推进实施,设备分类分层的一致性对设备维修方式的选择和整体设备运维的智能化、规范化有极其重要的影响,而设备分类分层在企业中的一致性需要通过标准及实施细则的确定来保障。

7.3.2 检查设备数据的质量、分组和闭环

设备数据的质量、分组和闭环主要针对数据平台自动获取的数据,包括设备状态监测数据、设备使用过程数据、设备工况数据、生产过程数据等。设备数据的质量检查包含以下多方面的内容。

1. 检查数据的质量

第一要保证数据的完整性,数据能够按设计要求将数据传送到数据中心,防止数据在中途丢失。

第二要保证数据的本来面貌,防止数据在传输过程中出现错位等问题,要保证各类数据在时间轴上能够对应。

第三是要防止干扰信号或无效数据进入数据平台。这方面需要有明确的检查考核机制,否则整个数据平台的数据都无法达到期望的效果。

在确保数据质量的前提下,可以检查设备数据的预处理情况,设备数据预处理中最重要的就是三个内容:第一是干扰数据或无效数据的剔除;第二是数据的分组;第三是数据的闭环。

2. 异常数据剔除

干扰数据或无效数据可能是数据采集中产生的,也有可能是数据传输过程中产生的,很多从数据的数值上就可以看出问题,如发现有设备振动是负值的、数据数值超过量程等不可能出现的数据存在数据之中,一定要查到出现问题的原因并将其消除,因为在复杂的数据传输过程中,出现这种异常数据一般是软件或硬件设备出现了问题,如一个数据包之中少了一些字节,而数据校验没有发现数据缺失,如果此时解析这个数据包,就相当于对一堆乱码进行解析,从而会出现一些不可能在实际中出现的数据。一旦这些数据没有被及时发现并进入了数

据库,将会导致不可预知的后果。因此对数据质量的监测不仅要在数据生成端进行监测,在数据进入数据中心时也需要对其进行判断,并及时剔除,避免数据中心存入干扰或无效数据。

3. 数据分组的检查

数据分组的检查包括以下工作。

第一,要看数据是否都进行了分组,分析没有进入分组的数据是否应该分组。

第二,要看一个数据分组内的数据是否完整,是否有不相关的数据,一般要求一个数据分组内的数据是完整的、相互有关联的。如一台设备的状态数据、工况数据、维护维修数据在一个数据分组是合理的,如果另一台设备的数据混入这一台设备的数据分组中就不合理。

第三,要看进入分组的数据是否能够在时间上同步,如一台设备振动数据采集时,有没有与之相对应的转速数据,这两者之间的时间关系如何?在时间上对应,这一点对设备各类动作的判别尤其重要,因此一个数据分组之间的数据一般都要求有时间上的对应关系。

第四,要分析一个数据分组中的各项数据在逻辑上的合理性,如一台设备显示有停机信号,当停机信号为真时,转速信号不为零,则表明信号之间不合逻辑。在一个数据分组中出现不合逻辑的数据组合,则这个数据分组的数据就不可信,不能作为案例进行学习。

4. 数据闭环的检查

在分组数据符合要求的情况下,可以检查数据闭环的情况。

数据闭环检查至少需要检查3个方面的内容,首先要检查数据闭环的合理性,即查验数据闭环事件在数据层面是否存在因果关系,查验数据闭环中数据项的完整性等内容。其次需要检查数据闭环中真实数据的闭环情况,检查数据是否正常被采集,数据的时序是否可信以及一个事件的所有数据项是否能够及时获取等内容。第三是要检查有时间限定的数据闭环能否按时响应,包括通过数据采集自动闭环和通过人机协同实现闭环的,对没有及时响应的需要了解超时的原因并协商解决。

在必要时,可以设定数据闭环的管理指标,使管理者可以通过管理指标清晰了解数据闭环的执行情况。

同时,设备管理者也需要投身其中,明确相应的管理要求,并将管理要求纳入设备数据闭环过程。

7.3.3 检查设备的数据流与工作流

数据平台是以数据驱动的工作平台,首先要检查设备数据流是否能够按照设计要求正常工作,检查数据流中各种特征量是否能够正常提取,检查各项预警值的设置是否合理及同类设备之间的预警值偏差情况等内容。

工作流与数据流是相辅相成的,二者相互配合,整个运维数据平台才能顺畅运行。为了保障设备异常及相应的维护/维修决策的合理性与可执行性。一般情况下，均需要人工确认或审核，在等待人工审核时，这一设备将不会自动进入下一个工作环节，因此需要设定人工响应的时限，这个时限与设备的重要程度和安全性要求有密切关系，一般可设定在30分钟至1个工作日之间。

人工审核需要明确相应的责任人，并设定委托责任人，在责任人暂离工作岗位时行使责任人的权利。

还需要检查工作流与数据流是否可以顺畅地互动，整体工作流是否与设计的流程一致等工作流的情况，及时发现工作流与数据流中存在的问题。

7.3.4 检查落实设备维修策略

需严格按照设定的设备维修策略进行各项维修安排。检查各项维护维修工作计划的源头，事后维修应该是设备故障驱动的，预防维修应该是设定的周期（包括按照设备的工作烈度等）驱动的，预知维修应该是按设备状态驱动的。特别要检查预防维修和预知维修中设备下机时的状态记录，这些记录应该是完整的，这些记录用来优化调整维修周期或设备的预警设置。

对不符合维修策略的维修工作，需要进行专门的分析，如果维修策略设置不合理，则需要优化。

7.3.5 设备事故分析及提炼

设备出现预料之外的故障是不可避免的。而通过事故分析纠正智能运维中的疏漏和问题是提高设备智能运维水平的有效途径。如果在预防维修设备或预知维修设备中出现了故障，我们需要对设备故障的原因、影响等进行深入分析。

如果是预防维修的设备故障，我们需要分析设备故障模式，从设备故障的机理上分析是由于过负荷导致的寿命缩短，以及因设备制造问题导致设备不能达到预期寿命或没有做好维护工作等。

如果是预知维修的设备故障，同样要分析设备的损坏机理、是否属于在线监测装置可监测的故障类型。如果是在状态监测技术可监测的范围内，需要分析状态监测的数据，分析没有预警的原因，如特征值选取不合理、预警值设置不合理、监测传感器安装位置不合理等，要得出分析结果并纠正不合理的设置或没有正确安装的传感器，以防再次出现同类错误。如果是在线监测系统不可监测的内容，则需要审核监测技术的选取是否合理，同类的故障可能性有多大等因素，以综合考虑解决方案。

7.3.6 制定智能运维评价指标

智能运维的评价指标有很多，需要选择合适的指标进行分析及制定指标的目标值。智能运维有如下评价指标。

1) **设备数字化率**：指设备数字化的比例，计算公式为

$$\frac{已数字化的设备数}{生产性设备总数} \times 100\%$$

2) **运维过程数字化率**：指已数字化的设备运维项次数占所有设备运维项次数的百分比，计算公式为

$$\frac{已数字化的设备运维项次数}{所有设备运维项次总数} \times 100\%$$

3) **设备状态数字化率**：指设备状态可以用数字化表示的设备占生产性设备总数的比例，计算公式为

$$\frac{状态数字化设备数}{生产性设备总数} \times 100\%$$

4) **设备数据完整度**：指设备数据在规定的数据要求中的完整程度，如一台设备在规范中要求有10项数据内容，而实际上仅填入8项，还缺了两项，则数据完整度为80%。

5) **数据采集完整度**：指数据采集过程中的数据完整度，如一台设备的监测要求是每小时采集一组数据，那么每天应采集24组数据，而实际上一天只采集了22组数据，其中有两组数据由于种种原因丢失了，那么数据采集的完整度为22/24=91.7%。

6) **数据可信度**：指数据平台中数据的可信度，可以按数据项次为单位评价，也可以按数据分组为单位评价，如数据分组中出现逻辑错误、出现超出合理范围的数据等，则为不可信数据。可采用抽样或全部评价的方法进行数据可信度评价，计算公式为

$$\frac{可信的数据分组数量}{数据分组总数} \times 100\%$$

一般情况下，该指标应为100%。因为数据中可能有逻辑错误，而在不分组时不能发现逻辑错误，因此已分组的数据应以数据分组为单位进行评价，未分组的数据可以按数据项次进行评价。

7) **设备数据分组率**：指设备数据进入设备数据分组的比例，计算公式为

$$\frac{进入数据分组的数据数量}{数据总数量} \times 100\%$$

8) **设备数据闭环率**：指设备数据分组中数据闭环的比例，计算公式为

$$\frac{数据闭环数量}{数据分组数量} \times 100\%$$

该指标一般需要达到100%以上。

9）**设备状态报警率**：设备预警的比例，计算公式为

$$\frac{预警的数据分组数量}{数据分组总数} \times 100\%$$

10）**设备状态预警准确率**：设备状态预警的准确性指标，计算公式为

$$\frac{准确预警的数量}{预警总数 + 应预警而未预警数量} \times 100\%$$

可以按月或年来计算。

11）**设备诊断准确率**：设备诊断的准确率指标，计算公式为

$$\frac{诊断准确的设备数量}{设备异常诊断报告的总数 + 未诊断出故障但发生故障的设备数量} \times 100\%$$

可以按月或按年来计算。

12）**维护维修措施准确率**：设备诊断报告中推荐的维修措施准确率，计算公式为

$$\frac{维修措施准确的数量}{设备异常诊断报告总数} \times 100\%$$

可以按月或年来计算。

13）**设备预防维修适时率**：衡量预防维修周期准确性的指标，计算公式为

$$\frac{维修时机恰当的设备数量}{预防维修设备总数} \times 100\%$$

其中，预防维修设备总数中包含未到期提前损坏的设备、维修时机恰当的设备和维修时机过早的设备。

14）**设备维修数字化率**：指设备维修过程的数字化率，计算公式为

$$\frac{数字化台次数}{维修设备总台次数} \times 100\%$$

15）**设备维修数字化准确率**：指在设备维修过程中，数字化工作的准确性和合规性，计算公式为

$$\frac{数字化准确的台次数}{数字化的总台次数} \times 100\%$$

设备智能运维的评价指标还有许多，如标准执行率、规范与标准覆盖率等，并且可以沿用常规设备运维的很多评价指标，例如设备利用率、油耗指标、设备维修一次试机成功率、设备维护达成率、设备维修平均寿命等。当然，也可以根据企业实际设计更符合企业要求的评价指标。

设备数字化管理给企业带来了深层次的影响，它改变了企业与设备之间的关系，从单

纯的使用和维修转变为深入的理解和互动。设备数字化管理是一场全方位的革新，它不仅改变了设备管理的方式，也改变了企业的运营模式。在数字化时代，设备管理者要面对挑战，不断创新，探索出一条设备数字化管理的新道路。

7.4 设备数据资产化

在数字经济的浪潮中，数据已成为企业重要的战略资源，设备数据资产化已成为企业转型升级的关键一环。设备数据资产化不仅仅是技术层面的革新，更是一场涉及管理、文化和战略的全方位变革。

设备数据资产化的核心工作内容涉及以下多个步骤，每个步骤都至关重要，缺一不可。

7.4.1 确立数据治理架构

数据资产化的第一步是建立一套完善的数据治理体系。这包括制定明确的数据管理政策、规范数据的采集、存储、处理和分享流程。通过设立数据管理委员会等组织结构，确保数据治理的有效性和合规性。只有当数据的质量得到保障，其价值才能被充分挖掘。

本书中特别阐述了数据采集的各种途径、数据采集的标准化要求以及数据处理的要求等，可以作为数据治理的参考。数据治理体系的作用就是要保障数据是通过各种数据的采集、通信、处理、存储、应用的要求和标准的，数据治理体系还能够监督实施过程，保障数据质量，使数据有更高的价值。

7.4.2 搭建高效的数据平台

技术是实现数据资产化的基石。搭建一个集中、高效的数据平台，集成先进的数据库技术、数据处理工具和分析模型，是实现数据资产化的物质基础。平台应具备强大的数据处理能力和灵活的服务接口，以适应不断变化的业务需求和技术发展。

设备智能运维数据平台作为企业智能化的一部分，一般应与企业的数据中心共享计算资源，包括计算能力、存储能力和数据库服务等。这样可以降低企业整体的数据中心资金投入，当然也可以采用其他适合企业实际的解决方案。

智能运维数据平台软件部分功能的基本要求将在第 8 章中描述，其功能还需要视企业实际进行必要的补充，一般需要定制开发。由于设备智能运维有鲜明的专业属性，因此在选择软件供应商时要充分考虑其各方面的能力和业绩。

7.4.3 推动数据文化建设

数据文化的树立对数据资产化至关重要。它要求企业内部形成一种以数据为中心的思维方式和决策习惯。培养员工的数据意识，鼓励跨部门之间的数据共享与协作，从而激发数据的潜在价值。在数据文化的建设方面，特别重要的是需要尽可能打破原有的体制壁障，消除小团体之间的信息壁垒，使各类信息得到无缝的衔接。一个成熟的数据文化，能够促进信息的流通和知识的积累，为企业创新提供土壤。

设备智能运维涉及众多的部门和协作单位，会形成一个有关智能运维的生态圈。数据文化除了在企业内部树立，也需要在整个智能运维的生态圈宣传，让数据文化也可以跨地域、跨企业传播，使我们的数据获取范围更广、更全面。

7.4.4 保护数据安全与隐私

在数据资产化过程中，安全性和隐私保护是不可忽视的一环。采取严格的数据加密技术和访问控制措施，防止数据泄露和滥用。同时，遵循相关法律法规，尊重用户隐私，平衡好数据利用与个人权益之间的关系。

由于设备智能运维工作的复杂性，设备维护、维修工作一般在设备现场完成，因此维护维修的数字化工作也应该在现场完成。这样就要求维护维修数字化工作在手持式的终端上完成，一般情况下是使用手机或平板电脑。为了节省投资、方便使用、方便携带，通常推荐使用个人的手机，企业给予一定的手机使用补贴。但手机一般没有特殊设置都使用公网，因此可能带来信息安全的隐患。数据中心一般使用企业内部网络，与公网相比更具安全性，要实现手机APP与企业数据平台的信息互通，就需要解决内部网络与公网的数据安全接口问题。

7.4.5 开展数据价值挖掘

数据的价值在于应用，数据价值挖掘通过科学的方法和先进的技术，揭示出数据背后的规律、趋势和洞见，为企业决策提供支持，为社会发展注入动力。

数据与传统资源不同，其价值并不直观，需要经过精细的加工和分析才能显现。在数据的探索和分析阶段，智维分析师需运用统计学、机器学习等方法，对数据进行深入探究，寻找那些隐藏的模式和联系。通过对历史数据的分析，可以预测未来的趋势；通过对各类设备备件的生命周期研究，可以优化选型或优化设计；通过对预防维修设备期末状态的研究，可以优化预防维修的周期或改进设备的局部性能，以更大程度地延长设备服役周期。数据的价值在这一过程中被逐渐挖掘出来，转化为企业的竞争优势和社会的共享财富。

数据价值挖掘的目标是实现数据的智慧化利用。当我们能够从数据中提炼出有价值的信息，并将这些信息转化为实际行动时，数据就真正变成了一种资产，它可以驱动创新、提高效率、提升设备运维质量。在这个过程中，每一个人都是参与者，也是受益者。我们共同创造数据，也共同分享数据带来的成果并最大化数据的价值。

7.4.6 监测与优化数据资产

数据资产化是一个动态的过程，需要定期对其效果进行监测和优化。通过设置关键绩效指标来跟踪数据资产的表现，并据此调整策略和流程。优化工作不应仅限于技术层面，还应涵盖管理、文化等方面，以确保数据资产的持续增值。

监测与优化数据资产的关键点有以下 3 个方面。

1）**数据处理与清洗**。要检查设备数据是否按照设定的要求持续稳定地获取，可通过监测算法和模型的处理，发现数据获取过程中的各种问题，这一过程对持续保持数据的获取至关重要。

2）**数据分析**。通过对数据的深入挖掘，可以揭示设备运行的规律和趋势，为设备的运维优化升级提供依据。要不断探索高级的分析方法如机器学习和人工智能等，使我们能够从复杂数据中发现新的内涵，预测未来，为企业带来竞争优势。

3）**数据的应用与创新**。设备数据资产化是一项系统工程，它要求企业在技术、管理和战略层面进行全方位的考量和布局。通过精细化的数据采集、安全可靠的数据存储、高效准确的数据处理、深入细致的数据分析以及创新应用的推广，企业就能够将设备数据转化为宝贵的资产，从而在激烈的市场竞争中占据有利地位，实现可持续发展。

7.5 追求价值最大化

在追求价值最大化的过程中，一个关键的转变是从追求狭隘的局部利益转变为考虑整体或全局的最优。这种全局价值最大化的视角意味着，决策和行动不仅要考虑直接相关的利益方，还要考虑到更广泛的社会、环境和经济影响。追求价值最大化，需要从以下方面进行重点关注，拓宽视野。

1）**明确并聚焦核心价值**。明确所追求的核心价值是什么。这个核心价值应该是企业的核心价值，而不是设备运维领域的局部价值。

2）**精确的数据驱动决策**。在做出任何决策之前，确保有足够的数据来支持你的选择，包括设备状态数据、生产数据、产品订单、用户反馈、财务信息等。精确的数据可以帮助你更准确地预测结果，从而做出更有价值的决策。

3）**持续优化流程**。不断地审查和优化你的工作流，以消除浪费和提高效率。这可能涉及简化流程、引入新技术或重新分配资源。通过持续优化，你可以确保你的组织在运营上保持高效，从而实现更大的价值。

4）**培养与激励人才**。人才是实现价值最大化的关键。确保你有合适的人才来执行你的战略，并为他们提供必要的培训和激励。一个充满激情和能力的团队，将为你带来无限的可能性。

5）**关注客户需求和变化**。设备运维服务于企业的生产需求，客户的需求和期望是不断变化的，密切关注这些变化，并调整相应的设备管理策略。

6）**考虑整体利益**。全局价值最大化要求我们拓宽视野，从更宽广的角度看待问题。这意味着不仅要关注自身的利益，还要考虑到整个生态系统、社会和环境的长远利益。在企业设备运维管理中，除了追求经济利益和提升设备运维水平外，还应考虑企业的整体效益，可能还需要考虑社会责任和可持续发展。可以通过推动环保和节能减排等措施，实现经济效益和社会效益的双赢。

7）**建立合作与伙伴关系**。为了实现全局价值最大化，需要与不同的利益相关者建立紧密的合作关系。可能需要跨越组织、行业或国家的界限，与不同的利益相关者建立合作关系。这种合作可以带来资源共享、知识转移和规模经济，从而实现更大的整体价值。这些利益相关者可能包括供应商、客户、社区、政府等。通过合作建立伙伴关系，可以建设设备智能运维的生态圈，进而实现共赢。在设备智能运维领域，必定存在一些强关联的企业，如数据平台开发、监测系统供应商、平台服务商等，企业可以与供应商建立长期稳定的合作关系，形成利益共同体。在确保自身需求和利益的情况下实现共同发展，从而实现整个生态链的价值最大化。

8）**促进可持续发展**。在追求全局价值最大化的过程中，需要注重可持续发展。这意味着在追求经济利益的同时，也要关注环境、社会方面的因素。通过采取可持续的商业模式和实践，可以确保最大化价值与长期利益相一致。例如，在设备的备品备件修复方面，可以积极推进设备再制造工作，不仅可以为企业节省新备品备件的采购成本，也可以促进维修企业的发展，从而更充分地利用社会资源，为社会的可持续发展做出贡献。

9）**加强创新和研发投入**。创新是推动全局价值最大化的关键。在设备运维领域，可以通过不断研发新技术、新产品和新的维护维修方法，不断提升各类指标，推动设备智能运维的整体进步和发展。

10）**培养全局思维和文化**。实现全局价值最大化需要培养一种全局思维和文化。这意味着组织或个人需要具备超越局部利益的意识，愿意为了整体利益而做出牺牲和妥协。通过培养全局思维和文化，可以确保决策和行动更加符合全局利益。

11）**长期视角与未来预测**。具备全局价值最大化思维的组织或个人需要具备长期视角，并有能力预测未来的趋势和挑战。通过制定长期战略、进行前瞻性投资和创新，可以确保在不断变化的环境中保持竞争优势，并实现持续的价值增长。

12）**持续改进与自我反思**。在追求全局价值最大化的过程中，需要保持持续改进和自我反思的态度。不断评估自己的决策和行动是否符合全局利益，及时调整战略和计划。通过不断学习和改进，可以确保自己始终处于行业前沿，为全局价值最大化做出更大贡献。

综上所述，全局价值最大化要求组织或个人在追求利益的同时，也要考虑到对整个生态系统的影响和社会责任。通过跨领域合作、促进可持续发展、承担社会责任、具备长期视角，以及持续改进和自我反思，可以实现更大范围的价值。

7.6 资源配置

在现代企业中，设备管理不再是单一的技术支持职能，而是提升生产效率、保障项目顺利进行的关键因素。资源配置作为设备管理的核心环节，旨在将有限资源以最合理、高效的方式分配到设备运维的各个环节和领域，确保设备稳定、安全运行，为企业持续创造价值。它要求管理者不仅要精通技术，更要具备相应的智慧，以确保设备的最优使用和维护。

资源配置的首要任务是确保设备能够满足生产的需求。这需要管理者对生产设备的性能、状态和生产能力有深入了解。通过对生产线细致分析，让每台机器都能在其最擅长的领域发挥最大的效用。这样的资源配置不仅能够提高生产效率，还能降低因设备不当使用而导致的故障率。

（1）人员配置的持续优化

在设备智能运维中，专业、高效的运维团队是不可或缺的。为了持续优化人员配置，企业需要选拔具备丰富经验和专业知识的工程师，并注重团队成员之间的协作与沟通。通过定期培训和技能提升，可以确保团队始终保持最佳状态，快速响应各种设备问题。此外，建立有效的激励机制和绩效评估体系，以激发团队成员的积极性和创造力，进一步提高运维效率。

（2）技术资源的创新与整合

技术资源的创新与整合是设备智能运维的核心。企业需要积极引入先进的监测、故障诊断和数据分析技术，不断优化现有的技术架构。同时，整合多种软硬件资源，形成一套高效的智能运维数据平台，为设备的安全运行提供坚实保障。通过技术创新和资源整合，可以提高设备运维的智能化水平，降低运维成本，提升企业的竞争力。

（3）物资的精细化管理

通过精细化的物资管理，可以确保设备故障得到及时修复，减少停机时间，提高设备的整体运行效率。物资的精细化管理对于设备运维至关重要。企业需要根据设备的运行状况和维修需求，精准预测并储备必要的备件、耗材和工具。同时，建立完善的物资采购、存储和使用制度，以降低库存成本、减少浪费、提高资源利用效率。

（4）财务资源的优化配置

财务资源的优化配置是实现设备智能运维的重要保障。企业需要制定科学的财务预算，确保设备智能运维所需的各项资源得到充分保障。同时，资源配置还涉及成本控制的考量。设备的采购、维护和更新都需要大量的资金投入。因此，管理者在进行资源配置时，需要权衡各种成本因素，实现成本的最小化。通过精细化管理，可以在不牺牲生产效率的前提下有效控制成本，提高整体的经济效益，从而实现财务资源的最优化配置，进而能够确保设备智能运维的可持续发展，为企业创造更大的价值。

此外，资源配置还要考虑到环境的影响。在可持续发展备受重视的今天，企业在进行设备配置时，应当尽量选择环保型设备，以减少生产过程中的污染排放。同时，通过优化设备使用流程，提高能源利用效率，企业不仅能够减轻对环境的影响，还能够提升自身的绿色形象，赢得社会的认可和支持。

资源配置并非一成不变。随着市场需求的变化和生产技术的发展，设备的配置也需要不断地进行调整。管理者应该具备前瞻性，通过对市场趋势的准确把握，及时调整资源配置策略，以适应生产需求。这种动态的管理方式，不仅能够保持企业的竞争力，还能够在一定程度上预测并规避风险。

资源配置不仅是设备管理的技术问题，更是一门追求效率与平衡的艺术，它体现了企业对于资源利用的把握和对未来发展的深远考量。

7.7 组织架构优化

随着智能运维、数字化转型的不断推进，组织架构优化已成为企业提升运营效率、促进创新和应对数字化转型的关键手段。通过精心设计和调整组织架构，企业能够更加适应数字化环境，提高决策效率，并确保资源得到最合理分配。组织架构优化主要有以下重点工作内容。

1）**自我分析**：在进行组织架构优化之前，企业需要进行深入的自我剖析。具体包括详细审视现有组织架构在设备数字化环境下的优点和不足，全面识别业务流和数据流在运行过程中的问题和瓶颈，并对员工的能力与潜力进行客观评估。这一步骤旨在为企业提供全面而准确的内部诊断，为后续的优化工作奠定坚实的基础。

2）**明确目标**：明确优化目标是企业组织架构调整的关键。目标可能涉及提高决策速度、增强创新能力、降低成本、提升数据价值、突破数据分析瓶颈等多个方面。为了确保优化目标与企业的整体战略保持高度一致，企业需要在制定目标时充分考虑智能运维的发展趋势、当前需求与长期需求、企业自身实力增长等因素，并应与数据平台的数据、经验、知识共享的能力相结合。

3）**优化策略**：在组织架构的优化过程中，可以采取多种策略，如扁平化管理、跨部门协作、灵活的工作安排等。扁平化管理有助于减少决策层级，加快决策速度，提高执行力；跨部门协作则能够打破部门壁垒，促进信息共享和沟通，实现资源的优化配置，特别是在数据平台上，数据及工作结果在很大程度上是双向透明的；灵活的工作安排则能够满足员工个性化需求，提高员工的工作满意度和忠诚度，在数据平台的支持下，智能运维中的部分工作已不再受时间、空间的限制，可以安排如弹性工作时间、居家办公等灵活的工作方式。

4）**提升员工能力素质**：企业需要关注员工的培训和发展。通过提供必要的培训和支持，帮助员工适应新的智能运维角色要求，使员工成为合格的智维工程师、智维分析师、智维维护师及智维管理师，这不仅可以提高员工的综合素质和专业技能，还能够激发员工的创造力和参与度，为企业创造更多的价值。

组织架构优化是一个持续的过程，需要企业不断地评估和调整。随着市场环境的变化和企业自身的发展，组织架构也需要不断地进行优化和升级。通过不断地优化组织架构，企业可以不断提升自身的竞争力和适应能力，实现可持续发展。

第 8 章 设备数据平台

设备数据平台是一个集数据汇集、实时监控预警、故障诊断与预测、维护维修、数据分析及展示于一体的平台，服务于所有设备运维人员。

建设设备数据平台要处理好与原有设备管理系统的关系，多数企业原来都有设备管理系统，担负设备资产管理、状态管理、备件管理、检修管理等职责，随着智能制造的发展，原有设备管理系统已不能满足相应的要求，一些先进企业已经开始在原有设备管理系统的基础上研发新的智慧型设备管理系统。在设备管理上，不能有两个独立的系统，否则会让广大设备人员无形中增加很多工作量，同时，设备数据分布在不同的系统，不能形成完整的设备数据，与设备数字化转型要求不符。

解决这种问题的方法有 3 个。

一是在设备数据平台与原设备管理系统之间开发数据接口，形成一个无缝融合的完整的数据中心，然后在两个系统之上开发一个用户入口界面。两个系统之间的转换在这个界面内完成，可以让用户感觉是在使用一个系统。

二是改造原有设备管理系统，使之能够具有设备管理及数据平台的全部功能，这种方法需要软件开发方充分理解智能运维的需求，并且需要对原有管理系统中的一些设备管理方法做智能运维的适应性改造。

三是重新开发新的设备数据平台，将原有的设备管理功能按智能运维的要求优化后加入新的数据平台之中，形成一个完整的具备全部设备管理功能且能满足设备智能运维需求的数据平台。具体选择什么方法实现数据平台，需要按照企业的实际需求、软件开发能力及资金投入等情况来确定。

下面就按设备智能运维的需要对数据平台的功能要求进行描述。

8.1 数据来源及数据预处理

在设计设备智能运维数据平台之前，我们需要了解：平台中需要包含哪些数据，是什么数据类型，数据的采集频率怎么样，数据的流量是多少、数据总量在什么级别、数据怎么采集等内容，只有明确了数据的整体情况，做数据中心的设计才能符合应用的需求而且不造成资源的浪费。在确定了数据的来源和数据的体量后，还需要确定数据中的特征量，如振动、声音、图像等信息，这些特征量是设备数据的衍生数据，是数据的组成部分，同时确认数据来源也方便对数据进行分析。数据平台还需要对数据进行预处理，实现第5章中对数据预处理的要求。

8.1.1 数据平台的数据来源

数据平台的数据来源决定了数据平台的数据体量，通常来说，设备数据至少需要保存一个完整的设备生命周期，由于设备种类不同，其生命周期有较大差异，因此数据保存周期可以根据管理要求设定。数据平台的数据来源一般来说有以下几类。

（1）设备基础数据

设备基础数据包含设备的名称、类别、生产厂家、上机时间、设备编码等内容，具体数据要求可参见第4章。

设备基础数据的来源可以是原设备管理系统、原设备台账或设备设计资料等，需要包含所有的生产性设备，同时非生产性设备最好也纳入数据平台以满足设备资产管理的要求。

需要注意的是，设备基础数据中需要包含设备分类分层的信息，以方便区分同类设备以及划分设备维修方式。

（2）运维人员数据

设备运维人员数据用于确定数据平台的用户数量和用户权限，对设备智能运维数据平台来说，每天需要登录平台的人员基本是设备运维的直接参与者。当然人员数据也可作为数据平台登录时权限分配的依据。

企业的设备维修人员可能是协作单位的人员，在测算人员时需要将这部分人员也计算在内。另外，一些离线设备修复或再制造的协作企业，也可以加入数据平台之中，以便及时掌握维修备件的维修进度和维修质量。

运维人员数据可以从企业的人力资源数据库中获取，协作企业的数据可以从单独建立的协作人员数据表中读取。

人员权限管理作为信息系统的通用管理功能，在本书中不再赘述，但智能运维数据平台需要按管理要求设定人员角色和相应的权限。

（3）设备运行数据

设备运行数据一般是通过PLC、DCS等工业自动化系统获取的，与生产过程数据相比运行数据的频度较低，数据数量较少。因此，设置单独接口获取设备运行数据的单位成本较高，可以考虑在获取生产过程数据的同时获取设备运行数据，以降低成本。

（4）设备状态数据

设备状态数据包括通过增设传感器等检测装置采集的在线设备状态的数据、现场点检人员获取的设备点检数据，以及生产过程数据等，有多种数据类型，如振动、温度、电压、电流、压力、流量、图像、视频、音频等各种格式的数字文件，整体数据量较大。在线监测数据一般通过专用的数据采集器进行数据采集，然后通过数据接口与数据中心互联，传输到数据中心的数据大部分是经过数据采集器端处理的数据。其数据的总量可以根据每类传感器的数量及传感器的数据量估算出来。注意，这类数据的存储年限一般要求为5年以上，因此需要按此来估算数据中心的存储能力。点检数据一般可通过手持式终端等设备将数据输入并传输到数据中心。生产过程数据一般通过PLC、DCS等工业自动化系统的接口获取，需要注意的是，用生产过程判断设备状态的数据采集频率是根据设备特性及判断要求而变化的，需要选择合理的数据采集频率。对一些需要高频采集的生产过程数据，需要注意不能过多占用原控制系统的计算资源，以免影响系统性能。

（5）设备维护数据

设备维护数据是指在设备维护过程中收集的各种数据。设备维护数据通常包括设备的维护时间、维护内容、维护人员、维护结果等信息。一般可通过手持式终端等设备将这类数据输入。对于一些自动维护型的设备如自动加脂设备、维护机器人等，可以通过相应接口输入设备维护数据。

（6）设备维修数据

设备维修数据是指设备维修过程中获取的数据。维修过程中的数据包含设备检查、拆卸、安装、调试等维修过程的一系列数据，这类数据一般可通过手持式终端等设备进行输入，一般需要点检人员审核后进入数据平台。

（7）设备备件数据

设备备件数据一般在原设备管理系统的备件子系统中获取，但由于各企业的管理方式不同，在智能运维平台中的设备备件数据应包含备件、材料、循环品、修复件、机旁备件等信息，设备备件相应的成本信息可能在一些企业的采购系统中，需要有获取数据的相应接口。

（8）各类设备运维规范标准

设备运维的规范标准应与数据平台的功能相结合，并不是简单地将标准放在标准库中。如某类设备的基础数据，标准中有规定的数据项，在数据平台中就需要在设备基础数据的输入界面中体现出相关的数据项，而且是必选项，如果数据缺失则数据的完整度就不能达到100%；再如，设备的规范要求一台设备需有几个监测量，而如果输入的监测量没有达到规范的要求，则需要有提醒，同时要体现在数据完整度的统计上。

8.1.2 对数据平台的能力要求

数据预处理要求数据平台中有数据清洗、数据整理、数据变换、特征量提取等功能，也要求数据平台提供数据分组与数据闭环的设定工具和确认工具，以方便进行数据分组与数据闭环工作在数据平台中开展。

1) **对数据预处理功能的要求**。数据平台需要有数据预处理能力，以完成对数据的预处理。预处理的内容包括数据清洗、数据整理、数据变换、设备状态特征量提取等。可以按照第5章中数据预处理的要求和方法实现数据的预处理。

2) **数据分组的设定**。数据平台中需要有数据分组的设定功能，可以实现将数据中心中某一区域的数据项作为选择范围，在这个范围内选择合适的数据项进入数据分组。同时需要提供数据分组的命名及需要的其他功能，如设备图形拖曳、系统功能图嵌入、数据分组内预警模型选择、工况数据与预警模型对应等功能。这里数据项的选择一般指数据的映射，数据还是集中存储的。需要注意的是数据分组的设定功能中还需要与数据清理功能联动，实现重复数据、无效数据的判别。一些时序数据或需要时间对齐的数据，也只有在数据分组中才能够识别，因此也需要有一种数据问题的反馈机制，以促进数据质量的提升。

3) **数据闭环的设定**。数据闭环的设定是设定一个事件前后关系的框架，与数据项有关，而与是否已经有实际数据无关。就如在购物网站买东西一样，是先设定购物流程，如下单→付款给购物网站→商家发货→收到货物→确认收货→网站给商家货款这样的流程。这个流程并不是下单后才产生，而是事先就设置好的闭环流程。设备数据的闭环同样也如此。数据的闭环根据闭环目的，可以是嵌套的。同时数据闭环中一些环节需要设定时间限制，到达时间未有反馈时需要发出提醒，就如同网络购物中收到货物后，在限定的时间内如果不确认收货就会自动确认收货一样。

4) **数据分组的确认**。在设定数据分组后，一般情况下需要有一个审核或批准的流程，这需要配套相应的管理流程，数据平台中应提供这种功能。

5) **数据闭环的确认**。对设定的数据闭环，与数据分组一样，也需要有审核和批准的流程。与数据分组不同的是，数据闭环在运行中可以分为两种：一种是根据自动采集的数据实现自动闭环的；另一种是需要人工输入数据确认闭环的。对于需要人工输入数据实现闭环的，如维护结果、维修结果等，除了需要输入维护维修的数据外，还需要对维护维修的周期或设备状态诊断结果及维修建议的合理性和准确性进行评价，这个评价是这类数据闭环的关键。后续的数据闭环要求就是需给出类似的评价意见，而不是直接点击数据闭环按钮。

8.2 基本功能架构

数据平台的基本功能是指智能运维流程中所必需的功能，不包含设备管理的常规功能，在数据平台整体设计时，需要结合设备管理的整体需求进行总体设计。

不同的设备智能运维成熟度等级对数据平台的功能要求是不同的，但在设计数据平台时必须充分考虑数据结构及平台的可扩展性，以保障系统升级时原有平台的数据及功能的可用性，从而最大限度地保障数据平台的资金投入效率。

各成熟度等级的数据平台基本功能要求如下。

8.2.1 成熟度一级的数据平台基本功能

设备智能运维成熟度一级的数据平台基本功能如图 8-1 所示，从下往上分为 4 层，分别是输入层、数据处理及存储层、数据分析及支持层、应用层。

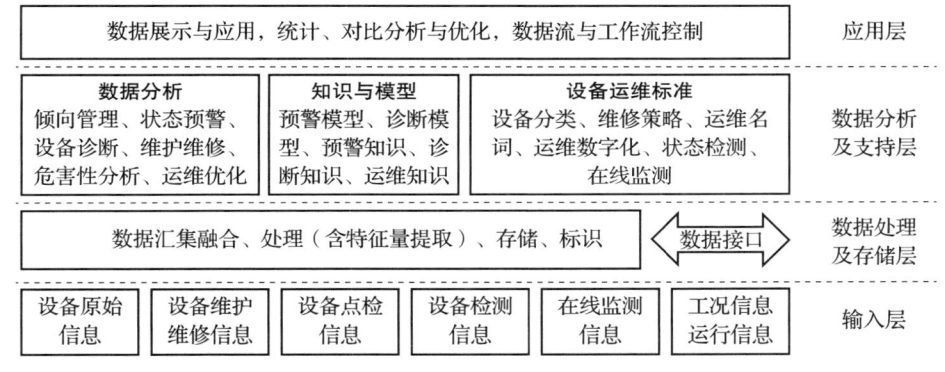

图 8-1 智能运维成熟度一级的数据平台基本功能

在输入层，包含了各类设备数据的输入功能，需要有相应的 APP 或终端软件、连接数据采集器的接口、获取工况数据及设备运行数据的接口等。

数据处理及存储层解决数据的预处理问题，包括去除错误数据、数据归一化、数据时间对齐、特征量提取、数据分组、数据闭环等，是保障数据质量的关键环节。其数据接口是为了与其他相关系统进行数据交互的，如人力资源系统、采购系统、生产系统、财务系统等，需视具体需要开通相应的接口。

数据分析及支持层是进行各类数据分析的功能层，应具备完整的分析工具，以便分析师对数据进行分析。各类模型主要提供设备状态的预警以及替代部分人工分析，各类知识为设备的预警、诊断及运维决策提供规则及经验。各类标准是为了获取的数据具有更好的一致性。

应用层的功能是将设备数据的分析结果与设备运维结合起来，以达到最佳的效果。同时分析数据系统的数据流与工作流的相互作用，以优化数据流和工作流，使之相互作用，进而发挥最大作用。

8.2.2 成熟度二级的数据平台基本功能

设备智能运维成熟度二级的数据平台基本功能如图 8-2 所示，与成熟度一级一样从下往上分为 4 层，分别是输入层、数据处理及存储层、数据分析及支持层、应用层。

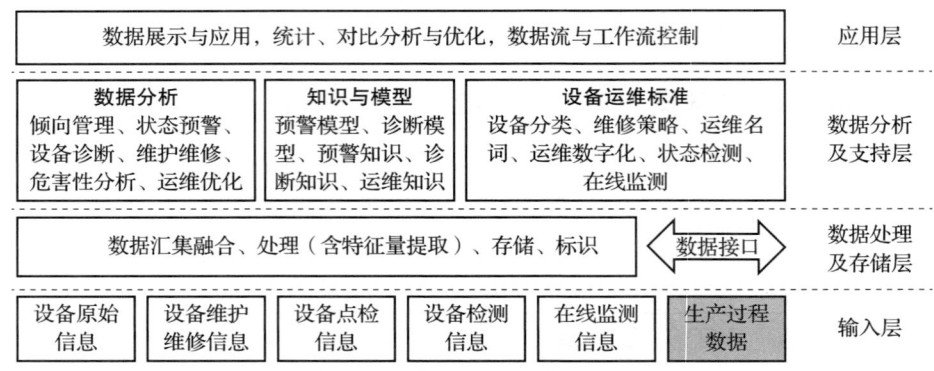

图 8-2 智能运维成熟度二级的数据平台基本功能

从图中可以看出，成熟度二级的基本功能与一级基本相同，只是输入层中的工况信息运行信息变为了生产过程数据。由于这一改变，就要求数据平台具有对生产过程数据进行分析和处理的能力，因此尽管数据处理及存储层、数据分析及支持层和应用层的功能名称没有改变，但其内涵和具体功能都有较大的提升。

由于生产过程数据的频度和体量是工况信息不可比拟的，这极大地增加了对数据处理及存储层的数据处理能力和处理速度的要求。同时二级的设备及种类数量也是一级的数倍，同样也提高了数据处理的要求。

在数据分析及支持层，由于二级的设备数字化程度有大幅度提高，其设备数据涉及的设备种类更多，那么知识与模型模块中也需要包含更多种类设备的运维知识和相应的预警、诊断模型，设备运维标准中也包含了更多种类设备的相应标准，对数据分析的要求也一样扩充了。由于生产过程数据的加入，需要有利用这些数据判断设备运行状态的能力。因此智能运维二级对数据分析模块、知识与模型模块及设备运维标准模块相比于智能运维一级都有更高的要求。

在应用层，由于生产过程数据的加入和设备种类的增加，对数据展示、分析与优化等的功能覆盖面也有较大的变化，因此应用层的功能相比一级也有较大的扩充。

8.2.3 成熟度三级的数据平台基本功能

设备智能运维成熟度三级的数据平台基本功能如图 8-3 所示，其功能层同样分为 4 层，分别是输入层、数据处理及存储层、数据分析及支持层、应用层。

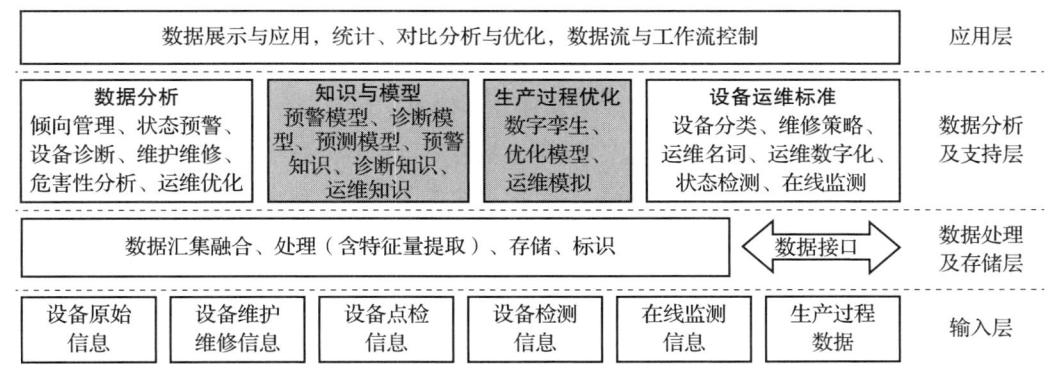

图 8-3　智能运维成熟度三级的数据平台基本功能

成熟度三级与二级的最大区别是设备的数字化已经覆盖了生产线的全部设备，因此各模块包含的内容相比二级均有大幅度的增加，同时也增加了生产过程优化的功能。

需要注意的是，成熟度三级不仅仅是简单地增加了设备数字化的覆盖率和模块功能，而是相比于二级更着重于设备的功能和精度，注重于设备与生产的相互协调，因此对生产过程数据获取的质量要求也比二级有明显的提高。这些数据在能够满足生产过程优化的同时，也能够满足在设备状态劣化的情况下计算出最佳的生产工艺参数。这样即便某台设备状态劣化导致负荷受限，也能通过新的工艺参数完成生产任务并保证产品的质量，兼顾设备与生产的双重需求。

8.2.4　成熟度四级的数据平台基本功能

设备智能运维成熟度四级的数据平台基本功能如图 8-4 所示。

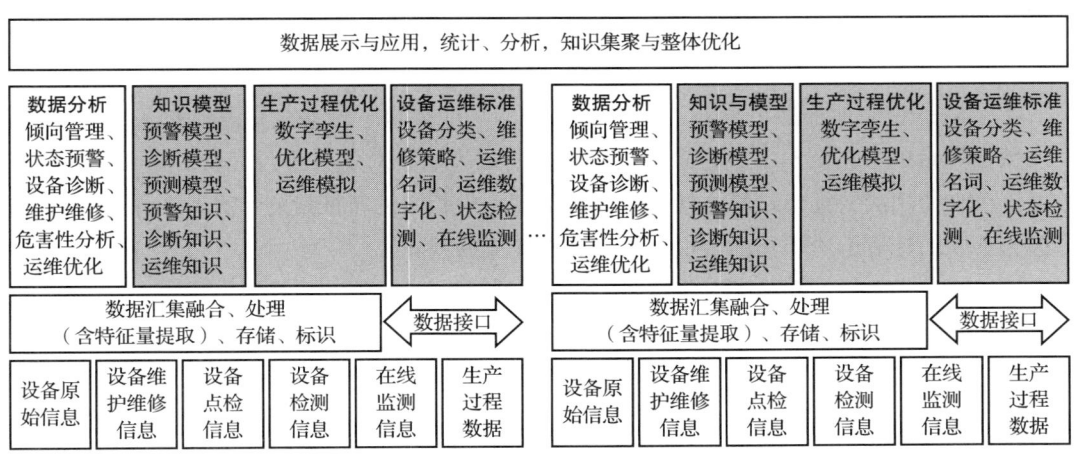

图 8-4　智能运维成熟度四级的数据平台基本功能

成熟度四级与三级最大的不同是**四级的数据平台是跨地域、跨企业的**，一般在大型企业集团中应用。

尽管是跨企业的，其中输入层、数据处理及存储层、数据分析及支持层分布在各企业中，但其中知识与模型、生产过程优化、设备运维标准等内容是统一的，可以实现各企业间的相互协同与借鉴，以达到相互取长补短的目标，使集团内各企业之间的设备运维水平与能力趋同并向高看齐。

8.2.5 成熟度五级的数据平台基本功能

设备智能运维成熟度五级的数据平台应符合智能制造五级的要求。设备智能运维数据平台作为智能制造系统的一环，与智能制造系统形成完整的系统，能够适应智能运维产业链需求，适合智能运维创新商业模式。

设备智能运维成熟度五级的数据平台除了能够完全实现成熟度四级的要求外，还需要与企业的采购、生产、销售等系统实现完全的融合，以企业价值最大化为目标，实现设备运维与企业核心价值的完全统一。相关要求可参考智能制造五级的相关要求。

8.3 分析工具的功能要求

数据平台获取到的数据除了数值型数据外，还有大量的振动、电流、声音、生产过程等波形数据，也称为时域数据。与设备相关的特征量都隐藏在这些波形数据之中，如波形的幅值、形状、频率成分等，需要通过相应的分析工具提取这些特征量。时域数据主要有波形的量值计算、波形的时域分析、波形的频域分析等计算分析方法，这些方法都需要数据分析模块提供相应的分析工具，以完成波形数据的分析计算和特征量的提取工作。对于生产过程数据，同样需要平台提供相应的分析工具，另外，对于许多管理数据，如设备备件的性价比、设备运维指标等，则需要一些计算及统计的工具。

本节对平台中所需要的分析工具提出相应的功能要求，这些是最基础的工具要求，在开发数据平台的分析工具时，企业需要结合自身的需求，对工具进行完善。需要注意的是，数据分析中使用的特征量计算方法需要与各类模型中相同的特征量的计算方法保持一致，这是因为不同的计算方法得出的特征量可能会有较大的差异。

8.3.1 波形数据的量值

波形数据的量值是衡量波形数据幅值等的重要指标，如在居民用电中，220伏为幅值的有效值，其量纲为伏特。正弦波表示其幅值的指标，有峰值、有效值、平均值、峰峰值等，波形在偏离正弦波后还需要更多的指标来反映波形的形状。波形数据可以被量化为两种类型的关键指标：有量纲的指标和无量纲的指标。

1）有量纲的指标有：有效值、平均值、峰值、峰峰值和方差。
2）无量纲的指标如下：
❑ 峰值因子（信号峰值与有效值的比值）
❑ 峭度（表示波形的平缓程度，用于振动冲击信号的评价）
❑ 偏度

另外，振动监测中还有指标：冲击平均值及冲击峰值。

注意，数据平台需要具备相应的工具，才能通过相应的波形数据计算这些量值指标。

有多种方法能够计算所需要的量值指标，不同的计算方法带来的计算误差也可能不同。例如，计算正弦波的有效值时最好提供整周期的数据，如果不是整周期的数据，可能与整周期计算的结果存在一定的偏差；峰值一般由所有的峰值进行平均得出，当波形数据存在拍频或调制时，计算所得的峰值就存在误差，可能与其他仪表所测得的数据有差异。因此需要根据实际需要选择合适的计算方法，并保证在数据平台中计算方法的一致性。

8.3.2 时域信号分析

时域信号分析是直接分析波形在时间上的状态变化的分析方法，通过波形的变化对比、不同通道间波形幅值、相位的差异等，可以分析大量的设备问题。以下是常用的时域分析方法，数据平台中须具备相应的分析工具以满足时域信号分析的需要。（本节部分内容摘自 GBT19873.22009《机器状态监测与诊断振动状态监测》第 2 部分振动数据处理、分析与描述。）

（1）时域波形显示与分析

时域波形分析是振动分析的基本方法。通常用示波器绘图分析一个瞬时振动的时域波形，并记录宽带峰值。比如，通过观察位移传感器的波形数据，可以发现划伤的轴颈，带有削顶或削底的波形则可以显示设备有摩擦、机械松动等现象。

多通道的时域波形显示和分析可以分析同步采集振动波形之间的相位关系，以及一些生产过程数据之间的时序关系。

时域波形显示分析应具备良好的人机界面，以方便分析人员的分析需求为设计目标。

（2）拍

拍的示例如图 8-5 所示，呈现出不规则的包络线，及起伏不平的波形。这种信号由两个频率和幅值相近的分量组成，称为拍，它是信号叠加的一种特殊情况。一个典型的例子是双桨船的两个螺旋桨频率叠加所产生的效果，其中两个信号的峰值交替相加和相减。拍的长度大致相同，在"腹部"的峰值之间的距离不同于在"腰部"的距离。腹部和腹部的包络线的距离分别代表了两个分量的峰值的和与差。由异步电机驱动的两个耦合（压缩机或其他）机器产生的振动（鼠笼电机断条也是其中之一）也可视为拍。

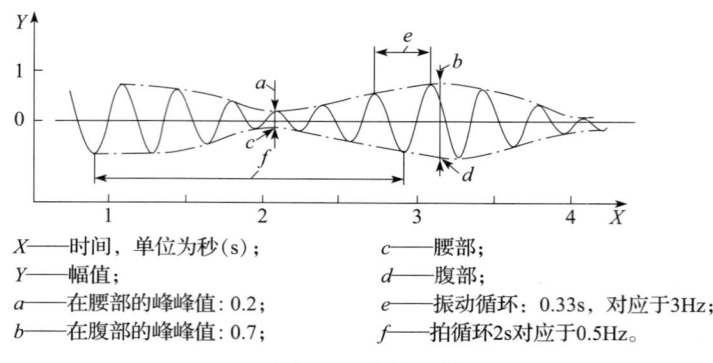

X——时间，单位为秒(s)；
Y——幅值；
a——在腰部的峰峰值：0.2；
b——在腹部的峰峰值：0.7；
c——腰部；
d——腹部；
e——振动循环：0.33s，对应于3Hz；
f——拍循环2s对应于0.5Hz。

图 8-5　拍的示例

（3）调制

图 8-6 显示了一个调制过程中的振动信号轨迹。它看起来与拍相似，事实上它只有一个分量，其幅值随时间变化（调制）。与拍明显不同的是峰的间距在腹部和腰部是相同的，但腹部的长度可能不同。齿轮故障经常会导致在齿轮转动频率上调制齿轮的啮合频率。

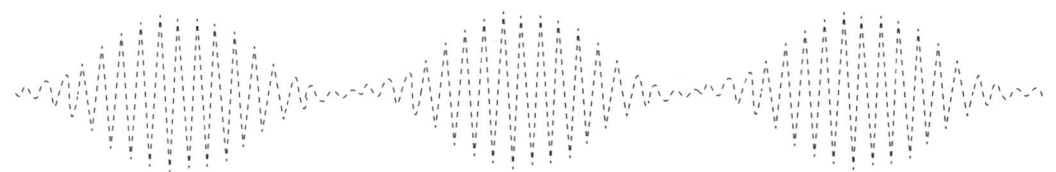

图 8-6　调制过程中的振动信号的轨迹

（4）包络分析

包络分析是对调制在高频信号中的低频信号的解调过程，包络检波是解调低频（包络线）信号的有效方法。包络分析为可靠地认知早期设备缺陷提供了方法。它最普遍的应用是对齿轮和滚动轴承的早期异常分析。包络分析的原理是当齿轮或轴承出现缺陷时，就会激发高频共振，这些共振包括传感器的固有频率或齿轮轴承部件的固有频率等，通常这些固有频率远高于缺陷频率，会被缺陷频率调制。而且这些高频分量比缺陷频率幅值更高，也更容易获取，因此通过解调（包络分析）这些高频信号，便可展现出不易获取的缺陷频率。

（5）轴心轨迹

在同一径向位置上相互垂直安装了两个位移传感器的任何机器都可以进行轴心轨迹分析。

通过正确解读轨迹，可以判断转轴的受力特性，并确定其是在正向（旋转方向）还是反向（逆旋转方向）涡动。轴心轨迹可以是未经滤波的，也可以是经过滤波的。典型的宽带（未滤波）和单一频率（已滤波）轴心轨迹如图 8-7 所示。

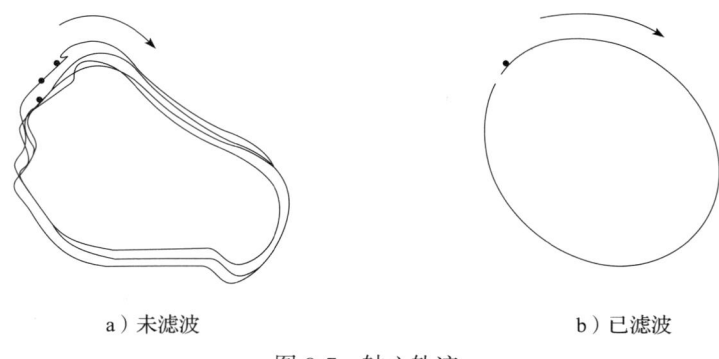

a）未滤波　　　　　　　　　　b）已滤波

图 8-7　轴心轨迹

轴旋转的方向是顺时针或逆时针取决于视图方向。如果涡动方向与旋转方向相同，就认为是正向涡动，反向涡动就是指涡动方向与旋转方向相反。在图 8-7 中，由于旋转方向和涡动方向都是顺时针的，因此是正向涡动。

（6）瞬态振动

瞬态振动通常用来描述机组在开机和停机期间得到的振动信息。结构的瞬态振动发生在被一瞬时力激励（该力可能是单个脉冲或一个短时振荡激励）后该激励停止时，结构趋向于它的固有频率振动，系统中的阻尼导致瞬态振动按指数衰减。

（7）时域平均

每一个信号都包含有与被监测的机器或设备的运动过程同步的分量，也有非同步的分量（含有独立于被监测系统的来源）。这些分量可以通过频率分析被分离出来。

时域平均需要一个参考脉冲或触发信号，通过时域平均，那些与参考脉冲或触发信号同步的信号会保持不变，而与参考脉冲不同步的信号会随平均次数的增加而减少，它们衰减的速率等于平均次数的平方根。

8.3.3　频域信号分析

大部分的设备状态分析是在频域完成的（如振动、电流、声音等），频域内拥有大量的有效信息及设备状态特征，因此数据平台需要有相应的分析方法（也可以认为是工具）来提取这些设备状态的特征信息。实现下列频域分析方法的分析工具对数据平台而言是必不可少的。

（1）傅里叶变换

傅里叶变换是将时域信号转换为离散频率或频带的基本方法，是识别构成总体时域信号中的正弦分量的有效手段。在系统中，傅里叶变换通常使用功率谱实现，能够满足设备智能运维标准中关于数据长度和分析频率等方面的要求。

（2）窗函数

如果采样包含非整数周期，分析时就会发生频谱泄漏（spectral leakage）。由于样本不能精确表示原始波形，导致频率域中的峰值变得模糊。窗函数可以减小这种泄漏误差。最通用的汉宁（Hanning）窗对周期或非周期信号都能取得可接受的效果。还有其他类型的窗函数可用于增强特定类型的信号。

对于瞬态过程，矩形窗可以产生较好的结果。海明（Hamming）窗可以给出比汉宁窗更窄的频谱峰，进一步降低边带的宽度。布兰克曼（Blackman）窗及其衍生的 Blackman Exact 和 Blackman Harris 窗给出的频谱峰比汉宁窗宽，但降低了边带的高度。平顶窗虽然牺牲了强信号附近的小信号，但相较于汉宁窗，它提高了幅值精度。平顶窗的频谱峰最宽，边带与汉宁窗相当，峰的顶部对随频率变化的电平读数是最平坦的。平顶窗也可以用于校准。通过修改采样偏置，窗函数可以改善异步波形图，如频谱图、级联图、瀑布图。

在进行傅里叶变换时，通常需要加窗函数。对特定的时域信号，在选定窗函数后，一般情况下不宜改变，因为不同的窗函数得到的频域数据会有较大差异，因此频域历史数据的比较需要有相同的窗函数。

（3）谱平均

依据信号的频率分量，单一的快速傅里叶变换（FFT）可能只需记录几分之一秒或几秒。而对于调制信号，可能需要较长的时间来建立稳定的平均幅值。因此，逐次平均是 FFT 分析的一个非常重要的功能。如果仅有一个通道可用，那么在每一段中的绝对幅值平均时不考虑相位。完全谱（实部和虚部）的平均则需要借助采样过程中的触发信号使每一个连续谱同步。

（4）对数谱（以 dB 标注）

在振动记录中，通常存在很多幅值变化很大的频率分量。其中许多小幅值分量是非常重要的，但在线性坐标系中几乎看不到。对数谱通过压缩大幅值分量，增强了小幅值分量，使所有显著的分量以及背景噪声水平都能显现出来。对数谱对于轴承、齿轮的振动频谱分析通常十分有效。

（5）细化分析

当一些频率分量过于接近时，会导致标准的 FFT 难以将信号的频率区分开来。尽管这些分量确实存在，但常规方法可能不足以实现精确区分。为了提高局部的频率分辨率，可以采用细化分析，这种方法不是从零开始生成频谱，而是在感兴趣的频率范围内选择适当的参考谱线来扩展选定的线数，从而生成更细致的频率标度，以区分该频率范围内的不同频率分量。

（6）频域瀑布图

频域瀑布图提供了若干个频率分析的简单比较。它是谱线显示的三维形式，可以清楚地显示出振动信号相对于另一个参数（如转速、载荷、温度、时间）的变化。

图 8-8 所示的瀑布图是在开机和停机区间的许多振动谱线的一个总图。正常情况下，级

联谱图提供的是频率与设备转速和离散频率分量的振动幅值的关系。在某些情况下，设备的转速可以被其他参量（如时间、载荷）代替，在此情况下，级联谱图被称为瀑布图。

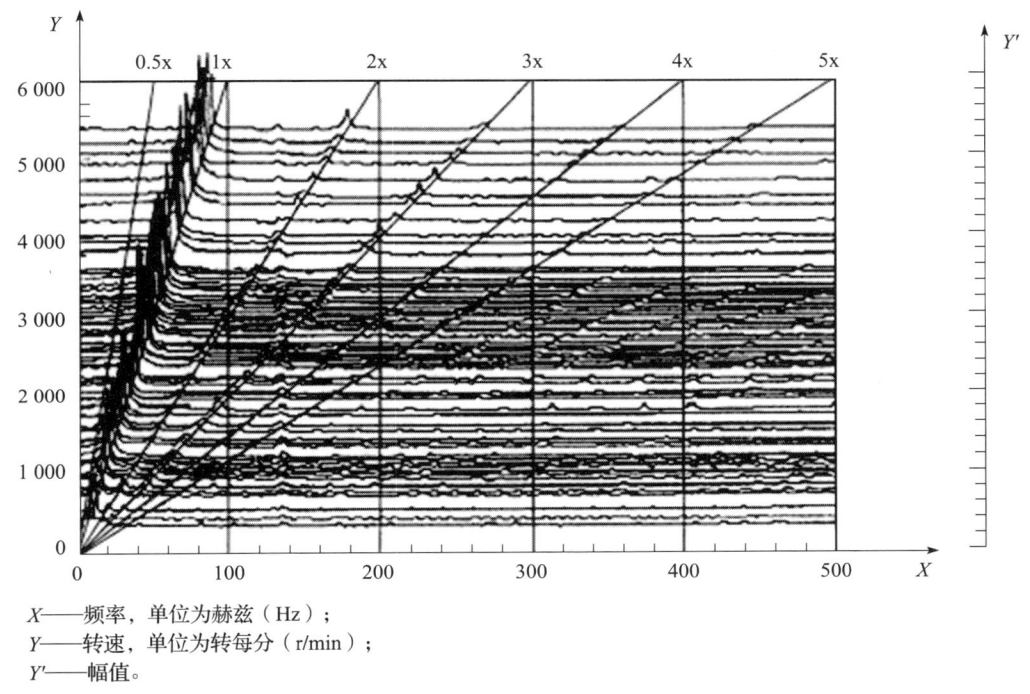

X——频率，单位为赫兹（Hz）；
Y——转速，单位为转每分（r/min）；
Y'——幅值。

图 8-8　瀑布图

8.3.4　生产过程数据分析

通过对多种类型的生产过程数据进行分析，不仅可以分析出许多设备问题和异常，还可以优化生产过程。因此需要对生产过程数据的分析方法和模型进行深入研究，以获得更好的数据效益。

通常情况下数据平台需要提供相应的分析工具及功能，以实现对生产过程数据的有效分析，以下为必要的分析与预警功能。

1) **单值预警及比例预警**：一般针对生产过程中的模拟量变量，当其数值超过一定量值时可提供预警。比例预警需要多个量值之间按一定的比例关系进行预警。例如，皮带输送机的电流与负荷之间有一定比例关系，当其电流超过该对应关系时，可能存在卡阻等异常情况，需要提前预警。

2) **逻辑分析**：指多个信号之间的逻辑关系，可以用信号之间的逻辑关系来判断设备在生产过程中是否符合设定的逻辑要求。逻辑分析一般针对逻辑变量。

3) **时序分析**：一般分析在动作指令发出后的一系列动作是否符合设定的时间，如果其中有一项或多项动作没有按预定的时间完成动作，则可能存在设备异常。

4）**动态响应分析**：一般针对生产过程的控制精度及响应速度，在精度或动态响应与设定有偏差时可发现设备存在的问题。

5）**工序协调性分析**：一般指上下工序之间是否满足工艺要求，如连轧机前后机组之间的轧制秒流量是否匹配，以及其动态的匹配情况，以判断是否有打滑、拉钢等现象。

6）**工艺优化模型**：一般是针对特定的产品目标而定制的，一般在数据平台建立以后完成，因此数据平台需要有相应功能，将优化模型以插件、小程序等形式嵌入数据平台之中。

8.3.5 计算及统计

计算功能在这里指基本的四则运算功能、平均及方差计算等普通的计算功能。

统计功能需能够满足常规的平台指标数据统计及计算、定量化的考核评价指标统计及计算等功能。

计算及统计的工具应面向所有的数值数据，使用户可以轻松地完成如备件性价比、单次维修成本、每吨产品维修成本、同类设备某一特征量的平均值、诊断准确率等指标的分析计算。

计算及统计功能同样需要有专门针对设备数据分组及数据闭环的统计功能，用户可以方便地统计如数据分组率、数据闭环率、各类案例数量、各类型设备案例数量等管理所需要的指标。

以上是一般情况下平台所需要的计算工具的功能概述，实际应用中可以按照分析需求进行必要的调整和补充，需要注意的是，这些计算工具的操作界面友好程度是获取分析人员好感的关键因素。

8.4 设备及数据的展示方法

数据平台中设备及数据的展示是为了让设备运维人员更直观地看到设备及数据的全貌，进而能够对设备有直观的认识和基本的判断。而展示方式及展示的数据内容则成为判断数据平台功能及易用性的重要依据。

8.4.1 几种常见的设备及数据展示方法对比

通常的设备展示有图形展示、设备树展示等方式，其中图形展示比较直观，但软件开发工作量大，需要有大量的图形嵌入及分割标识；设备树展示数据一般都附于设备树的末端，与设备数据的情况不符合，而如果在设备树的枝干上附上设备数据，则可能影响设备树的直观性。而且有一些数据如产品规格等很难依附在具体的设备上。

因此，结构复杂的设备及生产线的设备及数据展示一直是一个难题，通常都采用折中的方式处理。

很多数据平台都按照设备原有设备编码进行设备的展示,这种展示方法的质量取决于原有设备编码的质量,设备编码的质量由于不同的人员对编码规则的理解不同往往有较大差异。这种按设备编码组合为设备树的展示方法最大的问题是只能展示实体设备,即有设备编码的设备,而缺少了这些实体设备组合成特定功能系统的展示途径,如对于液压系统而言,实体设备中只有液压泵、液压缸、伺服阀等,而没有由这些设备组成的液压系统,这对液压系统的性能特性分析形成了障碍。

我们要完整展示设备的组成及其数据,同时满足数据分析及设备功能分析的要求,需要寻求更合适的设备及数据展示方式。

现在,我们有了设备数据分组的概念,设备的数据已经可以得到很好的展示,那么设备树中就没有了数据的羁绊,也变得更为简洁。

推荐的做法是形成两棵树,一棵是设备树,纯粹为设备展示而设定,另一棵为数据分组的树,为数据展示而设定。两棵树之间设定相关关系,就可以做到自由转换。

设备树的展示方法是较为成熟的展示方法,这里就不再赘述。

8.4.2 数据分组的展示方法

数据分组的最大作用是将需要分析的设备数据集成在一个数据分组内,而不是将一台设备的数据分散在各个子设备中。因此可以在一个数据分组内完成对该设备的数据分析工作。

数据分组是与分析的要求相适应的,一般有对应于大机组的数据分组、对应于机组的数据分组、对应于设备的数据分组和对应于设备子系统的分组等,这些不同的数据分组可以按照其设备的隶属关系形成设备数据分组的树,以热轧连轧机组为例,热轧连轧机组数据分组树示意如图8-9所示,图中的设备或系统名称从热连轧机组开始均为数据分组的名称,如果没有数据分组,在传统的设备层级中,一般没有传动控制系统、压下系统、弯辊系统等层级,而是直接分为电机、减速箱、分配箱、伺服阀、液压油缸等设备,要将数据纳入这些设备树中进行分析将需要数倍的工作量。

数据分组的展示一般需要按数据分组的层级

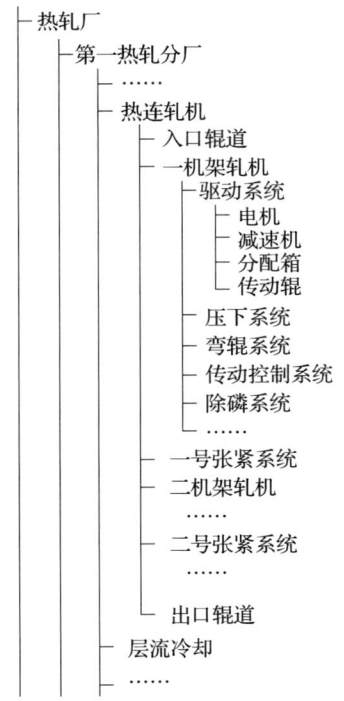

图8-9 热轧连轧机组数据分组树示意图

进行分层级展示，在特定的层级中可以仅展示本层级的数据及下一层级的数据。数据分组中数据的展示一般在数据分组的最末端，即最底层的数据分组，并以设备图或系统图的形式进行展示，其数据为最新获取的数据。数据的显示颜色一般与预警相关，正常为绿色、注意为黄色、危险为红色。同一数据组的实时数据一般同屏展示。

数据分组中一般包含多种类型的数据，如设备的基础数据，设备的状态数据、工况数据、运行数据及控制过程数据，设备维护维修数据等。由于数据的种类多，数据量大，不可能在一个界面中全部显示，因此除最新的实时数据外，其他数据可以采用灵活的展示方法，如基础数据、维护维修数据可以用图表笼统表示，点击后显示详细信息，设备监测数据及工况数据等的历史数据也可以通过点击相应的数据后再显示。显示方式以直观、清晰为要。

8.4.3 数据闭环的展示方法

数据闭环是各类数据在一定时间尺度上的一种循环，较难在平面图上进行展示。因此可以以数值的形式展示其概貌，并对数据闭环有相应的统计数据。如本设备有几种闭环，每种闭环的次数各是多少等。当选择某种闭环时可展开闭环的最近一次全貌，并可通过时间坐标选择查看细节或闭环次数。

数据闭环有多种类型，主要数据闭环类型的数据展示方法如下。

1）预防维修设备的维护维修数据闭环：当预防维修设备到维护维修周期后需要进行维护维修操作或由于种种原因未进行维修的，可以在数据闭环的展示界面中进行展示，展示内容涵盖已进行维护维修设备的占比、更换下机备品备件的状态统计、维护维修质量统计等，也需要展示到期未进行维护和维修设备的占比及其原因等。

2）预知维修设备的维护维修数据闭环：预知维修设备的维护维修工作是由设备状态数据的分析结果驱动的，因此预知维修设备的维护维修数据闭环除了检查设备维护维修质量外，还应具有评价数据分析结果及维修决策准确性的作用。在展示这个数据闭环时，还需要同时展示设备状态分析结果的准确性，包括统计的准确率，其中统计范围包括全部预知维修设备、同类设备、同区域设备等，统计的时间段是可选的，默认为最近一年。

其他的数据闭环也需要根据其特点进行有针对性地展示。

8.5 状态预警方法和预警模型

所有的设备状态预警都是通过相应的特征量进行的，因此特征量的提取是进行状态预警的基础。所谓状态预警就是利用设备状态的特征量对设备的状态进行评价，就如同在体检时，血压高到一定程度，会被告知有高血压倾向，再高到另一个程度，会直接被诊断为高血压，而血压低到一定程度会被诊断为低血压。设备的状态同样如此，一些设备状态参数需要有合理的区间，过高或过低都会偏离正常范围。当然，也有一些指标是越低越好，高了就表示有问题。也有一些参数只需要设定低位就可以，如刹车的摩擦片。预警模型就是利用一组设置了表述设备状态的特征量的阈值，对设备运行状态进行正常与异常区分。

采用什么预警方法是由设备的特性决定的，因此数据平台中需要有高于阈值预警、低于阈值预警及超过一定区间的预警等各种预警功能，这里不再赘述。

阈值以及需要多少个阈值等级是根据设备的特性、类型及管理要求来确定的，本节以设备的振动为例，说明数据平台中设备状态预警的策略和预警方法。

8.5.1 设备状态预警方法

在设备振动的 ISO 标准及国家标准中，一般将设备状态分为 4 个区间，分别为优、良、中、差。

在实际应用中，振动监测只是设备状态监测的一部分，还有很多其他的状态监测技术在同时应用，而且现场设备管理一般要求所有设备状态区间在改变时都需要有相应的维护维修动作，而设备状态在优、良之间很难区分维护需求，因而实际应用中通常将设备状态分为 3 个区间，分别是正常（用绿色表示）、注意（用黄色表示）、警告（用红色表示）。当然也可以按标准设定 4 个区间，例如可以区分正常设备中优与良的比例。

本书为了更贴近设备运维的需要，使运维人员在设备状态区间发生任何变化时都有对应的运维措施，因此推荐使用 3 个区间表示设备状态。

1）绿色为设备正常，设备运维人员按正常情况下的维护要求进行维护即可，不需要进行额外的工作。

2）黄色为注意，表示设备已经开始劣化，除正常的维护要求外，需要加强维护，如进行紧固、适当补充油脂、清理设备上的杂物、适当降低负荷等，并准备在适当的时机进行维修。

3）红色为危险，表示设备已接近损坏，需要尽快安排检修，如不能尽快安排检修，需要降低负荷、加强润滑或采取其他可延长设备寿命措施，以尽可能避免发生设备故障。

在一些特定的情况下，尽管设备状态的监测值没有达到设定的预警值，但监测的状态数值变化率较大，如以较快的变化率快速劣化，这种情况下，我们需要设定以变化率作为预警值的预警策略。

8.5.2 状态预警模型

对于表述设备状态的一组特征量，如一台设备中有多个振动传感器，一个监测传感器有多个特征量，需要对每一个特征量都设定注意及危险的预警值。

不同的特征量，有上限报警、下限报警、上下限报警等区别，对于设备振动而言，一般只需要设定两个振动特征量的上限，设备振动预警模型示意图如图 8-10 所示。

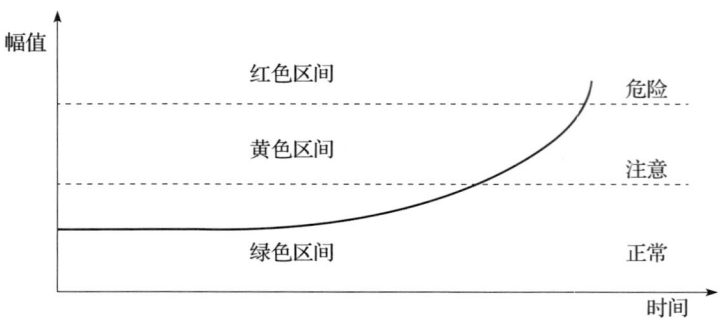

图 8-10 设备振动预警模型示意图

预警模型的注意及危险预警值可以根据相应的标准输入,也可以选择数据平台自动计算。

振动预警值的计算方法如下。

获取 5 组以上设备在平稳的运行状态下测量值(可以是任何需要的特征量),计算其均值和方差,用均值加 2 倍(或 2.5 倍,可设定)方差作为预警值,以预警值的 150% 作为危险值。这些预警值和危险值需要按照实际的运行情况进行优化调整,以达到最佳的预警效果。

数据平台还需要有变化率预警功能,变化率预警功能可以与上述预警模型同时使用,也可以单独使用,如果未开启变化率预警,则变化率预警功能不启用。

在启用变化率预警功能时,需要计算其正常状态下的变化率,即设备状态参数随时间的变化率,可以通过对时间序列数据进行差分运算等方法来获取。默认按正常变化率的 3 倍作为预警值,5 倍作为危险值,具体的倍数取值可以人为调整。默认值可以通过同类设备已设置的数字自动学习。

8.5.3 按不同工况设置预警值

数据平台可以对设备的不同工况设置相应的预警模型。工况包括设备的转速、设备的负荷等,可以设置转速、负荷的不同区间

对于有多个工况的设备,在设备的状态预警上也需要区分不同的工况,分别进行预警的设置。同时,在趋势分析等设备状态随时间的变化量分析时,也需要区分不同的工况,按相同的工况条件来做状态的趋势分析。

对于工况连续变化的设备,可以按工况变化情况,区分几个工况区间,分别进行预警值的设置。工况变化量大的,一般可选择最常用的工况,如高速工况、低速工况等。

在数据平台中,可以对工况变化的设备分析其变化范围和常用工况,以提示应设置预警的工况区间,一般情况下,该区间应包含所有的工况变化范围。

8.6 数据流与工作流

数据平台是数据驱动的，数据流的设计至关重要。每一种设备维修策略的数据流是有差异的，因此需要根据不同的维修策略设计数据流，工作流是与数据流相互协调、相互配合的，因此数据流的设计应该与工作流一致，才能充分发挥数据平台的作用。下面是可以参考的数据流设计方法，不同的企业可以根据自身的需要对数据流进行优化。

所有的数据流都是以设定好的数据分组为单位的，有多少数据分组就有多少个单独的数据流，每个数据分组均代表一台设备或一个具有独立功能的系统，而且其维修策略是事先规定的，其数据预警及诊断模型也是事先设置完成的，没有事先设置相应模型的数据在数据平台中将不能为分析人员提供参考建议，需要人工完成相应的工作。事先设置好诊断模型的，其诊断结果在这里也被定义为需要人工审核。

8.6.1 事后维修的数据流

工作流是以数据驱动的，有新的数据进入，就会自动生成新的事件，驱动工作流。事后维修设备可能的数据如下。

1）设备故障数据，事后维修设备的故障数据一般为人工输入，或者是设备故障提示信号。

2）设备维护、维修完成后维修数据输入，包括设备的正常维护和损坏后设备损坏情况及维修更换的过程数据。

3）设备维护周期提醒。

根据事后维修设备的新数据输入，形成一个新的工作流，事后维修设备数据流如图8-11所示。

在图8-11中：

1）**数据输入模块**：包含了数据输入的完整处理过程，包括故障数据的读取或设备故障信息的输入、设备维护维修数据的输入及审核过程，在完成维护维修数据的审核后，可在数据平台上完成一次数据的闭环，形成维护维修案例。（需已设定好数据闭环的场景）数据输入也包含设备维护的到期提醒。

2）**设备维修建议模块**：数据平台可利用知识库生成设备维修建议，如不能自动生成维修建议则应由人工生成维修建议，通过人工审核后，发出设备维修单及维修方案。

3）**设备维护建议模块**：根据设备维护要求数据平台可利用知识库生成设备维护建议，如不能自动生成维护建议则应由人工生成维护建议，通过人工审核后，发出设备维护单及维护方案。

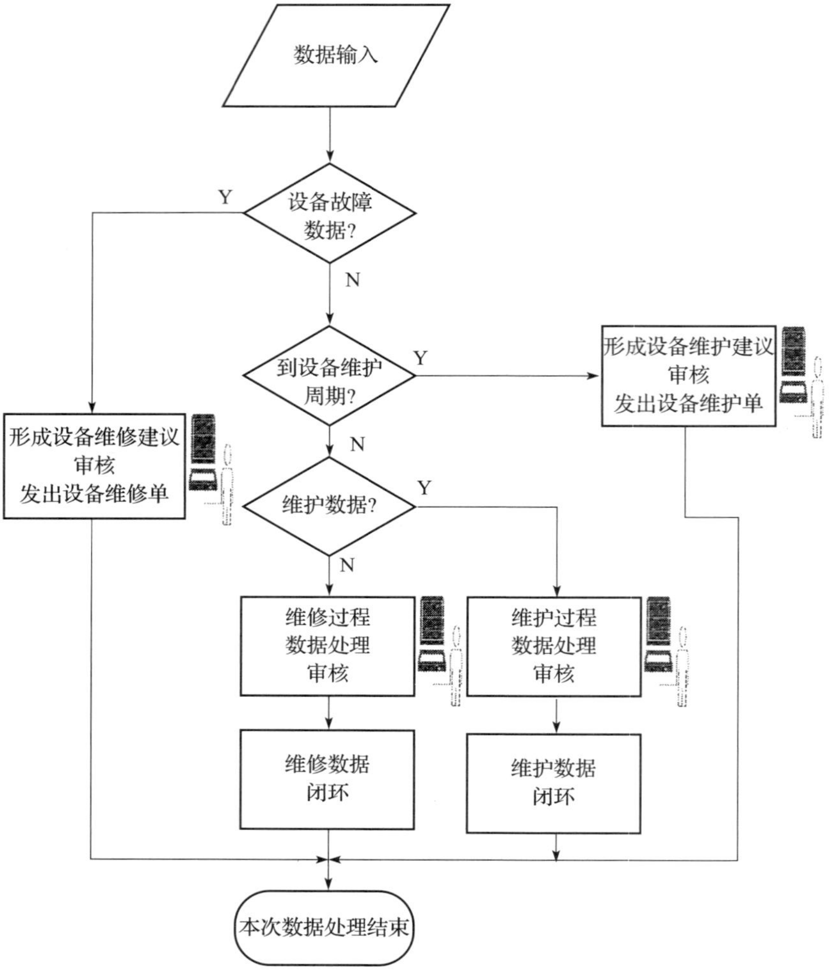

图 8-11 事后维修设备数据流

注意：凡是含有人与计算机图标的模块，都涉及人工的参与，需要人与工作流的配合才能走通流程，因此还涉及更细致的流程。也需要与设备运维管理方充分沟通，明确请求人工参与的提示与期限。之后本书中流程图有这个图标也是相同的情况，不再重复说明。

4）维修过程数据处理模块：完成维修数据的存储工作，并确定新设备的维护周期及下次维护时间。在可能的情况下，可给出维修数据的完整度判断并提出数据补充内容，这应该是与数据输入审核实时交互的。

5）维修数据闭环模块：将本次设备维修的总体情况做一个整体评价，如设备故障后对其他设备的影响、设备运行中可能存在的问题、提高设备使用寿命的方法、提出整个设备维修过程中可以改进的内容等，对拆除的设备运行过程做一个完整的数据标识，包括设备的上机时间、维护数据、故障时的状态描述等内容。

8.6.2 预防维修的数据流

预防维修包含了 3 种设备有效运行时间的情况，即定时间周期的、定有效运行时间的、按运行强度和烈度计算运行时间的，其对输入数据的要求和寿命计算模型也各不相同。但其数据流是一样的，预防维修的数据流如图 8-12 所示。

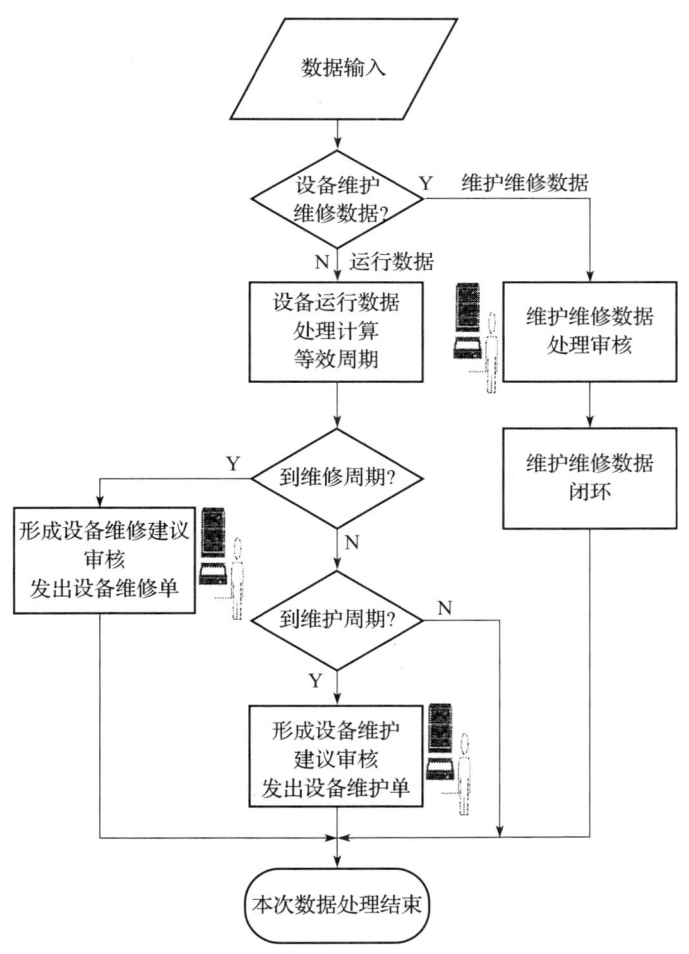

图 8-12 预防维修的数据流

预防维修流程可能是数据驱动的，也可能是时间驱动的，对于时间驱动的，需要按照管理要求提前一段时间给出设备维护或维修的工单，以便做好施工准备。预防维修的数据输入及功能模块有以下内容。

1）设备运行数据：预防维修设备的运行数据有 3 种情况。第一种是定时间周期维修设备的运行数据，包括设备使用时间及设备限定的使用时间；第二种是确定有效运行时间设备的运行数据，包括有效运行时间数据及限定的运行时间；第三是按运行强度和烈度计算运行时间设备的运行数据，包括各种影响设备寿命并表征设备运行强度和烈度的设备运行数据。其中表征设备运行强度或烈度的数据一般是通过实时信号采集来的数据，需要根据数据的持续时间进行累积计算。

2）设备维护数据：在设备的寿命周期中，需要对设备进行相应的维护，一般预防维修的设备其维护周期也是相对固定的，或者说其维修是按设备运行时间进行的。

3）设备维修数据：由于预防维修设备的末期一般还能保持设备运行，因此观测设备维修前的设备状态是重要的，该状态可以用于优化设备维修的周期设定。因此设备维修数据中应包含设备末期状态、设备安装过程数据、设备试机数据等。

4）计算设备运行等效周期模块：根据设备预防维修的不同形式而有不同，需要按设备预防维修的 3 种类型进行计算，如果是按设备危害度分析的要求对各种表征设备危害度的参数进行建模分析。在计算维护维修的时间时，一般需要有一定的提前量，例如今后一周或一个月内需要维护维修，这个提前量需要按管理要求和实际情况来确定。

5）维护/维修数据闭环模块：需要给出维修周期合理性的评价，给出下机设备或备件的状态评价，必要时可给出设备维护维修过程的整体评价、设备运行中可能存在的问题、提高设备使用寿命的方法、整个设备维修过程中可以改进的内容等。因此该模块需要有相应的输入界面和提示。

8.6.3 预知维修的数据流

预知维修的数据来源多，数据种类多，其数据流也较为复杂，典型的预知维修数据流如图 8-13 所示。

在图 8-13 中的数据输入模块是为从平台数据中心获取新的数据服务的，一般情况下，设备预知维修的流程应该在一个数据分组内完成，而平台数据中心的数据是经过数据预处理的正常数据，因此数据输入模块的功能就是监测本数据分组的数据是否有更新，当检测到有数据更新时，启动本工作流。对于设备状态数据，这里我们假设一台设备或一个数据分组的状态信息是同时到达平台数据中心的，这时有新数据就可以直接启动本流程，当数据不是同时到达时，如一台设备的多个状态采用无线传感器，每个传感器传输数据的时间是不同的，到达数据中心的时间也不同，因此为了避免不必要的算力浪费，不能收到一个数据就启动一次处理流程，而需要等全部的数据到齐后再启动处理流程。为了避免因某一个无线传感器故障或有预警出现时不能及时处理，也可以设定成有预警信息（由无线传感器判断）或到一个数据采集间隔时间时就启动处理流程。而对于设备维护维修数据，则应该是有新数据进入，就启动处理流程，设备维护和维修的新数据一般源自完成了一次有效输入，例如一次界面的输入（如按了一次提交按钮），就可以认为是产生了一个新数据。

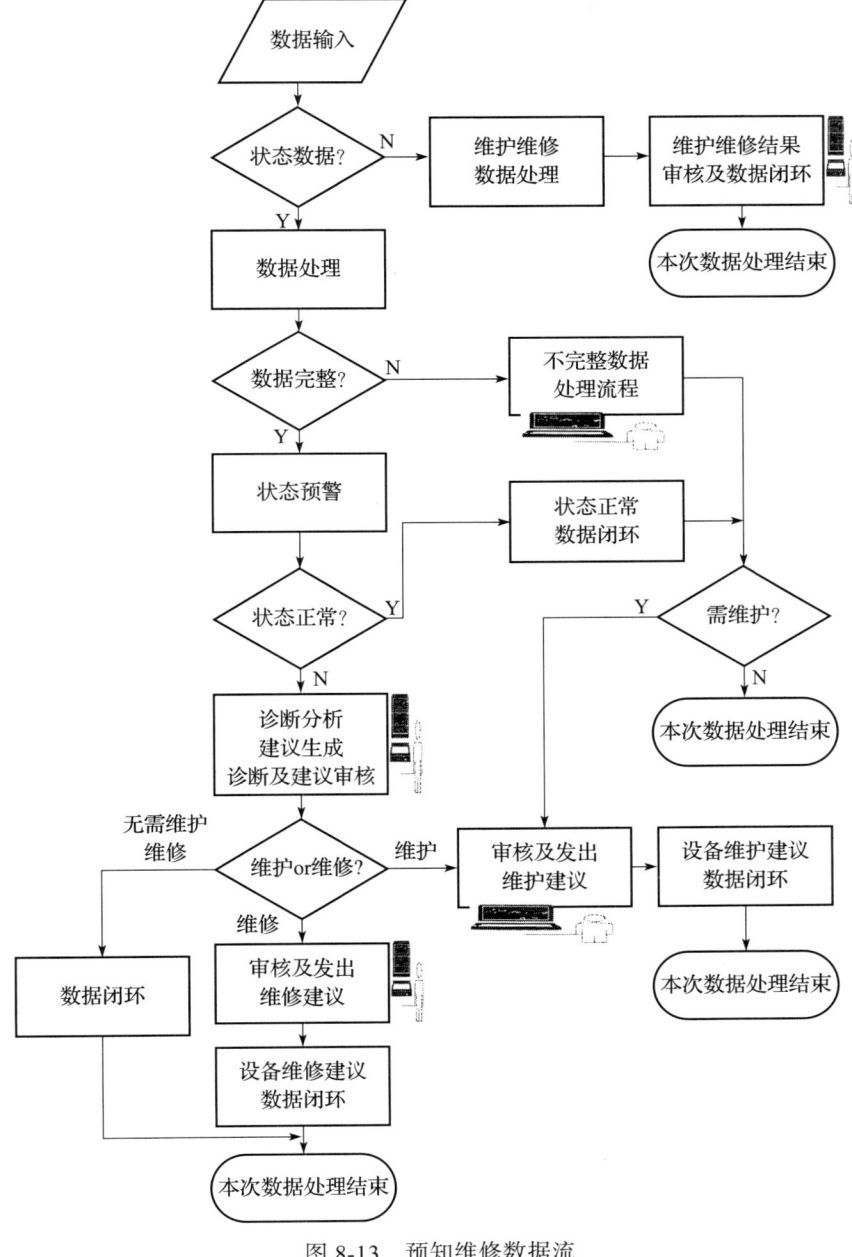

图 8-13 预知维修数据流

数据处理模块是为判断数据是否完整服务的。在这里，首要的目标是发现设备问题，而不是过分地追求数据的完整性，只要一组数据能够表示设备的状态，就需要让这些数据进入设备预警模块，只有当一组数据无法判断设备的状态时，才进入不完整数据处理流程。当然，对数据有缺失但依然进入了预警模块的情况，需要有数据缺失的提示，以更好地保证数据的完整性。

状态预警模块是对特征量数据进行相应的模型判断，如振动数据可以进行阈值判断或变化率判断，生产过程数据可以通过动态特性或时序判断等。通过预警模型对设备状态提出正常、注意、危险的状态区分。在设备状态正常时，不触发诊断流程，可作为正常数据，已设定数据闭环要求的，对数据进行闭环标识后结束当前数据流程。这个过程基本是自动完成的。

诊断分析与建议生成模块在产生异常预警后对存在异常的设备数据进行分析诊断，以确定设备异常的程度及部位，必要时提出设备的维护、维修建议。诊断分析与建议模块可以是由人工完成的，也可以是由相应的分析诊断模型完成的，或者是由分析诊断模型与人工共同完成的。不同类型设备所采用的分析诊断与建议生成的过程可以是不同的，如风机等类型设备的分析诊断模型已经较为成熟，可以由模型完成这些类别设备的分析诊断及维修建议，对于那些分析诊断模型尚不够成熟的设备，可以采用模型与人工共同完成，对于一些复杂设备，在分析诊断模型未形成时，可以由人工完成这些设备的分析诊断及维修建议工作。诊断分析与建议生成模块根据分析结果，可以改变状态预警中的预警等级，可以在诊断分析完成后根据结果形成设备状态诊断报告，可自动推荐维护维修建议。修改预警等级、诊断报告和维护维修建议通常情况下需要由人工进行审核，在审核通过后再进行发布。该模块的维护维修建议能够指出所需要的维护维修工作的细节，包括监测数据的验证或附加的设备状态监测内容，也可能包含制订维护工作计划，确定维护维修工作所需的设备备品备件和工具等。

维护维修建议审核模块，在图中是两个模块。在预知维修的设备中，其设备维护是定期的，也有按状态的维护，在某些设备异常发生时可通过设备维护来改善设备的状态。维护维修建议需要通过审核，通常情况下审核维护维修建议的人员与审核诊断报告的人员是不同的，数据平台需要按审核内容向具有相应审核资格的人员推送审核请求。

维护维修建议的闭环模块是对诊断结果和维护维修建议作出评价，也可以给出设备维护维修过程的整体评价，以及设备运行过程中可能存在的问题，提高设备使用寿命的方法，整个设备维修过程中可以改进的内容等，数据平台需要提供相应的输入界面、必要的输入要求及提示等。

不完整数据处理流程是一个数据异常的处理流程，不完整数据是指数据已不能满足预警及分析诊断需要的情况，需及时对数据采集的装备进行维护。通常的数据缺失在不影响状态判断的情况下，可由数据处理模块发出数据缺失提醒。

8.6.4 预测维修的数据流

预测维修的数据与预知维修的数据基本相同，但数据的分析方面与预知维修有较大区别。

预测维修流程中最大的不同是增加了状态预测与健康评估模块，以及建议生成和决策支持模块。如果有必要，也可以在预知维修的数据流中加入健康度评估和决策支持模块。与预知维修相同或相似的模块可以参照预知维修中的内容，这里不再介绍。

1. 状态预测模块与健康评估模块

1）**状态预测模块**。状态预测模块的核心功能是利用预测模型及相关算法来评估设备状态未来的发展趋势。该模块通过对数据分组中历史数据的分析，并通过预测算法或预测模型，推断设备未来的健康状况及潜在的故障模式。理想的预测评估模块可以报告未来某个时间的设备健康等级，或者可以根据预期使用情况估计设备的剩余寿命。总体来说，该模块是对未来健康状况、剩余寿命及预期故障状况进行一个预测。

2）**健康评估模块**。健康评估模块利用健康评估模型，根据当前获取的设备状态数据和设备特征量，对设备的健康程度进行评估，以确定当前设备的健康状况并诊断其可能存在的异常状况。健康评估模块输出当前健康等级、确诊的故障及其相关可能性概率。并可以对得出来的诊断结果和健康等级结果进行详细描述。健康评估模块可以对单台设备进行评估，也可以对多台设备或一个区域的设备进行评估。

2. 建议生成模块和决策支持模块

建议生成和决策支持模块的主要功能是将所有的可用信息进行整合，给设备运维人员提供经过优化的设备运维推荐方案和选择余地。推荐的范围包括经过优先排列后的维护和维修内容，可能也包括生产能力预评估，以及在能够完成生产任务前提下的生产参数优化。决策支持模块需要考虑设备及生产历史，当前和未来的任务目标，上一级的目标和资源约束条件等。

1）**建议生成模块**。建议生成模块可以指出所需要的维护维修工作细节，维护维修工作包括监测数据的验证或附加的设备状态监测内容，也可能包含制订维护维修工作计划，确定工作所需的备件和工具等。建议生成模块也可能会生成生产操作建议，比如对于当前生产操作的提醒。也可能发出一些与生产相关的建议，比如在生产线设备上存在一个即将失效的关键设备，这时与生产相关的建议就是该模块向生产计划系统发出一个高风险故障的提示。

2）**决策支持模块**。决策支持模块不仅能够给设备的维护维修决策提供支持，也可以对生产提供决策支持，如生产能力预评估针对完成特定生产任务的可能性提供决策支持，也可以基于设备安全的原则提出是否能完成某个生产任务，以及何时完成任务等。

预测维修的数据流如图 8-14 所示。

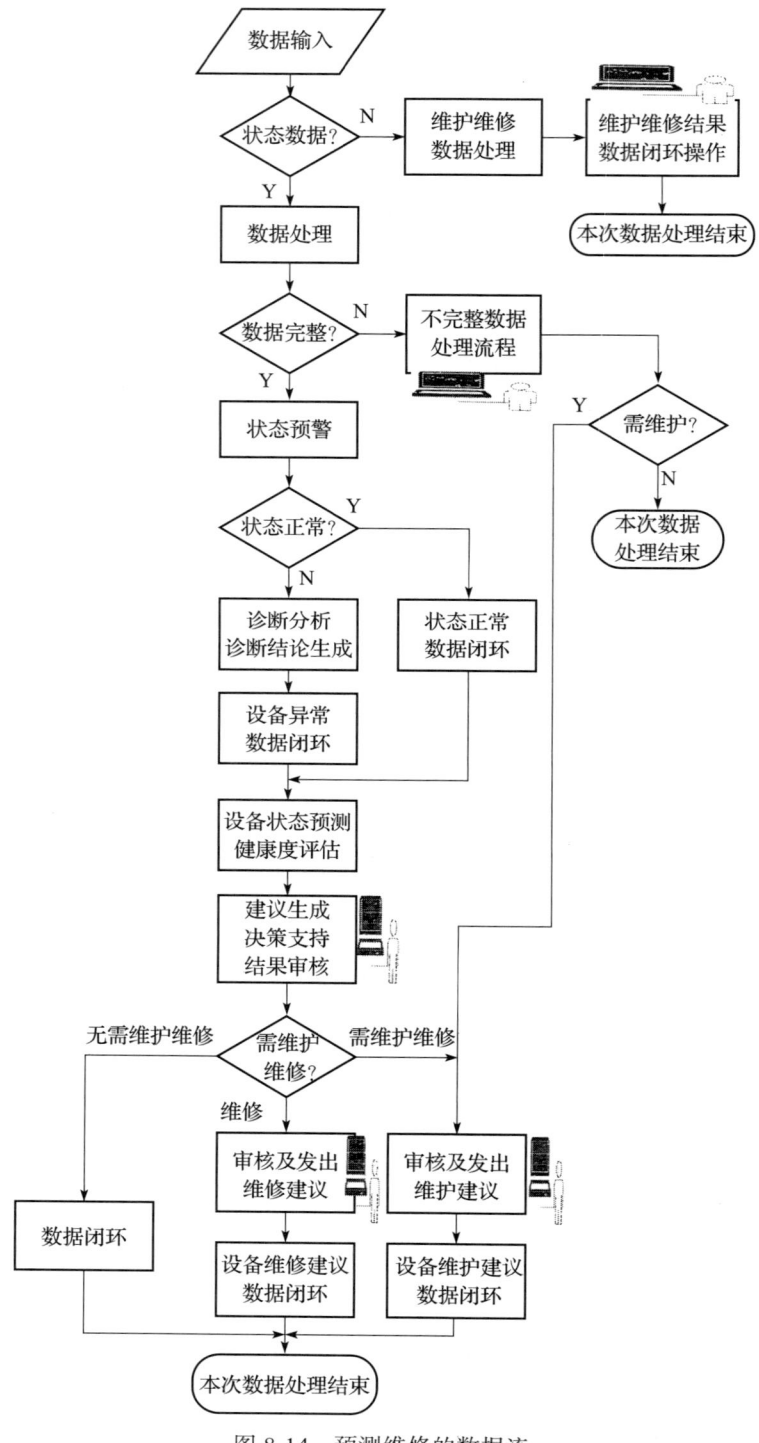

图 8-14 预测维修的数据流

8.6.5 工作流与数据流的相互配合

从数据流的分析中,我们可以看出数据流是不连续的,如果没有工作流的配合,数据流将无法进行。如数据流中的审核内容,需要人工进行审核,在审核完成前,数据将处于等待状态;这些审核内容包括诊断分析及建议的审核、维修建议审核、维护建议审核、数据不完整处理等内容。这些审核及处理是由相应岗位的人员完成的。如维护、维修建议发出后,数据平台看似完成了当前的数据处理任务,但在维护、维修的任务完成前,数据平台依然在接收这些异常设备的数据,但不能每一次都发出维修建议,处于被动等待状态,只有执行完维护及维修任务,设备恢复正常后,数据平台才能够恢复正常运行。

因此,工作流是保障数据平台正常运行所必不可少的。在数据平台开始运行的同时就必须形成完整的工作流,并按流程要求按时完成所要求的工作。

8.7 数据平台中需要的知识及其应用

数据平台中需要的知识包括现有知识和从历史数据中学习所获得的知识两大部分。现有知识不仅解决了数据平台中知识从无到有的问题,其中一些知识如各类标准、设备手册等也为设备运维的工作提供了执行的规范,从历史数据及案例中学习则解决数据平台中知识补充和优化的问题。知识的应用是知识有效性的保障。

8.7.1 现有知识的类型及提取方法

现有的设备运维知识一般以文档、表格、图表等形式保存,这些知识需要通过一系列的转化,形成数据平台可识别、可应用的知识。

在设备运维中,现有的知识有多种类别,如:
1)各种设备异常的判断方法(包括预警方法、诊断方法);
2)各种设备的维护方法;
3)各种设备异常的处理方法及应对方案;
4)各类设备的维修方法及维修方案;
5)各类设备运维标准;
6)设备制造商提供的设备维护维修手册;
7)各类设备管理制度。

当然还有其他方面的现有知识,可以按实际情况进行收集整理,这些现有的设备运维知识,可以通过机器识别及知识图谱等方法,转化为数据平台的知识。

在知识库中,需要对知识进行必要的分类和标识,如监测诊断的知识用于监测诊断,设备维修的知识用于维修等。知识的标识是标注哪些知识是基础性的、理论性的,不能改变或相悖的知识,哪些知识是实践性的,可以改变和提升。这种标识在以后的知识学习中非常有实用价值。

在知识库中,也需要对知识的内容进行甄别,新的知识内容纳入后要取代老的知识内容,不能让两者同时存在,如新的标准取代了老的标准,则老的标准需要在知识库中作废或删除,否则就会同时存在两个标准,让人员或机器算法无所适从。

8.7.2 从数据中学习

数据平台在运行若干时间后,积累了充分的数据,可以通过数据及案例进行学习,使知识库中的知识动态提升。

知识学习一般需要在设备数据分组的数据闭环中进行,每一种闭环的类型可以学习到不同的知识。特别是对于进行过维修的设备而言,其数据分组的历史数据中包含了设备状态从正常到异常的数据、异常的诊断结果、维修建议、维修过程及结果数据,对知识的积累提升有较大的帮助。需要注意的是,在知识学习中也需要区分设备的类别,不同类别设备的分析与维修过程可能是不同的。

从数据案例中进行知识学习的方法较多,对知识学习感兴趣的读者可以参考相应的资料,本书不多做介绍。

通过学习获取知识时需要注意知识库中知识的维护,不能出现相悖的知识,特别是不能出现与已经标注为正确的、理论性的知识相悖的新知识,如果出现这种情况,则需要检查数据的来源及处理过程,及时发现并解决问题。

8.7.3 知识的应用

知识库中的知识要充分应用,才能体现出价值,也能够在应用过程中及时发现不足,并在使用中自我完善。特别是智能运维的标准,只有在数据平台中进行有效的应用,标准才能够得以落实。

为此,数据平台中需要应用的知识都应该直接从知识库中获取。如设备数据输入环节,智能运维标准中如果有设备分类分层标准、设备名称标准、设备异常名词标准等规范性标准时,就需要对输入的相关内容与标准进行比较,并对不符合的内容进行人性化的提示,提示后还是不符合的,需要用户进行确认,确认后在数据平台中进行记录,并与标准制定者进行此类情况的沟通。对数据平台来说,标准的应用应该是潜移默化的,任何与标准相悖的行为都需要进行甄别和提醒。预警模型、设备诊断模型、设备维护建议、设备维修建议生成、设备维修方案生成等需要知识支持的分析或决策模型,都应该从知识库中获取相关类别的知识再进行应用。不同类别设备的知识不建议混用,如果几类设备的部分知识相同,建议将相同的知识分别标注适用于什么类别的设备。另外,数据平台中不应该出现包含知识库以外知识的方法和模型；如果知识库中缺少相应的知识，可以先在知识库中增加相应的知识，然后进行调用。一些模型供应商提供的模型中的知识具有知识产权约束时，需要在评估其适用性后酌情处理。

对于不同的设备维修方式，如以可靠性为中心的维修等，有不同的设备维修决策机制，也需要不同的决策规则和知识，因此所包含的知识内容和应用范围要有标注，不是所有知识都适用于特定的设备维修方式。

8.8 优化控制的实现方法

优化控制是一种寻求最佳控制策略的方法，旨在满足特定的约束条件下，使系统的性能指标达到最优。生产过程的优化控制一般是在假设设备功能和精度均处于正常状态的前提下，稳定提升产品产量与质量，或实现产量与能耗的最佳平衡。此类优化工作主要由生产方负责，基本与设备供应商无关。

而当设备的状态出现异常或者局部功能出现偏差后，原来的控制参数模型就会出现偏差，进而会带来控制结果的不稳定，造成产量或质量的偏差。同时会给出现异常的设备带来更大的负荷，从而造成更严重的设备损坏。因此，在出现设备状态异常或功能精度异常并等待维修期间，基于设备状态进行优化控制就显得尤为重要。

基于设备状态的优化控制需要着重考虑设备中的异常情况，如为状态异常的设备减轻负荷、为功能精度异常的设备改变精度的设定或对动态特性进行补偿等，使控制的约束条件和动态特性适应这些出现异常的设备。并使设备在有缺陷的情况下能够生产出合格的产品，同时保障设备能够安全地度过维修等待期。

在实际应用中，往往先完成数据平台建设，然后才有优化控制的需求，因此要求数据平台拥有嵌入优化控制模型或插件的接口。这个接口设计的关键在于数据的无缝衔接，一般情况下可以为优化控制所需的主元参数创建一个数据分组，然后将优化控制的模型或插件嵌入这个数据分组中。这种方法也可以用于其他分析诊断模型及决策模型的嵌入。

CHAPTER 9

第 9 章 设备智能运维的方案

智能运维是对现有设备运维模式的变革，需要在认识上给予充分的重视。只有塑造设备智能运维的文化氛围，使大部分设备运维人员认识到智能运维变革的重要性和迫切性，才能激发运维人员的积极性，投入设备智能运维的创新工作中来。

推进设备智能运维，首先要确定明确的战略目标，然后通过对自身的能力进行评估，确定具体的目标。通过制定详细的实施方案稳步推进，才能真正实现企业的战略目标。

9.1 当前智能运维能力评估

智能运维能力评估旨在评估企业智能化运维的水平和效果。评估涉及智能运维成熟度中的 5 个要素，包括设备数字化、数据分析与智能化、人员能力素质、管理和数据平台。通过这 5 个要素的评估，可以全面了解自身智能运维的能力水平，以及存在的问题和改进空间。

下面以智能运维一级为例说明当前智能运维能力评估的方法。

我们可以按要求逐条分解智能运维成熟度中设备数字化一级的描述，每一条只留一个评价指标或内容，可以形成设备数字化一级评价表，如表 9-1 所示。其他设备能力评估表的形式与此类似，不再逐一给出。

表 9-1 设备数字化一级评价表

一级成熟度要求	企业目前水平	达成率
具有基本的设备数字化规范		
设备数字化率达到 15% 或以上		
运维过程数字化率达到 10% 或以上		

（续）

一级成熟度要求	企业目前水平	达成率
对关键、重要设备采用相应的在线检测技术，实施在线与离线相结合的诊断方法，设备状态数字化率达到10%或以上		
数据完整度达到80%或以上		
数据可信度达到90%以上		
设备维修数字化准确率达到80%以上		
其他	略	略

对以上每一条进行自我评价，全部达成率达到100%或以上为一级水平。设备数字化的其他成熟度等级，可以按同样的方法进行自我评价。类似的评估还有4类：数据分析与智能化能力评估、人员能力素质评估、管理能力评估、数据平台能力评估，评估的方法与此类似，不再赘述。在完成5个要素的评估后，还要进行智能运维成熟度的综合评估。评估方法是，综合5个要素的评估结果，如果全部达到一级的要求，则可认为已达到智能运维一级的水平，其他成熟度等级的评估也可以使用同样的方法进行。

如果5个要素部分达到，而有部分要素没有达到，则应设法提升不足部分的能力，使之各项能力能够均衡发展。

9.2 智能运维方案选择

在选择智能运维方案时，需要考虑多个因素，包括企业的规模、智能运维发展需求、当前智能运维能力水平以及预算等。以下是一些建议，可以帮助读者选择合适的智能运维方案。

1）明确智能运维需求：包括设备智能运维的目标、设备管理中的问题、设备维修的费用等。明确需求可以帮助选择更符合需求的智能运维方案。

2）了解目前的技术能力：智能运维方案需要一定的技术能力来支持，因此需要了解企业的技术能力是否足够支持所选方案。如果自己的技术实力不足，需要考虑企业内设备运维人员是否具有提升的空间，也可以考虑选择提供技术支持和服务的其他企业方案。

3）考虑预算：智能运维的预算也是一个重要的考虑因素。不同方案的费用差异较大，需要根据自己的预算选择合适的方案。同时，也需要注意避免因为价格过低而选择低质量的方案而导致投资浪费。

4）了解方案提供商：选择智能运维方案时，需要了解方案提供商的信誉、口碑、服务质量等。可以通过查看案例、客户评价等方式来了解方案提供商的实力和服务质量。

5）考虑可扩展性：智能运维方案需要能够支持向更高的成熟度发展的可能性。因此，在选择方案时，需要考虑其可扩展性，确保能够持续发展。

同时，成熟度目标设定需要符合企业的发展要求，不可盲目追求高等级的成熟度；设备运维是与智能制造相适应的，智能运维的发展可以略微领先企业智能制造的水平，但不需要超出一级以上的水平。也要注意智能运维的5个要素是相辅相成的，不能有明显的短板和缺陷，需要均衡发展。

只有选择合适的方案，才能更好地提高企业的设备运维效率和质量。

9.3 实施方案制订

在确定好总体方案后，制定一个周密的实施方案是确保智能运维顺利推进并实现预期目标的基础。可以参考以下方面的内容，结合企业的实际情况，完成实施方案的制定。

（1）目标的确定和分解

首先，我们需要清晰地定义智能运维应该达到的目标，并确定花多少时间达到这个目标，同时要描述长期的、战略性的愿景。明确的目标和愿景能够对营造适合智能运维实施的企业文化有所助益。

根据确定的主体目标，将目标的要求进行分解，如可以分解为：建立规范标准体系、设备数字化、数据分析与智能化、人员素质能力提升、管理变革、数据平台开发等若干子目标，然后按照主体目标的要求确定各子目标的重要节点和时间进度安排。

（2）深入的需求分析

了解智能运维的关键利益相关者及其需求和期望。利益相关者包括各类型的设备运维参与者、生产方、设备运维涉及的各级领导、智能运维项目供应商、设备运维供应商、大宗备品备件供应商等所有与运维密切相关的群体。通过深入沟通和了解，收集和分析这些利益相关者的需求、期望和能力，我们可以确定项目需要满足的具体标准和要求，也可以确定项目的具体目标是否能够保质保量地在规定的时间内实现。从而确保项目在实施过程中能够不出意外，满足各方的期望。

（3）全面的项目计划

接下来，需要制订一个详细的项目计划。这包括设定明确的时间表，分配任务，明确投入的资源，以及确定项目的组织结构和管理层级。一个合理的项目计划能够确保项目在有限的时间和资源内高效、有序地进行。

（4）风险评估与管理

风险是项目实施过程中不可避免的一部分。因此，在实施方案的制订过程中，我们必须进行风险评估与管理。这包括识别可能的风险和问题，对其进行定性和定量分析，并制定风险缓解策略和应急计划。有效的风险管理能够减少项目实施过程中的不确定性和风险，提高项目的成功率。

（5）精心设计实施方案

在明确了项目目标和资源分配后，我们需要根据这些要素设计具体的实施方案。这包括确定所需的技术和工具、如何使用这些技术工具以及制订沟通策略等。一个精心设计的实施方案能够确保项目在实施过程中高效、有序地推进。一般情况下，在智能运维的低级阶段，本着先易后难的原则，可以选择设备故障多、同类别设备数量多的几类设备优先实施设备数字化和流程数字化，这样可以集中精力掌握如设备术语、数字化标准等入门技术领域，也可以以最小的投入解决更多的设备问题，也方便积累经验。

（6）方案评审与优化

在实施方案制订完成后，我们需要邀请项目团队成员和利益相关者参与方案评审。通过收集他们的反馈和建议，我们可以对实施方案进行调整和优化。这个过程能够帮助我们发现并修正实施方案中存在的问题和不足，从而提高方案的可行性和有效性。

（7）实施与监控

实施方案制定完成后，我们需要开始执行方案并密切关注项目进展。在这个过程中，我们需要定期监控关键指标和性能指标（KPI），确保项目按计划进行。同时，我们还需要根据实际情况适时调整资源分配和实施方案，以应对可能出现的问题和挑战。

（8）持续的评估与反馈

在项目执行过程中，我们需要持续评估实施效果并收集利益相关者的反馈。通过评估实施效果，我们可以了解项目在实施过程中是否达到了预期目标；通过收集反馈，我们可以了解利益相关者对项目的看法和建议。这些信息能够帮助我们及时发现并解决问题，从而确保项目的顺利实施。

（9）总结与收尾

在项目结束后我们需要进行总体评估并总结经验教训。这不仅能够帮助我们了解项目在实施过程中存在的问题和不足，还能够为我们今后的项目提供宝贵的参考和借鉴。同时，我们还需要完成所有收尾工作，包括文档整理、财务结算等。最后，与利益相关者沟通项目成果并庆祝项目成功也是非常重要的一个环节。

通过以上的智能运维实施方案，能够确保智能运维项目在有限的时间和资源内高效、有序地进行，并取得预期成果。同时，保持方案的灵活性和适应性也是非常重要的，在项目实施过程中可以根据实际情况进行调整和优化。

CHAPTER 10

第10章

设备智能运维标准的内容及标准化方法

作为智能运维不可或缺的组成部分，标准化的重要性不言而喻。它不仅为设备维护提供了清晰的指导和规范，还保障了整个系统高效、有序地运行。本章主要讲述设备数字化应该包含的内容及其标准化的一般方法。

10.1 标准化的重要性及标准的内容

标准化是智能运维的起点。通过建立一套完善的标准化体系，可以确保设备从安装、运行到报废的每一个环节都能遵循统一的规则。这种前瞻性的规划减少了后期运维过程中易出现的混乱与不确定性，使得设备管理更加精准和高效。

1. 标准化的重要性

标准化的重要性体现在以下方面。

1）保障数据一致性：标准化能确保从不同设备或不同时间收集的数据具有一致性和可比性。这对于监测设备性能的变化和预测未来的故障趋势至关重要。

2）数据解释一致性：通过遵循标准，可以更容易地解释和理解状态监测数据。这有助于将设备数据转化为对设备健康状况的直观理解，从而做出更明智的决策。

3）决策支持：标准化可以提供通用术语，使不同部门和团队能够更容易地共享和沟通智能运维的数据和经验。这有助于确保基于数据的决策得到广泛的支持和接受。

4）安全和合规性：在某些行业，如化工、矿山、核电等，标准化可能与安全和合规性要求密切相关。遵循标准可以确保设备在安全和合规的范围内运行，避免潜在的风险和法律责任。

5）持续改进：通过遵循标准，可以更容易地跟踪和评估状态监测系统的性能。这有助

6）标准化的统一作用：随着企业规模的扩大，设备种类和数量的增加，如何实现企业中同类设备之间的设备运维一致性成为一个挑战。标准化在这里扮演了统一要求的角色，无论是设备的维护还是维修，标准让不同厂商的设备能够按统一的方法保证设备运维的质量，实现资源的最大化利用。

7）标准化的优化作用：随着大数据和人工智能技术的融入，智能运维系统能够自我学习和优化。而这一切的基础，依然是标准化的数据收集和处理流程。只有数据格式和分析方法得到标准化，才能确保得出的结论是准确和可靠的，进而推动运维策略的持续优化。

8）标准化的传承作用：标准化不仅是技术层面的要求，它还涉及知识的传承。良好的运维标准能够将经验丰富的运维专家的知识和技能形式化、文档化，便于新员工学习和培训，从而保证运维团队能力的持续积累和发展。

9）标准化的保障作用：标准化的操作流程和维护规程为设备的安全运行提供了坚实的保障。通过对潜在风险的识别和管理，标准帮助运维人员预防故障发生，即便在紧急情况下也能够迅速响应，最大限度减少损失。

2. 设备智能运维必要的标准与规范内容

在设备智能运维中，除了常规运维的标准，如设备维护标准、设备维修标准外，还涉及与设备数字化标准和规范相关的众多内容，这些内容在智能运维初期就需要规划。这些内容具体如下：

1）设备分类分层标准（规范）：按设备的结构、功能、用途等属性，将设备分为不同的种类，使同一类别的设备可以共享设备维护、维修、状态监测、预警模型、诊断模型等。该标准可以极大降低后期的模型开发工作量，也可以汇聚同类设备的各种运维知识。

2）设备维修策略选用标准（规范）：明确设备的维修策略。维修/维修策略的选择与设备的类型、使用场景、成熟度等级等都有密切关系，而且设备维修策略也是随着设备管理的要求而变化的，因此这个标准也是需要动态调整的。

3）设备及部件名称标准（规范）：用于统一术语，避免混淆。统一的名称可以使数据平台的设备搜索和归类更有序，方便设备及备件的采购及品种优化。

4）设备异常及故障名称标准（规范）：用于统一术语，使设备出现的问题明确化，使设备运维参与人员能够清晰、明确地了解设备的真正问题。此外，该标准还能够使设备的问题更容易被归类和运用机器学习算法进行分析。

5）设备维护维修名词标准：用于统一设备维护、维修的语言，用来对需要进行的或完成的工作进行描述，使维护、维修工作更明确，防止产生分歧，也便于维护、维修知识的学习和维护以及维修标准的水平的提升。

6）设备维护维修过程数字化标准（规范）：保障设备维护、维修过程能够数字化的核心内容。不仅能够准确地表明维护、维修工作的质量，还可以为找到最佳的维护、维修方法和参数提供基础数据，同时为维护、维修的知识积累提供条件。

7）设备基础数据标准（规范）：了解一台设备的基础。设备基础数据是表明设备的名称、类型、出厂日期、使用经历等必不可少的数据。我们可以通过这些数据了解设备，也可以根据这些数据及使用过程数据来评判设备的性价比。为设备及备件的选用提供参考。

8）设备运行数字化标准（规范）：用于统一术语，以掌握设备的运行历史，为设备预防维修提供准确的数据。这些数据对设备状态的预测也有较大的作用。

9）设备下机状态评价标准（规范）：为了客观、统一地评价设备在下机时的状态，这些评价数据对优化预防维修设备的周期、优化预知状态维修时机的选择都有极大的作用。

10）设备状态监测技术选用标准（规范）：对于不同的设备类型和设备失效模式，监测技术的敏感性是不同的，需要选择合适的监测技术。而一旦选定了监测技术，就必须统一执行，否则同类设备采用不同的监测技术，监测数据的价值就会大打折扣。

11）设备监测系统设计规范：为了明确监测技术在每类设备上应用的规范，包括监测系统要求、传感器数量及安装位置等。该规范是在线监测的应用指南。

12）在线状态监测系统参数设置：明确监测系统数据采集的各种参数，如数据采样频率、数据长度、采集频度等参数，是数据有效性的保障。

13）传感器及监测系统安装标准：为了规范传感器的安装方法，以获取真实的设备状态数据。

3. 智能运维必要的管理规范

除了上述智能运维所必需的标准与规范内容外，企业还需要建立和遵循下述管理规范：

1）设备预警值设置规范：设备预警值设置和调整需要有相应的流程和授权，随意调整会带来不可预估的后果。

2）智能运维工作流程及变更流程规范：设计基于设备智能运维的数据流和工作流，这两者是相辅相成的，因此工作流和数据流需要事先进行规范，不可轻易改变。确实需要优化变更的，需要建立相应的变更流程，评估工作流与数据流的匹配性。在流程变更前需明确告知所有相关人员，并在数据平台中进行相应的工作流调整。

3）信息安全标准：信息安全标准有完善的国家标准及行业标准，旨在确保信息的机密性、完整性和可用性。这些标准是由全球各地的专家团队共同制定的，涵盖了信息安全技术的各个方面，为信息安全建设提供了理论基础和行动指南。在中国，全国信息安全标准化技术委员会（信安标委）负责编写和更新信息安全标准。这些标准基于国内外最佳实践和技术发展趋势制定，旨在帮助企业和组织构建安全可靠的信息系统，以有效应对各种安全威胁。

遵守和应用信息安全标准是保障信息资产安全的关键。企业和组织需要根据自身业务需求和风险状况，选择并遵循合适的信息安全标准。这不仅可以提高信息安全防护能力，还能有效减少信息安全事件的发生。

当然，标准是根据智能运维的成熟度提升逐步完善的。例如以成熟度一级为目标时，可以选取约占全部生产设备 15% 的几类设备作为突破口，这样设备种类就会减少很多，随之各种名词、监测技术种类等也会相应减少，从而可以在很大程度上降低标准制定的难度。随着智能运维成熟度的提升，不断完善标准的内容。

10.2 设备分类分层

设备分类分层是设备运维中最为基础的工作，是为提高设备运维及管理的效率服务的。如果设备分类分层科学合理，将极大地提高设备运维的效率；如果不合理，则不能提高设备运维及管理的效率。企业一般都对设备进行了分类，也能满足现有设备管理的需要，而当企业向设备智能运维方向发展时，可能会发现原有的设备分类并不符合智能运维对设备分类的要求，例如同类的设备不可以采用相同的维修方式，不可以共用分析诊断模型，不可以进行相互之间的状态数据对比或维修方法的借鉴等。

本节将介绍设备分类分层的目标和设备分类分层的方法，以帮助读者更好地理解设备分类分层。

10.2.1 设备分类分层的目标

设备分类分层的目标主要包括以下几个方面。

1）方便管理和维护维修：设备分类分层应该可以将同类型、同功能、同结构的设备按类别集中管理，方便安排统一的维护维修方法。因此设备分类分层需要体现设备维护维修方面的一致性，以便对同类设备采用基本一致的设备维护维修标准，从而提高设备维护维修效率。

2）优化设备采购和配置：通过设备分类分层，企业可以对同类设备进行统计和分析，了解同一种类设备的数量及分布情况，从而优化采购和配置。如同功能、同规格的备件有多个生产厂家的，可以通过设备分类分层工作进行合并，选择最具性价比的供应商。这不仅便于通过提高采购量以降低采购成本，通过减少供应商数量以提高采购效率，也可以降低备件的库存数量。对于同样功能用途，但由于生产厂家不同而导致型号不同的备件，如设备用润滑油、润滑脂、轴承等，可以进行归并替代。合并供应商后，可以大幅降低备件的品种数量，从而大幅降低采购和库存成本。

3）提高设备备件使用寿命：通过设备分类分层，企业可以对设备进行分类统计和分析，了解设备备件的使用情况和维修记录。这有助于企业及时发现设备的问题和隐患，如同类设备中有一台或几台明显比其他设备的使用期限短，或者某一类设备备件的寿命相比其他类备件的寿命有较大差异。可以对这些差异进行分析并采取相应措施，以提高设备的使用寿命或降低维修工作量。

4）保障生命财产安全：设备分类分层需要帮助企业识别设备本身的风险等级以及可能的附加风险，使企业能够根据风险等级确定具有较大风险的设备类别，并实施相应的设备风险管理措施。这有助于提高设备的安全保障水平，防止在使用高风险设备的过程中发生人员伤亡、财产损失等意外事件。

5）促进设备智能运维实施：设备分类分层应该能促进设备智能运维的实施，同类设备应适用相同的智能运维标准，如设备数字化要求、设备状态监测技术、监测传感器选型、数据采集设置、诊断模型和决策模型等，而不需要对同类设备中的每台设备都重复进行这些工作。

6）促进设备数据及案例的汇聚：设备分类分层应支持同类设备数据、案例的可比性，通过同类设备的数据和案例分析，可以找到该类设备的异常概率、寿命的分布规律等，也可以从同类设备的维护维修数据中找出最佳维修实践等，以促进设备管理水平的提升。

以上设备分类分层的目标是动态变化的，随着设备管理水平的提升，企业可能对设备的分类分层提出更高的要求。由于一个企业不可能经常对设备的分类分层进行调整，因此在做设备分类分层工作之前，企业需要首先明确自身在一定时间段内的管理要求。

10.2.2 设备分类分层的方法

本小节介绍的很多设备分类可能在几十年前就形成了，至今没有修改，这里继续沿用这样的分类方式，虽然有的分类名从字面上看不是很符合现在的情况。

设备分类分层方法是按照一定的规则和标准，将企业或组织所拥有的各种设备进行分类分层和管理的方法。设备分类分层的方法不同，获得的管理效果也不同。

不同企业的设备的类型有较大的差异，企业可以根据自身的设备情况进行设备的分类分层。通常可以将设备分为3个大类，即机械设备、电气设备和专用设备，以方便不同专业的设备人员对设备进行分类工作。其中机械设备基本是由机械类设备运维人员负责的，而电气设备由电气、自动化、计算机等人员负责。专用设备一般是指在企业中数量较为稀少、没有必要分类的设备，无法进行拆分的大型设备（如炼铁的高炉），以及不属于电气、机械类的其他设备（如特种车辆、厂房、地基、码头等）。

在确认了这3个设备大类后，需要对每个大类按设备的功能、用途再进行分类。如机械设备可以分为风机、水泵、齿轮箱、联轴器等类型，电气设备可以分为电机、变压器、开关、电缆等类型，专用设备则需要根据企业的设备特点确定，如钢铁企业中有焦炉、烧结机、高炉、转炉、电炉等。

在对设备区分类型后，需要对每一类设备根据其结构、用途、维护维修差异等再次分类，如电机设备可以分为直流电机、交流异步电机、交流同步电机、伺服电机、步进电机等类别。类别的划分需要考虑设备的结构、用途、维护维修方法、设备状态监测及数据分析方法等，各方面相同或接近的分为一个类别，在这些方面有较大差异的则需要分为多个类别，这样可以使同一类别设备的结构、维护维修方法等基本相同或接近。例如在大型风机中，有采用滑动轴承支撑的，也有采用滚动轴承支撑的，不同的支撑结构导致其维护和维修的方式及监测方法有较大差异。原则上应该将同类型风机按支撑结构拆分为两种类型，但由于大型风机轴承座往往是与风机设备分开的，一些企业会将这种轴承座作为一类设备。这也是一种设备分类的办法，是否需要拆分需要看企业的实际情况。后续的案例中不区分的，就是默认轴承座有单独的设备分类。具体的设备分类需要根据企业的情况，企业自己的标准要适合企业自身，不需要求全，如电机这个类型中，如果企业内没有直流电机，则不需要这个类别。

注意： 设备分类越细，管理成本越高；分类越粗，管理效果越差。因此企业在进行设备分类时，需要根据管理目标，采用灵活的分类方法。一些需要重点管理的设备要细分，其他的设备可以适当粗分。

以下给出一些设备分类示例，可以为企业制定设备分类标准提供参考。

1）冶金企业的机械设备类型可以分为风机、空气压缩机、制氧设备、齿轮箱、工业泵、工业阀门、液压气动执行单元、润滑设备、连接轴、联轴器、起重机械、轧机设备、焊机设备、平整设备、水处理设备、除尘设备等。

2）电气设备在各类企业中的类型差异较小，可以分为电机、高压开关类、变压器、电缆类、电气传动、机电一体设备、低压电气、自动化装置类、继电保护等类型。

3）化工企业的设备可以分为换热设备、粉碎设备、混合设备、分离设备、萃取设备、压力容器、传质设备、反应设备等类型。

之后将每一设备类型再次分类，可以形成设备分类例表，见表10-1～表10-3（因版面所限，仅取设备分类的前几项）。

表 10-1　冶金机械设备分类例表

类型	风机	空气压缩机	制氧设备	齿轮箱	其他
类别	双吸离心式风机 单吸离心式风机 轴流式风机 罗茨式风机 冷却塔轴流式风机	离心式空压机 轴流式空压机 活塞式空压机 隔膜式空压机 螺杆式空压机 滑片式空压机 罗茨式空压机 单螺杆式空压机	原料空压机 氧气压缩机 氮气压缩机 氩气压缩机 膨胀机	圆柱齿轮减速机 圆锥齿轮减速机 蜗轮蜗杆减速机 行星齿轮减速机 摆线针轮减速机 无级变速减速机 谐波减速机 三环减速机 齿轮增速箱	

表 10-2 电气设备分类例表

类型	电机	高压开关类	变压器	电缆类	其他
类别	直流电机 交流鼠笼式异步电机 交流绕线式异步电机 交流同步电动机 齿轮电机 伺服电机 滑差（VS）电机 电磁制动电机	高压真空断路器 高压SF6断路器 高压少油断路器 高压磁吹断路器 高压真空接触器 高压SF6接触器 高压空气接触器 高压隔离开关 高压接地开关	干式电力变压器 干式整流变压器 油浸式电力变压器 油浸式整流变压器 电炉变压器	高压电缆 低压动力电缆 控制电缆	

表 10-3 化工机械设备分类例表

类型	换热设备	粉碎设备	混合设备	分离设备	萃取设备	压力容器	其他
类别	换热器 蒸发器 冷却器 冷凝器 散热器	球磨机 粉碎机 研磨机 砂磨机 破碎机 粗碎机 分级机	搅拌机 捏合机 分散机 乳化机 混合机	筛分设备 蒸馏设备 过滤设备 压滤机	离心机 除沫器 空分设备	高压锅炉 常压锅炉 储罐设备 分汽缸 除氧器 排污膨胀器 疏水扩容器 反应釜	

钢铁企业涉及的设备分类例表有表 10-1 和表 10-2，并且有钢铁企业专用设备分类例表（本节未给出），这 3 张表就形成了钢铁企业整体的设备分类例表。通常情况下，钢铁企业按产品线的差异，其设备类型通常在 60～90 种之间，设备类别按细化程度差异，可以分类的类别数目在 500～1 000 种之间。

化工企业涉及的设备分类例表有表 10-2、表 10-3，以及化工企业的专用设备分类例表（本节未给出），这 3 张表形成了化工企业的设备分类例表。产品种类较多的化工企业，其设备类型一般比钢铁企业稍多，设备的类别则差异不大。其他行业的设备分类同样可以如此进行。

完成设备分类后，可以根据企业的实际情况设定分层管理的界限。如钢铁企业中的风机及电机，可以以驱动功率为分界确定设备管理层级，比如可以设定 1 000kW 以上为关键设备，100～1 000kW 为重要设备，10～100kW 为一般设备，10kW 以下为低价值设备。这并不是说设备的功率越大、价值越高，设备就越重要，还需要分析设备应用场景、设备损坏的影响、设备是否有备机等情况，在某些场景，可能会出现价值较低的设备重要性反而很高的情况。这需要按照企业的实际情况进行分析和调整。但并不是所有的设备类别都有 4 个管理层级，设备的类别不同，其管理层级有较大差距。例如钢铁厂中的轧机设备，一般都是关键或重要设备，而铁路中的枕木，尽管不可缺少，但不会是关键或重要设备。

不同的企业类型、不同的设备类型，其设备层级的分层方法不同，需要按企业的实际情况确定。良好的设备分类分层，将极大地减少设备运维所面对设备问题的数量，降低运维难度。例如一个年产千万吨的钢铁企业，设备数量在数十万到近百万台的数量级，通过设备分类分层，其设备类型不超过 100 个，设备类别不超过 1 000 个。将这些设备类别再分别对应 4 种维修方式（常用的是 3 种），就将数十万设备的设备运维问题归集到不到 3 000 个设备类别和层级的设备运维方案上。对于集团型的钢铁企业，设备基本是相同的，这种简化效果将更为明显。其他行业的工业企业同样如此。

以上为设备分类分层的方法。一旦确定了设备的分类分层，设备的名称也要与设备的分类有对应关系。如电机作为一个设备类别，对电机设备的命名也需要定义为某某电机，而不能称为某某马达。不能出现设备名称与分类不对应的情况，否则会造成设备名称混乱。因此设备分类例表中的设备类型名称是设备名称标准的重要基础。

10.3 设备维修策略选用

在完成设备分类分层后需要确定每个分类分层设备的维修方式，一般情况下，同类同层的设备维修方式应该是相同的。

设备维修策略从低到高有事后维修、预防维修、预知维修、预测维修 4 类。不同的设备类别、不同的设备层级以及不同的设备智能运维成熟度等级，所选择的设备维修策略也有差异，不同的设备智能运维成熟度等级对预知维修设备的比例是有明确要求的。在选择设备维修策略时，需要考虑以下因素。

1）智能运维成熟度等级对预知维修设备的要求：如智能运维成熟度一级，考虑到人员在智能运维方面的能力水平等因素，要求有 15% 的设备进行预知维修，对预测维修没有要求。那么需要在设备中找到这 15% 的设备，并选择为预知维修。这些预知维修的设备最好是状态监测及分析技术成熟、重要性较高、故障率较高的，而且最好是集中在几个设备数量多的设备类别上，这样才能在智能运维专业人才较少的时候快速形成效益。在智能运维成熟度等级更高时，可以将实施预知维修的关键设备转化为预测维修设备。

2）设备重要性程度：对于设备重要程度高的设备，如关键、重要设备，尽可能采用更高等级的维修策略。

3）设备故障的影响：对于设备故障率高的设备，为了减少设备故障，需要选择尽可能高等级的维修策略。

4）故障成本和维修成本：对于故障成本高或维修成本高的设备，尽量采用预知维修；对于故障成本高而维修成本较低的，选择预防维修；对于故障成本和维修成本都较低的，可以选择事后维修。

5）技术可行性：一些类别的关键、重要设备，可能由于状态监测技术不成熟而无法进行预知维修，这时需要考虑设备的特点，对一些寿命受工艺过程影响较大的设备，可以分析工艺过程参数对设备的危害程度，按设备的负荷强度确定维修的时间。

在充分考虑上述因素后，我们可以在设备分类分层的基础上来初步确定每一类别层级设备的维修策略。一般情况下，先分析哪些设备类别可以预知维修，哪些设备类别不支持预知维修，然后在支持预知维修的设备类别中，可以将关键设备、重要设备先列入预知维修并进行重点监测；一般设备在必要时可纳入预知维修并采用一般监测；低价值设备视设备类别和重要性分别纳入预防维修和事后维修。在不支持预知维修的设备类别中，关键、重要设备纳入预防维修，并分析是否可采用 FMEA（失效模式和影响分析）；一般设备可以纳入预防维修；低价值设备纳入事后维修。

完成上述工作后，可根据各类别设备的具体情况进行调整，如一些设备类别中的低价值设备由于作用大，设备损坏可能造成大面积的设备停机，需要将其纳入预知维修或预防维修。也有一些类别中的一般设备，其重要性较低，设备损坏不会造成附加的影响，则可以纳入事后维修。在完成调整后，形成设备维修策略选用标准的初稿，再经过规定的审核、批准流程，得到企业现阶段的设备维修策略选用标准。

10.4 命名规范

命名通常涉及 3 个方面的标准（规范）：①设备及部件名称标准（规范）；②设备异常及故障名称标准（规范）；③设备维护维修名词。

这 3 个命名规范都是关于语义的，其内容不同，负责起草的人员也不同。设备及部件名称标准（规范）通常由负责设备分类的技术人员起草；对于设备异常及故障名称标准（规范），通常由各区域的技术和点检人员先起草各区域的内容，然后进行汇总和筛选；设备维护维修名词通常由设备维修人员负责起草。

10.4.1 设备及部件命名规范

设备及部件名称的命名基础就是设备分类表，在分类表的基础上，需要补充设备的整体结构，包括生产线、机组等的设备整体描述。也需要补充设备分类例表中没有体现的更细节的部件、材料的名称。同时需要对设备名称进行有效的编码，这个编码应该与设备备件的编码保持一致，以提高识别的效率。

设备及部件名称一般应遵循以下原则。

1）清晰性：设备名称应能直观地反映设备的类别或功能，这样员工可以快速识别和定位设备。

2）简洁性：设备名称应尽量简洁，避免冗长，以方便员工使用和记录。

3）唯一性：每个设备应具有唯一的名称，以便于区分和管理。

4）可读性：设备名称应易于理解和书写，避免使用特殊字符、空格和表述模糊的命名,以免影响设备管理和查询。

5)统一原则:设备命名应统一规范,不得随意命名或重复命名。

6)可扩展性:设备命名应考虑未来的设备扩展和升级,命名规则应能够容纳新设备加入。

10.4.2 设备异常及故障命名规范

设备异常及故障的命名可从设备的维护维修历史记录中获取,对所有发生过的异常及故障加以整理和归类,基于这些信息来确定异常及故障的名称。

设备的异常及故障需要与设备及部件对应,而不应笼统地做一个设备异常及故障的汇总。每一类设备需要有对应的异常和故障,这些异常和故障是选择监测技术、选择监测参数、设定设备预警值及构建分析模型的基础。当设备出现异常或故障时,也可以在这些异常或故障列表中进行选择,以避免不规范的词语进入数据平台。

通常,对每一类设备的历史维护维修记录进行整理,可以形成类似风机设备常见故障表的表格,如表10-4～表10-6所示。

表10-4 风机设备常见故障表

设备名称	常见故障	设备名称	常见故障
风机设备	不平衡	风机设备	轴承损坏
	声音异常		地脚螺栓断裂
	不对中		叶轮偏心
	风门卡阻		叶轮损坏
	转子结垢		油封损坏
	基础松动		风箱损坏
	轴承磨损		

表10-5 电机设备常见异常及故障表

设备名称	常见故障	设备名称	常见故障
电机设备	绝缘接地故障	电机设备	定子绕组故障
	励磁老化故障		报警设定缺陷
	主传动跳电		负载异常
	传感器电缆插头松动		转子绕组故障
	电缆破损		电刷故障
	短路接地		电源缺相
	传感器故障		转子偏心
	接触不良		不平衡
	熔丝烧损		不对中
	内部接线松动		绝缘老化
	励磁过流		基础松动
	临时短接线未回装		轴承磨损
	热继电器异常		轴承损坏
	接触器异常		

表 10-6 电气室设备常见异常及故障表

设备名称	常见故障	设备名称	常见故障
操作盘箱	按钮接触不良或损坏	供配电柜	高压开关异常
	信号异常		断路器异常
	电缆破损		整定模块异常
	设备老化		负载异常
	接线鼻子老化		
	脉冲板损坏		

在整理上述设备异常及故障历史时会发现，历史记录完整、同类设备越多的设备，其异常及故障的种类就越完整，反之亦然。

在形成这些数据后，需要将这些异常及故障进行分类及分析，其中会有许多同一种设备问题是用不同的词语表达的，表 10-4～表 10-6 中的异常及故障都是已经过归类的命名。

通过分析后的各类设备异常及故障数据，可能是不完整的，需要以专业的视角对其进行分析，加上设备可能出现的异常或故障现象。通过审核后，就形成了每个类别设备可能的异常及故障现象名称规范。

这些异常及故障可能还不能完全覆盖设备实际可能发生的异常或故障，但可以通过不断地应用来发现不足，并逐步完善。

设备异常及故障命名标准与设备及部件命名标准一样，也需要遵循清晰性、简洁性、唯一性、可读性等原则。

10.4.3　设备维护维修名词

设备维护维修名词是为了规范维护维修的语义，统一了的设备维护维修的工作内容的名称。

设备维护维修名词可以从各种设备维护规范、设备维修规范中摘取，其内容一般要包含以下方面。

1）设备保养：如清扫、检查、紧固、润滑和调整等。

2）日常维修、定期维修、事后维修：如故障设备拆除、设备更换等。

3）精度检查：对设备的几何精度和加工精度有计划地定期进行检测。

4）计量与定期检定：涉及计量、特种设备定期检定、评估等。

设备维护维修名词同样需要遵循清晰性、简洁性、唯一性、可读性等原则。

除了本节的一些名词定义外，设备智能运维还有其他的名词需要进行规范，如设备运维、监测诊断、数据分析、智能化技术等常用名词。

10.5　设备维护维修数字化标准

在设备维护维修的数字化标准中，需要区分设备类别、维护维修的工作内容，并分别提出相应的数字化要求，重点标注维护维修过程中需要记录的重要数据。当一次设备维修工作涉及多项设备维护维修内容时，需要根据各项维护维修内容的先后次序，编制相应的维护维修工作流。设备维护维修的数字化标准需要与原有的设备维护维修标准结合，进而将设备维护维修工作与数字化的工作融合，形成设备维护维修的数字化标准，这也是原有设备维护维修标准的数字化升级。这些标准可使设备维修人员在进行维护维修工作时，有可参考的规范，从而只需按相应的规范实施就可以完成设备的维护和维修工作，并实现维护维修的数字化。设备维护维修的数字化是一个逐步扩展的过程，可以在部分设备类别中首先应用。

一台设备（类别）一般有多种维护维修项目，如果项目可以单独实施，建议对各个维护维修项目分别制定维护/维修的数字化标准。如果两个及以上项目是必须同步实施的，则要对关联的项目制定一个维护/维修的数字化标准。这样便于维护维修项目的组合。设备维修数字化标准包含维护维修的工作内容和所需要的数据项等内容。如果多个维护维修项目是有先后顺序要求的，则需要有维护维修流程，使多个维护维修项目可按流程进行组合，以完成复杂的设备维修项目。维护维修项目组合有必须按顺序完成的，或者有多个项目可并行进行的，都需要在工作流中进行说明。

下面以风机为例，说明制定设备维护维修数字化标准的一般方法。

1. 风机设备的维护数据

假设风机诊断报告指出风机基础松动，维护工作单要求紧固地脚螺栓。维护人员在收到该维护工作单后，携带相关工具到风机设备现场，在保证安全的情况下，开始逐个检查螺栓紧固情况。比如风机共有10个地脚螺栓，其中3个在未达到规定扭矩的情况下就开始旋转，说明这3个螺栓已经松动。地脚螺栓紧固的数字化表示为：风机共有10个螺栓，其中有3个螺栓松动，这3个螺栓位于风机同一侧，位置号分别为3、4、5号，初始扭矩分别为15牛·米、0、21牛·米，紧固后扭矩均为100牛·米。

设备维护的数字化需要考虑数据的用途，比如螺栓松动数据可以用于分析松动的原因和维护的质量。

基础松动的维护可以作为一个单独的风机设备维护标准。

2. 风机设备的维修数据

假设一台双吸离心风机诊断报告指出风机叶轮存在磨损、可能存在叶片裂纹，建议检查风机叶轮，必要时对叶轮磨损面进行堆焊，并进行动平衡校正。

该维修建议通过审核后，形成风机维修工单。维修人员在接收维修工单后，分解维修工作内容，形成维修项目和相应流程。

1）风机叶轮的磨损情况检查。

2）风机叶轮探伤。

3）风机叶轮裂纹修复。

4）风机叶轮磨损面堆焊。

5）风机现场动平衡校正。

上述维修项次为维修工作的主要内容，其中需包含更多的辅助性工作，如设备停机确认、开启风机检修口、搭建探伤辅助脚手架、风机叶片编号等，也包含拆除辅助脚手架、关闭风机检修口等后续工作。

现在我们可以按风机叶轮的维修项次逐条做数字化，这个过程可以形成风机叶轮维修中5种维修项次的数字化标准，如果还有其他的维修内容，需要另外做相应维修内容的数字化标准。

（1）风机叶轮磨损情况检查

叶轮磨损检查流程：叶片磨损面整体情况目视检查→叶片编号→叶片磨损检测点数量确定→每个叶片的检查结果→叶片磨损量分析。

1）叶片磨损面整体情况目视检查：叶轮为双吸离心风机，风机叶片为弧形平板结构，叶片数每侧为10个，双侧共20个，叶轮整体无明显变形，形状正常，叶轮轴板及两个侧板无明显磨损，叶片有明显磨损。

2）叶片编号：确定任意一个叶片为第一叶片，并做明显标记，以便每次检查都以这个叶片为第一叶片，有助于数据对比。以叶轮旋转的反方向依次命名为第二、第三叶片等。因为是双吸风机，所以轴板两侧的叶片可以用方位或驱动侧、非驱动侧表示，如东侧第一叶片、西侧第一叶片或驱动侧第一叶片等，避免出现前、后、左、右等需要观察者定位的词语。如果叶片已有标记，则省略这个步骤。这部分工作是叶片定位的规范，可事先确定。

3）叶片磨损检测点数量确定：大型风机的维修手册中一般会给出叶片磨损检测方法，可以按照维修手册中的检测方法进行检测。如果没有对应的检测方法，可以简单地在风机的叶片上按"田"字确定9个检测点，再通过9个检测点的测量数据的差异量来判断是否需要增加检测点。检测点数量需要按叶片大小及磨损的均匀程度来进行调整。确定以后，就作为该风机磨损检查的标准内容。

4）每个叶片的检查结果：可以按叶片编号及检测点数量制作一个表格，在测量时填入相应的测量数据。风机叶片磨损检查数据表见表10-7。

表10-7 风机叶片磨损检查数据表

叶片号	测量半径位置	东侧叶片			西侧叶片		
		左	中	右	左	中	右
第一叶片	外						
	中						
	内						

（续）

叶片号	测量半径位置	东侧叶片			西侧叶片		
		左	中	右	左	中	右
第二叶片	外						
	中						
	内						
……	……						

在测量时可将测量数据填入表 10-7 内。

5）叶片磨损量分析：磨损分析需要分析磨损是否为正常磨损，磨损是否均匀，是否需要进行堆焊修复等内容。如叶轮磨损基本正常，磨损量在叶片外端部最大为 5mm，最小为 4.5mm，平均为 4.7mm。内端部最大为 4mm，最小为 3.6mm，平均为 3.8mm。需要进行堆焊修复，平均修复厚度以 4mm 为宜，如果可能，叶片外端部堆焊可为 4.5mm，内端部为 3.5mm，按线性递减。

（2）风机叶轮探伤

叶轮探伤用磁粉探伤，对叶轮薄弱位置进行探伤检测，经检测发现第五、第六叶片东侧与轴板焊缝处分别有 168mm、204mm 长的裂纹，可能是焊缝热应力未完全消除，加上长期应力疲劳导致的。未检测到裂纹深度。

（3）风机叶轮裂纹修复

由于未检测到裂纹深度，且修复裂纹需要焊接面，因此按焊接面要求对裂纹处进行打磨，打磨深度为 8mm，呈 60° 角，打磨长度分别为 188mm、224mm。打磨过程中每深入 2mm 目视检查裂纹情况，在 6mm 时已基本不见裂纹痕迹。打磨完成后，按照风机生产厂家提供的焊料对叶片根部进行焊接并填满整个打磨沟。经修整打磨及敲击释放应力后，再次进行探伤检查，检查合格后完成叶轮修复。

在这个过程中，要注意数字化的内容主要有：焊接面打磨的长度、形状、深度，焊接用焊料的品牌、规格，焊接方式及焊接参数等关键数据。

（4）风机叶轮磨损面堆焊

为了保证堆焊均匀且厚度达到要求，本次堆焊使用焊接机械手，堆焊速度及给料量可自动控制。堆焊料材质为耐磨不锈钢，焊料形状为直径 4mm 的不锈钢丝。每个叶片外窄内宽，整体呈梯形，堆焊面积为 0.48m^2，经计算每个叶片需堆焊 15.1kg 的焊料。

在堆焊施工时，需要对风机叶轮进行盘车，如果是滑动轴承支撑的风机，需要注意在盘车时启动滑动轴承的润滑系统，否则会造成滑动轴承的损坏。

堆焊后，经检测堆焊厚度外端部平均为 4.5mm，内端部平均为 3.5mm，中间平均为 4mm。符合堆焊质量要求。

堆焊的数字化主要有每一片叶片的堆焊重量、堆焊厚度分布等数据。

（5）风机现场动平衡校正

在完成风机叶片的堆焊后，拆除所有辅助设施，关闭风机检修口，检查风机启动条件，具备条件后启动风机。风机额定转速为 1 000 转 / 分，为防止风机在叶轮修复后不平衡量超标，启动过程中需在 300 转 / 分、500 转 / 分处做短暂停留，以观察风机的振动情况。如果基本正常，需快速通过 800 转 / 分左右的风机一阶谐振频率区域，然后到达 1 000 转 / 分的同步转速。

在做现场动平衡校正时，需要风机的相位信号。如果风机设备上有键相位信号，可使用这个信号；如果没有，一般可以通过贴光标、用激光转速传感器获取相位信号。光标位置可以与编号为一的风机叶片对齐，以便在风机内确定配重的位置。

在风机首次启动的过程中，需要记录 300 转 / 分、500 转 / 分、1 000 转 / 分处的振动幅值和相位。首次启动转速在 1 000 转 / 分时最大振动幅值为 95μm，已超过设备预警值，需要做动平衡校正。

由于该风机叶轮经过了堆焊，动平衡特性发生了变化，因此需要试加配重，以确定合适的配重重量及位置。一般情况下，如风机特性未发生大的变化，可用历史数据直接计算配重及位置，而不需要进行试加配重环节。

本次试加配重为 1 800g，半径为 1.1m，角度为 150°。再次启动后，记录振动幅值与相位，最大振动幅值为 30μm，相位有 30° 变化。

根据试加配重数据及首次启动的振动数据，可计算出配重重量和角度，本次试加配重重量为 1 050g，安装位置为半径 1.9m，在焊接配重后。风机再次启动，投入运行。再次记录风机振动幅值和相位。最大振动幅值为 10μm。

风机现场动平衡的数字化工作内容包括以下方面。

1）首次启动时 300 转 / 分、500 转 / 分、1 000 转 / 分处的振动幅值和相位。记录 300 转 / 分、500 转 / 分时的振动幅值和相位，是为了当风机不平衡量过大，达不到额定转速时，这些振动幅值和相位可以用来计算配重的重量和位置。

2）试加配重的重量、位置（包括半径和角度），以及试加配重后在额定转速时的振动幅值和相位。如果首次启动不能达到额定转速，则试加配重后需要在计算试加配重的相同转速下获取振动幅值和相位。

3）正式配重的重量和安装位置（包括半径和角度），完成配重安装后在额定转速下的振动幅值和相位。

以上针对风机设备的 5 项工作都可以单独编制维修的数字化标准。

10.6 设备基础数据标准

设备基础数据是指设备首次使用或安装时产生的基础、原始的信息和资料。这些数据通常包括设备的基本规格、配置、操作手册、安装指南、维护要求、设备常见问题对策等，它们对于设备的日常运行、维护和管理而言至关重要。

在设备运维中，基础数据为表明设备或部件的特征的数据，主要包括名称、类别、型号、规格、生产厂家、生产日期、批号、采购价格等。在很多企业，预防维修的备件中有不少修复件，需要在基础数据中增加修复厂家、第几次修复等数据。其他的设备基础数据可根据实际情况按需进行规定。

这些数据应统一由设备责任者提供并负责输入数据平台。这些数据不仅和预防维修的周期优化有关，如不同厂家的电机，其正常使用寿命可能有较大区别，也是设备备件整体优化选型的数据基础。

对于预知维修设备，为了能够精准地诊断设备的异常部位，还需要掌握一些设备结构、材质、性能等方面的数据。例如，振动监测需要掌握设备中轴承型号、齿轮箱中齿轮的齿数、交流电机的极数等与设备状态分析诊断相关的数据；油液分析需要各摩擦副的材质、油品的规格等数据；一些控制元件或系统如伺服阀、变频器等，需要有初始的性能指标参数。

数字化交付的设备具备三维结构设计图，该设计图对设备的深入分析具有极大的作用，也是很好的设备基础数据资料。

企业需要根据自身的特点和管理要求，明确对每类设备的基础数据要求，以形成设备基础数据规范或标准。

10.7 设备运行数据采集标准

设备运行数据指表征设备运行状态的数据或信号，主要用于掌握设备是否运行或运行时的工况强度。

对于事后维修设备，如果有设备运行的信号或数据，可以更快地掌握设备是否发生故障，以便及时安排维修工作。这类信号一般有电流、转速或一些开关信号，可以根据设备的具体情况确定。也有一些事后维修设备没有这样的信号或数据，则需要通过其他的方法确定设备是否已发生故障，如人工检查或通过生产操作出现的异常现象反馈等。

对于预防维修设备，主要采集基于运行时间的设备及基于运行强度的设备的运行数据。对于基于运行时间的设备，需要的是设备运行或停机的信号，对设备运行时间进行累计，以得到设备的整体运行时间。对于基于设备运行强度的设备，需要对影响设备寿命的因素进行分析，如温度、介质、速度、重量、压力等表征设备工作强度的因素，获取其相应的信号，以计算设备在不同工作强度下的持续时间，来确定设备的维修周期。

对于预知维修设备，设备运行数据一般作为设备的工况数据或设备状态监测的条件数据。一般需要设备的负载、转速等相应的设备运行数据。设备运行数据的采集时间需要与设备状态的数据采集时间保持一致。

不同的设备需要的运行数据有较大的差异，因此需要按照设备的类型，有针对性地制订每类设备的运行数据采集方法，特别是按设备工作强度进行设备维护维修设备的运行数据，需要明确设备运行数据的种类及数据采集的间隔时间等数据采集要求。

10.8 设备下机状态评价标准

设备下机状态评价主要用于预防维修设备、预知维修设备、预测维修设备等设备下机时的状态评价。其评价结果对优化预防维修周期、优化设备状态预警及预测基准有直接作用。

进行下机状态评价的设备可能存在不同程度的磨损或异常，但一般都处于可运行的状态，这些设备是否已达到寿命的极限或者是否还能够持续工作是我们需要掌握的重要信息。

不同的设备类型和使用期限，其下机状态也不一样，很难做笼统的标识。因此我们可以将设备的下机状态分为5个等级。各等级的设备状态的参考描述如下。

1）第1个等级：完好。设备完好，结构完整，没有明显的磨损、变形，易磨损部位的测量值与新设备没有明显差异，没有可发现的裂纹或剐蹭，设备可持续使用，不需要更换。

2）第2个等级：基本完好。设备结构完整，有可观测的磨损，磨损部位的磨损值在设备磨损的允许量范围内，没有明显的裂纹或剐蹭，设备可继续使用，但设备精度受限，预期寿命缩短。

3）第3个等级：一般。设备结构完整，有明显的磨损、变形或裂纹，磨损已超出允许范围，如果更换磨损件设备尚可继续使用，设备精度无法保证，一般情况下需更换设备。

4）第4个等级：差。设备整体结构可能不完整，磨损、变形或裂纹较大，已到设备寿命，随时可能发生设备故障，必须进行更换。

5）第5个等级：故障。设备已不能继续运行，丧失设备基本功能。

10.9 设备状态监测技术选用参考标准

设备状态监测技术的选用与被监测设备的异常及故障形式有关，只有明确了被监测设备的异常及故障形式，才能选择合适的监测技术，并取得应有的监测效果。

每个类别的设备都有其特定的设备异常及故障表现形式，因此监测技术的选用与设备的类别有直接关系，需要按设备的类别来确定监测技术的选用参考标准。

在10.4.2节中，我们确定了每类设备的常见异常及故障并对其进行了规范描述，需要用到它们来确定对这些异常及故障敏感的监测技术。

下面以常见的机械设备类的异常现象为例，说明监测技术的选用方法。常见设备类别监测技术选用的参考标准如表10-8所示。

表 10-8 常见设备类别监测技术选用的参考标准

	主要失效形式	振动①	温度②	油液③	电流电压④	局放⑤	应力扭矩扭振⑥	⑦其他
风机	动平衡①、对中①、轴承①②、松动①、湍流①、共振①、气穴①、安装①	★★★	★★★		★★			
水泵	轴承①②、松动①、对中①、叶片问题①	★★★	★★★		★★			
齿轮箱	轴承①②、齿轮①③、箱体	★★★	★★★	★★			★	
压缩机	轴承①②、对中①、动平衡①、碰磨①、松动①、湍流①、共振①、气穴①、轴弯曲①、安装①	★★★	★★★	★				
皮带机	轴承①②、对中①、松动①、皮带打滑①、老化①、安装①	★★★	★★★		★			视频监测
液压系统	系统响应⑦、精度⑦、清洁度③			★★				压力★★★、流量★★★、位置★★★等
钢结构	裂纹⑦、腐蚀⑦、螺栓松动⑦						★★★	
电机	轴承①②、松动①、断条①④、磁偏心①④、绝缘④、联轴器①、电机效率⑥、安装①	★★★	★★★		★★	★★	★★	
变压器	过热②③⑦、放电③		★★★	★★★	★★	★		铁芯电流★★
开关	过热②、放电⑤		★★★			★★		
电缆	过热②、放电⑤⑦		★★★			★★		高频电流★★

注：★★★表示推荐，★★表示可应用，★表示需谨慎应用（可进行应用研究，不支持规模应用）

电动机故障部位的监测技术，如表10-9所示。

表 10-9 电动机故障部位的监测技术

故障	征兆或参数变化												
	电流	电压	电阻	局部放电	功率	扭矩	转速	振动	温度	惰转时间	轴向磁通	油中磨粒	冷却气体
转子绕组	●				●	●	●	●	●		●		●
定子绕组	●							●	●		●		●
转子偏心	●							●			●		
电刷故障	●	●							●				
轴承损坏	●					●		●	●	●		●	
绝缘老化	●	●	●	●									●
输入电源缺相	●							●		●			
不平衡								●					
不对中								●					

注："●"表示如果出现故障，征兆可能出现或参数可能变化。
引自《GB/T20471—2006 机器状态监测与诊断基于应用参数的一般指南》。

其他不同类型设备与监测技术的适用性示例如表 10-10 所示。

表 10-10 不同类型设备与监测技术适用性示例

参数	机器类型							
	电动机	汽轮机	工业燃气轮机	泵	压缩机	发电机	往复式内燃机	风机
温度	●	●	●	●	●	●	●	●
压力		●	●	●	●		●	●
压头（差）				●				●
压力比			●		●			
压力（真空度）		●						●
空气流量			●		●		●	
燃料流量			●				●	
流体流量		●		●				
电流	●					●		
电压	●					●		
电阻	●					●		
电相位	●							
输入功率				●	●	●		●
输出功率	●	●	●			●	●	
噪声	●	●	●	●	●	●	●	●
振动	●	●	●	●	●	●	●	●
声发射	●	●	●	●	●	●	●	●
超声	●	●	●	●	●	●	●	●
油压		●	●	●	●	●	●	●
油损耗		●	●	●	●	●	●	●
油（磨损）	●	●	●	●	●	●	●	●
热成像	●	●	●	●	●	●	●	●
扭矩	●	●	●	●	●	●	●	●
转速	●	●	●	●	●	●	●	●
长度		●						
角位置		●	●		●			
效率（导出量）		●	●	●	●		●	●

注：●表示状态监测测量参数可应用。

引自 GB/T20471—2006《机器状态监测与诊断基于应用参数的一般指南》。

通过上述表格可以看出，针对不同的设备异常现象，监测技术也有敏感度的区别，而同样的设备，也可以选择不同的监测技术。正因为如此，我们需要制定规范，选择最适合的监测技术，并在企业内统一使用，使设备的数据更具有通用性。

最适合的监测技术是考量监测技术的应用普遍性、监测技术的成熟性、可监测异常类型的广泛性、易实施性及实施成本等各方面的因素。综合以上各方面的因素，现阶段对旋转机械设备的监测以振动、温度、电流 3 种物理量最为合理。

在设备分类分层中，我们将同类型设备分为 4 个层级，分别为关键设备、重要设备、一般设备以及低价值设备。在设备的监测技术选用方面，不同的设备层级，其监测技术也应有区别，一般我们可以对关键设备及重要设备进行重点监测，对一般设备可以采用一般监测，对低价值设备可以选择性的采用一般监测。重点监测一般选择稳定性较好、噪声水平较低、价格适中的监测技术与传感器系统，一般监测可以采用成本更低的传感器系统（如 MEMS 传感器）或仅监测温度等方法以降低对设备状态监测的投资。

下面以风机设备为例，说明监测技术的选用标准内容。按照风机的常见异常，推荐采用振动、温度、电流 3 种监测物理量对风机状态进行监测。风机设备的典型异常与各种监测有效性参照表如表 10-11 所示。

表 10-11 风机设备的典型异常与各种监测有效性参照表

异常类型	重点监测					一般监测		
	振动位移滑动轴承	振动速度+冲击	振动加速度	温度	电流	振动速度（MEMS）	温度	电流
不平衡	●	●	●		◎	●		◎
不对中	●	●	●		◎	●		◎
转子结垢	●	●	●		◎	●		◎
安装故障	●	●	●	○	◎	●	○	◎
轴承磨损	●	●	●	◎	○	●	○	○
轴承损坏	●	●	●	●	◎	◎	○	○
叶轮偏心	●	●	●	○	◎	●	○	◎
叶轮损坏	●	●	●		○	◎		◎
油封损坏								
风箱损坏								

注：①●表示可准确监测（机理清楚，可分辨异常），◎表示可监测（机理基本清楚，异常可发现），○表示可监测，但较难分辨异常，空白表示对该参数不敏感。
②风机的工况对风机的工作状态具有较大的影响，分析风机的状态趋势，一般应在基本相同的工况条件下进行。风机的相关工况参数主要有（包括但不限于）：对应于变速风机的转速、风门开度、风机输入/输出压力、滑动轴承的供油压力。
③在风机异常中，油封损坏和风箱损坏需通过如磨粒检测、泄漏检测等方法进行有效检测。
④因为轴流风机的电机在风管内部，在风机内部加装传感器较为困难，所以更推荐使用电流监测法监测其风机状态。

在风机监测技术的选择中，重点监测对于滑动轴承，原则上应选择位移监测，对于滚动轴承，应选择 ICP 加速度传感器，并具有振动速度、加速度、振动冲击的监测能力。表 10-11 中可选振动速度+冲击或振动加速度是对现有振动监测产品的妥协，其为了扩大振动监测产品的选择范围。

应对每一类拟进行预知维修的设备类型分别制定如表 10-11 的监测技术选用规范。

10.10　设备监测系统设计规范

设备监测系统设计规范包括常用传感器及监测装置的选型、设备需安装的传感器数量及位置、数据采集参数、数据接口或通信方式等内容。

10.10.1　常用传感器的性能指标及选型

设备监测系统中传感器的选型是关系到监测系统性能、可靠性及成本等指标的重要问题。工业用传感器与家用传感器在许多方面有较大的差异，其中工业用传感器在检测的精度、抗干扰能力、耐候性、耐久性、防护水平等方面均有较高的要求，因此其在传感器的成本方面与家用传感器没有可比性。传感器是将各类物理量转换为电信号或数字信号的部件，在设备状态监测中发挥了关键的作用，传感器的性能直接影响其监测信号的质量，也直接影响监测的效果。传感器的性能包括多个方面的指标，在实际应用中要以适用性为主要依据，选取合适的传感器。

传感器的主要性能指标如下。

1. 检测精度

传感器检测精度相关的主要性能指标如下。

- 量程：即在正常工作状态下，传感器能够测量的范围。例如，某温度传感器测量范围为 -40 ～ 200℃，这个范围就是其量程，超出传感器量程，测量精度将迅速降低，在某些场合可能会损坏传感器。

注意：一般传感器的量程越大，其分辨率就越低，因此在选择量程时应尽量选择与监测对象相适应的范围，不能低于监测对象的变化范围，也应注意不要高出其变化范围太多。

- 准确度：测量结果与被测量的真值之间的一致程度。
- 线性度：传感器的输入—输出关系曲线与其选定的拟合直线之间的偏差。
- 重复性：传感器在同一工作条件下，输入量按同一方向做全量程连续多次测量时，所得特性曲线间的一致程度。
- 滞环：传感器在正向（输入量增大）和反向（输入量减小）行程过程中，其输出—输入特性的不重合程度。
- 灵敏度：传感器输出的变化值与相应的被测量的变化值之比。
- 分辨力：传感器在规定测量范围内，可能检测出的被测信号的最小增量。
- 静态误差：传感器在满量程内，任一点输出值相对理论值的偏离程度。

- 稳定性：传感器在室温条件下，经过规定的时间间隔后，其输出与起始标定时的输出之间的差异。
- 漂移：在一定时间间隔内，传感器在外界干扰下，输出量发生与输入量无关的、不需要的变化。漂移包括零点漂移和灵敏度漂移。
- 频响：传感器能够跟随外部变化的响应能力。

注意：传感器频响是一个重要指标，特别是在动态过程中进行监测时（如设备振动）。目前 MEMS 振动传感器在实践中得到了大量的应用，但需要考虑目标设备的监测要求，因其高频性能与压电传感器相比有差距，所以在监测高频信号方面有一定的局限性。

- 噪声：在没有输入信号时，传感器本身产生的输出会影响它在微小信号上的检出能力。

我们要在以上各项指标中找到一个适合我们选用的平衡点。一般来说，若指标提高，则传感器的价格将成倍提高，如线性度指标、静态误差对标定用传感器要求较高，标定用传感器可能是普通传感器价格的数十倍。对在线监测来说，主要的指标是重复性、稳定性，只要满足应用要求即可。

2. 干扰的分类与影响途径

（1）干扰的分类

对使用传感器的检测系统，干扰可分为内部干扰和外部干扰。

1）内部干扰既有传感器内布局不合理形成的干扰、工艺设计不合理形成的干扰（如电源滤波方面），也有传感器及相关仪表内部各种元件的噪声引起的干扰等。

2）外部干扰指从传感器系统外引入的干扰，主要分为自然干扰和设备干扰。自然干扰主要来自自然界，主要有雷电、地磁、宇宙辐射、电离云等，一般不会对传感器系统造成较大的影响；设备干扰主要有各类电子、电气设备产生的电磁场、电火花、漏电等，以及高频加热、电弧焊接、电磁搅拌、电炉及变频器等电气干扰，也有如轧钢、运输设备等机械干扰。

（2）干扰的影响途径

干扰的影响途径主要有对传感器本体的干扰、对信号传输途径的干扰，以及对一次仪表（数据采集器）的干扰。评价一个数据采集系统的抗干扰能力，必须是对系统整体的评价。

对于有线传感器系统，由于施工质量对系统的抗干扰能力有很大的影响，如电缆的屏蔽、接地方式等均可能影响系统的抗干扰能力，因此监测设备的安装施工过程需严格按照厂家提供的要求进行。

对抗干扰的要求,在不同的应用场景是不一样的,在干扰较大的场景,一般需要做现场试验以确认传感器的适用性。

3. 环境适应性与设计寿命

不同的传感器有不同的使用温度范围,特别是一次仪表(数据采集器),有的可以支持现场安装,而有的需要安装在如电气室等环境较为稳定的场合,需要评估传感器系统的环境、气候适应性,室外安装的需考虑所在地极端气候条件下的适应性,而在阳光直射、密闭小房等场合安装的,也应考虑在极端情况下传感器系统的温度承受能力。

无线传感器指标中给出的预计可使用时间,一般是指在特定的工作条件下的指标,当通信间隔、采集间隔、无线信号强度、设备报警次数、环境温度等改变时,将大幅度影响其电池的最大可使用时间,在使用时应针对相应需求让传感器生产厂家提供相应的数据。

监测传感器系统一般设计寿命应该在 10 年以上,如遇特殊工况(如存在高温、高湿、腐蚀等),应与供应商沟通,采取相应措施,以保障传感器系统的使用时间。

4. 防护等级

传感器的防护等级一般用 IP 加两位数字表示,其中 IP 代表国际防护等级标志,后两位数字的含义如表 10-12 所示。

表 10-12 防护等级后两位数字的含义表

第一位数字(防止固体异物进入)		第二位数字(防止进水造成有害影响)	
0	无防护	0	无防护
1	≥直径 50mm	1	垂直滴水
2	≥直径 12.5mm	2	15° 滴水
3	≥直径 2.5mm	3	淋水
4	≥直径 1.0mm	4	溅水
5	防尘	5	喷水
6	尘密	6	猛烈喷水
		7	短时间浸水
		8	连续浸水
		9	高温/高压喷水

由表 10-12 可知,IP67 防护等级,代表尘密且可承受短时间浸水。

在一些特殊场合,如有易燃易爆气体等,需要应用防爆传感器的,应按要求使用相应等级的防爆型传感器。在防爆型传感器的安装过程中应严格遵循该区域的施工规范。

5. 无线传感器与有线传感器的比较

无线传感器是近年来得到较大发展的新型传感器,是目前促进物联网发展的主要技术之一,无线网络的技术划分如表 10-13 所示。

表 10-13　无线网络的技术划分

蜂窝网	低功耗广域网	局域网
GPRS、3G、4G、5G	NB-ioT、eMTC、LoRa、GENU	WiFi、ZigBee、蓝牙、Z-Wave
运营商网络 长距离通信 覆盖范围大 数据速率高 终端功耗大	运营商网络、企业网络 广覆盖 低功耗 低成本 大连接 数据速率低	私网部署 覆盖范围小 数据速率高（WiFi、蓝牙、Z-Wave） 数据速率低（ZigBee） 终端功耗低（ZigBee、蓝牙）

蜂窝网一般用于有源系统，用于替代远距离有线网络进行信号传输。电池供电传感器一般应用低功耗的广域网或局域网。

低功耗广域网优先推荐使用 NB-ioT 的传感器。局域网可以根据需要选用，但随着蓝牙技术的发展，通信距离得到提升后，其极低功耗和较高的传输速率的优点将得以发挥，NB-ioT 可能是局域网传感器的首选通信协议。

无线传感器的迅猛发展，导致很多场合已可替代有线传感器，有线传感器与无线传感器的优缺点如表 10-14 所示。

表 10-14　有线传感器与无线传感器的优缺点

	有线传感器（采集系统）	无线传感器
数据采集	可连续数据采集 数据可多通道同步（相位同步） 可用条件信号针对性采集 可用于设备停机控制	一般为间歇性采集（考虑电池容量） 可时间同步（目前做到相位同步的很少） 可采集时间与条件信号对应 不能用于停机控制
可布置性	安装时需要每个传感器布置信号线	无须布线，安装简单
可维护性	设备检修时需拆卸传感器及其连接线	只需要拆卸传感器，维护简单
数据安全性	数据安全性较高	数据通过无线传输，容易被泄露，可使用加密传输以改进
抗干扰能力	传感器及连接信号线易受干扰，影响信号质量	数据采集端与传感器一体，数据质量较好。但传输过程易受干扰，影响数据及时性
价格	整体成本较高	整体成本较低

注：对于大规模广域网传感器应用的场合，应注意其并发通信量的限制条件，需要将传感器的通信时间错开，以避免并发通信数量超过网络极限而造成信号阻塞。

选择无线传感器还是有线传感器，主要是看监测的要求，对于连续采集和同步性要求不高的场合，建议以无线传感器为主。

6. 传感器的选型规范

由于目前市场上有很多传感器的种类和品牌，而且价格差异较大，因此在选择传感器的时候往往无从下手。在了解了传感器的各项指标后，可以从传感器的指标入手，选择适合自己企业应用的传感器。

传感器的选择要求如下。

1）明确采用有线传感器还是无线传感器。一般来说，只有能够满足数据采集要求，为了传感器安装维护的方便性，无线传感器是首选，但要确保无线传感器不会对现场设备造成干扰，同时现场环境能够保证无线传感器的通信顺畅。

2）数据采集精度的选择。对于设备状态监测来说通常传感器的数据采集精度基本能够满足要求，因此没有必要为了采集精度而选择特别昂贵的传感器。但必须保证传感器的一致性。一致性是指多个传感器之间所采集数据的一致性，以及在不同使用环境温度下，传感器精度表现的一致性。

3）传感器的防护。首先要确定传感器应用场合的环境状况，确定是否有防爆要求，是否有酸、碱等腐蚀成分，是否有水、汽、油、高温辐射等。传感器及其电缆均需要满足安装现场的要求并具备长期耐受能力。

以上传感器的选择要求必须在监测系统的设计时得到相应的满足，否则在完成传感器设备的采购后再发现传感器在现场不适用，可能造成一定的经济损失。

10.10.2 常用监测装置的技术指标规范

常用监测装置是指连接传感器的一次仪表或装置，也包括与传感器集成在一起的传感装置或无线传感器等。本规范只是满足状态监测的最低需求，实际应用中传感器性能可超出规范内容。

对各类传感器及其采集装置（包含无线传感器），其数据采集性能应达到以下技术规范要求。

1. 振动监测系统的技术规范

（1）振动位移

振动位移一般指采用电涡流传感器的振动位移数据采集系统所采集的位移量，其相关的技术指标规范如下。

- 频率范围：10～1 000Hz。
- 量程范围：1～2 000μm（或0～1V），在原有振动监测保护系统中获取模拟量的，应具有电气隔离功能。
- 监测误差：监测系统是由传感器和采集装置共同构成的，监测误差指传感器和采集装置的总体误差。在不包括传感器时，系统误差单指采集装置的误差。监测系统总体的监测误差要小于10%，在不包含传感器时，系统误差小于1%。在监测系统运行期间，在新投运或更换传感器等部件后，监测误差均需满足要求。后续监测误差的参数要求将只给出参数值，原因不再赘述。
- 数据长度：即监测系统按采集频率连续采集数据的个数，有4K、8K、16K几个选项可选。例如选4K数据长度时，假设采样精度是14位，系统中一般用2个字节的二进制数表示一个数据，连续采集4 096个数据，此时数据的长度为4K，需要占用8K字节存储空间。后续不再赘述。

- 采集频率：振动的采集频率是 2.56kHz。
- 同步采集：在采集时，要全部通道同步，且通道之间相位误差小于 2 度。
- 采集精度：采集精度大于 14 位。
- 采集间隔：数据组与下一数据组之间间隔时间可设置，最短可设置为连续采集。
- 数据传输：每采集一次波形数据就传输一次数据。以 TCP/IP 或 4G、5G 通信方式进行数据传输。
- 数据格式：应符合数据表示及交互格式规范要求。
- 其他规范：满足相应的电气规范并符合使用场合的温湿度要求。

（2）振动速度

振动速度多数指通过对振动加速度波形进行积分获取的振动速度，本规范适合于采用加速度模拟积分的振动速度采集系统。如果是通过数字积分获得振动速度的，其采样频率不受本规范限制，但积分为振动速度后，其指标需要符合本规范。振动速度相关的技术要求如下。

- 频率范围：5～1 000Hz。
- 量程范围：0～50mm/s。
- 监测误差：小于 10%，不包含传感器时系统误差小于 1%。
- 数据长度：有 4K、8K、16K 可选。如采用 NB-ioT 等低功耗广域网通信协议的传感器，可不传输振动波形，改为传输振动波形的特征量，用于特征量计算的数据长度应不低于 4K，特征量的选择应能够充分表征设备的状态。
- 采集频率：采集频率为 2.56kHz。
- 同步采集：对于无线传感器，无同步要求；对有线传感系统，一般应两两同步，相位同步误差不大于 2 度。
- 采集精度：MEMS 传感器采集位数大于 12 位，压电传感器采集位数大于 14 位。
- 采集间隔：数据组之间的采集间隔时间范围在 1～30 分钟之间可选。
- 数据传输：有线传感器及采集波形的无线传感器一般为每采集一次波形传输一次数据，对于采集特征量的无线传感器，可集中数据传输，传输间隔为 1～8 小时可选。监测振动速度波形时，以 TCP/IP 或 4G、5G、ZigBee 等通信方式进行数据传输。监测特征量时，可采用 NB-ioT、LORA 等通信方式进行数据传输。
- 预警功能：对于采集特征量的无线传感器一般应具有幅值及特征值预警功能，应可设置两级预警，发生预警后应立即将当前及之前已采集的数据进行数据传输。
- 数据格式：符合数据表示及交互格式规范要求。
- 其他规范：满足相应的电气规范，符合使用场合的温湿度及其他环境要求。

（3）振动加速度

以下为采用压电晶体传感器的数据采集系统要求，其是使用 MEMS 加速度传感器的数据采集系统。由于传感器高频响应较低，因此可降低数据采集器对高频响应的要求。

- 频率范围：5～8kHz。
- 量程范围：0.1～500m/s^2。
- 监测误差：小于10%，不包含传感器时系统误差小于1%。
- 数据长度：有4K、8K、16K、32K、64K可选。
- 同步采集：无线传感器无同步要求；对有线传感系统而言，需要同步采集的，应做到全部通道同步且通道间相位误差不大于2度，不需要全通道同步采集的，则一般要求通道实现两两同步即可。
- 数据传输：一般为每采集一次波形传输一次数据。监测振动加速度波形时，以TCP/IP或4G、5G、ZigBee等通信方式进行数据传输。仅监测特征量时，可采用NB-ioT、LORA等通信方式进行数据传输。
- 采集精度：数据采集位数大于14位。
- 条件采集：有线传感器系统应具备触发采集功能。
- 等角度采集：用于变转速场合，需具备等角度（等空间）采集功能，可直接接入光电编码盘的输出信号，每转的采集点数可设定。无线传感器则无此项要求。
- 采集间隔：无线传感器的数据采集间隔可设置为5～30分钟；有线传感器系统的数据采集间隔可设置为1～30分钟。
- 预警功能：无线传感器一般应具有幅值及特征值预警功能，应可设置两级预警，且预警值可远程设置，发生预警后立即发送预警数据信息。
- 数据格式：符合数据表示及交互格式规范要求。
- 其他性能：满足相应的电气规范并符合使用场合的温湿度及其他环境要求。

（4）振动冲击

振动冲击一般采用压电晶体传感器，取传感器谐振频率范围作为载波信号，当载波信号采用其他信号时，其频率范围应相应变化。其技术要求如下。

- 频率范围：10k～40kHz。
- 包络检波后为：1～1kHz。
- 量程范围：0.1～500G。
- 监测误差：小于10%，不包含传感器时系统误差小于1%。
- 数据长度：有2K、4K、8K、16K、32K可选；仅采集特征量的传感器，用于特征量计算的数据长度应不低于4K，同时特征量的选择应能够充分表征设备的冲击状态。
- 采集精度：数据采集位数需要大于12位。
- 采集间隔：无线传感器的数据采集间隔可设置为5～30分钟；有线传感器系统的数据采集间隔可设置为1～30分钟。

- 数据传输：有线传感器及采集波形的无线传感器一般会每采集一次波形就传输一次数据，而采集特征量的无线传感器可集中传输数据，传输间隔为 1～8 小时（可选）。需要传输振动冲击波形时，可以以 TCP/IP 或 4G、5G、ZigBee 等通信方式进行数据传输。仅监测特征量时，可采用 NB-ioT、LORA 等通信方式进行数据传输。
- 预警功能：无线传感器一般应具有幅值及特征值预警功能，应可设置两级预警，发生预警后立即发送预警信息及预警时的所有特征量和之前已采集的数据。
- 数据格式：符合数据表示及交互格式规范要求。
- 其他性能：满足相应的电气规范并符合使用场合的温湿度及其他环境要求。

2. 机械设备温度监测系统的技术规范

机械设备温度传感器一般使用热电阻或半导体传感器，采用接触式进行温度测量。其性能指标如下。

- 量程范围：不低于 −20～120℃（或为被测设备可能的温度范围）。
- 温度精度：精度范围是量程的 1%±1℃。
- 采集间隔：采样间隔 1～60 分钟可选择。
- 数据传输：有线传感器一般会每采集一次就传输一次数据，而无线传感器可集中数据传输，传输间隔可设置为 1～8 小时。有线以 TCP/IP 或 RS-232/422/485、MODBUS 传输数据，无线传感器用 NB-ioT、LOLA 等通信方式传输数据。
- 预警功能：无线传感器一般应具有温度超限预警功能，应可设置两级报警，预警值可远程设置，发生预警后立即发送预警当时及之前的温度数据。
- 数据格式：符合数据表示及交互格式规范要求。
- 其他性能：满足相应的电气规范并符合使用场合的温湿度及其他环境要求。

3. 电流监测系统的技术规范

对于通过监测三相电流分析设备问题的电流监测系统，三相电流通常是通过电流互感器输出端串联一个 0.1Ω 的电阻，取电阻两端的电压作为输入量，也有自带电流互感器（罗柯夫斯基线圈或利用霍尔元件）的电流监测系统。电流监测系统的技术要求如下。

- 通道数：3 通道（三相电流），可具备电压通道。
- 分析频率：1kHz（采样频率为 2.56kHz）或 2.5kHz（采样频率 6.4kHz）。
- 监测误差：电流的监测误差小于 5%，不包含电流传感器时，其系统误差小于 1%。
- 数据长度：2K、4K、8K、16K、32K 可选。
- 采集精度：数据采集位数大于 14 位。
- 同步采集：3 通道同步采集。
- 采集间隔：采集间隔可设置为 1～30 分钟。
- 数据传输：每采集一次波形传输一次数据，以 TCP/IP 或 4G、5G 通信方式传送数据。

- 数据格式：符合数据表示及交互格式规范要求。
- 其他性能：满足相应的电气规范并符合使用场景的温湿度及其他环境要求。

4. 扭矩扭振传感器系统的技术规范

扭矩扭振传感器一般是固定于设备旋转轴上的传感器系统，其采集的数据通过无线方式传递至接收器并输出。具体技术要求如下。

- 分析频率：1kHz（采集频率为2.56kHz）
- 监测误差：扭矩误差小于5%，扭振误差小于10%。
- 数据长度：2K、4K、8K可选。
- 采集精度：数据采集位数大于12位。
- 条件采样：具备触发采样功能。
- 数据传输：一般为每采集一次数据传输一次。以TCP/IP或4G、5G等通信方式进行数据传输。
- 数据格式：符合数据表示及交互格式规范要求。
- 其他性能：满足相应的电气规范并符合使用场合的温湿度及其他环境要求。

5. 液压压力监测系统的技术规范

液压压力传感器一般安装于液压管道中的测压口，量程范围需符合液压压力等级，其技术要求为：

- 监测误差：小于1%。
- 分析频率：100Hz（采样频率256Hz），仅采集压力值而不做压力动态变化分析时无此要求。
- 数据长度：512、1K可选，仅采集压力值而不做压力动态变化分析时无此要求。
- 采集精度：数据采集位数大于12位。
- 采集间隔：数据采集间隔在1~60分钟之间可选。
- 数据传输：有线传感器一般为每采集一次波形传输一次数据，无线传感器可集中数据传输，传输间隔为1~8小时可选。有线以TCP/IP或RS-232/422/485、MODBUS传输数据，无线传感器用NB-ioT、LOLA、4G等通信方式传输数据。
- 预警功能：无线传感器应具有幅值及特征值预警功能，应可设置两级预警，预警值可远程设置，预警时数据及时传输。
- 数据格式：符合数据表示及交互格式规范要求。
- 其他性能：满足相应的电气规范并符合使用场合的温湿度及其他环境要求。

6. 液压流量监测系统的技术规范

液压流量一般采用超声波传感器和外夹式流量传感器，测量管径范围应符合液压管道实际要求。其技术要求如下。
- 监测误差：小于 2%。
- 分析频率：100Hz（采样频率 256Hz），仅采集流量值而不做流量动态变化分析时无此要求。
- 数据长度：可设置为 512 或 1K，仅采集流量值而不做流量动态变化分析时无此要求。
- 采集精度：数据采集位数大于 12 位。
- 采集间隔：数据采集间隔在 1～60 分钟之间可选。
- 数据传输：有线传感器一般为每采集一次波形传输一次数据，无线传感器可集中数据传输，传输间隔为 1～8 小时可选。有线以 TCP/IP 或 RS-232/422/485、MODBUS 传输数据，无线传感器用 NB-ioT、LOLA、4G 等通信方式传输数据。
- 预警功能：无线传感器一般应具有流量预警功能，应可设置两级预警，预警值可远程设置，预警时数据及时传输。
- 数据格式：符合数据表示及交互格式规范要求。
- 其他性能：满足相应的电气规范并符合使用场合的温湿度及其他环境要求。

7. 润滑油含水量监测的技术要求

一般采用相对湿度传感器对润滑油中水分进行在线监测。主要技术要求为：
- 量程范围：0.1%～10%。
- 监测误差：小于 5%。
- 采集间隔：一般为 120 分钟。
- 数据传输：有线传感器一般为每采集一次波形传输一次数据，无线传感器可集中数据传输，传输间隔为 2～8 小时可选。有线以 TCP/IP 或 RS-232/422/485、MODBUS 传输数据，无线传感器用 NB-ioT、LOLA 等通信方式传输数据。
- 预警功能：无线传感器一般应具有含水量预警功能，应可设置两级预警，预警值可远程设置，发生预警时及时传输数据。
- 数据格式：符合数据表示及交互格式规范要求。
- 其他规范：满足相应的电气规范，并符合使用场合的温湿度及其他环境要求。

10.10.3　监测传感器安装位置及监测点数量

在确定好监测技术、传感器及采集装置后，需要确定传感器在被监测设备上的安装数量及位置，为了保证设备数据的一致性和可参照性，同类别设备中传感器安装位置和传感器数量应保持一致。

采用的监测技术不同或设备类型不同，传感器的安装位置及需要的数量也不同，下面就以振动传感器在风机设备上的安装位置及数量为例，说明传感器安装位置及数量的标准制定方法。

风机设备种类较多,本规范将常见的4类风机纳入标准,分别为双吸离心式风机、单吸离心式风机、轴流式风机、蜗杆式风机,其他风机可参照执行。

风机设备监测传感器具体安装点及数量见表10-15~表10-18。

表10-15 双吸离心风机监测传感器选择、安装位置及传感器数量一览表

设备类别	监测类别		监测参数类型	安装位置/信号获取位置	传感器类型	传感器数量	参数说明
双吸离心式风机	状态参数	重点监测	振动	轴承座水平及垂直方向	压电式振动传感器(无线、有线)	4	振动与电流只需二选一,温度需要与振动或电流配合
			温度	轴承座	温度传感器(无线、有线)	2	
			电流	配电柜	电流监测分析装置	1	
			使用滑动轴承时振动按此项位移	滑动轴承X、Y方向,或原有监控设备信号输出端	涡流传感器或利用原有振动保护系统	4	原设备无位移传感器安装位置时同上
		一般监测	振动	轴承座水平方向	MEMS传感器(无线、有线)价格相近时多轴优先	2	各监测参数可单选,如选振动加温度时推荐使用振动温度一体传感器
			温度	轴承座	半导体温度传感器(无线、有线)	2	
			电流	配电柜	电流监测分析装置	1	
	工况参数		转速	控制柜或变频器	隔离模块或通信接口	1	对于变转速风机需要
			风门开度	控制柜仪表或L1	隔离模块或通信接口	1	
			输入输出压力	控制柜仪表或L1	隔离模块或通信接口	2	

表10-16 单吸离心风机监测传感器选择、安装位置及传感器数量一览表

设备类别	监测类别		监测参数类型	安装位置/信号获取位置	传感器类型	传感器数量	参数说明
单吸离心式风机	状态参数	重点监测	振动	轴承座水平方向、轴承座轴向	压电式振动传感器(无线、有线)	4	振动与电流只需二选一,温度需要与振动或电流配合
			温度	轴承座	温度传感器(无线、有线)	2	
			电流	配电柜	电流监测分析装置	1	
		一般监测	振动	轴承座水平方向及轴向	MEMS传感器(无线、有线)多轴传感器	2	振动与电流只需二选一。如选振动加温度时,推荐使用振动温度一体传感器
			温度	轴承座	半导体温度传感器(无线、有线)	2	
			电流	配电柜	电流监测分析装置	1	

（续）

设备类别	监测类别	监测参数类型	安装位置/信号获取位置	传感器类型	传感器数量	参数说明
单吸离心式风机	工况参数	转速	控制柜或变频器	隔离模块或通信接口	1	对于变转速风机需要
		风门开度	控制柜仪表或L1	隔离模块或通信接口	1	
		输入输出压力	控制柜仪表或L1	隔离模块或通信接口	2	

表 10-17 轴流风机监测传感器选择、安装位置及传感器数量一览表

设备类别	监测类别	监测参数类型	安装位置/信号获取位置	传感器类型	传感器数量	参数说明
轴流式风机	状态参数	重点监测	电流	配电柜	电流监测分析装置	1	振动电流二选一
			振动	风机外壳支撑筋处（在不影响风流的情况下，安装在风机的电机轴承座处效果更佳）	压电式振动传感器（无线、有线）	1（当安装于电机轴承座时为2）	
		一般监测	电流	配电柜	电流监测分析装置	1	振动电流二选一
			振动	风机外壳支撑筋处	MEMS传感器（无线、有线）	1	
	工况参数	转速	控制柜或变频器	隔离模块或通信接口	1	对于变转速风机需要

表 10-18 蜗杆式风机监测传感器选择、安装位置及传感器数量一览表

设备类别	监测类别	监测参数类型	安装位置/信号获取位置	传感器类型	传感器数量	参数说明
蜗杆式风机	状态参数	重点监测	振动	风机轴承座顶部垂直方向指向2个轴承轴心	压电式振动传感器（无线、有线）	2	各监测参数可单选，也可复选，其中振动与电流只需二选一
			温度	轴承座	温度传感器（无线、有线）	4	
			电流	配电柜	电流监测分析装置	1	
		一般监测	电流	配电柜	电流监测分析装置	1	两种监测参数可单选，也可全选
			温度	轴承座	半导体温度传感器（无线、有线）	4	
	工况参数	转速	控制柜或变频器	隔离模块或通信接口	1	对于变转速风机需要
		风门开度	控制柜仪表或L1	隔离模块或通信接口	1	
		输入输出压力	控制柜仪表或L1	隔离模块或通信接口	2	

其他类型的设备可参考风机设备的样例形成相应的标准。

10.11 监测系统数据采集参数配置

状态监测系统参数配置是一个不断优化的过程。采集的数据过于密集可能造成数据频度过高、数据价值密度降低，加重系统总体负担而增加投资成本。而采集数据密度太低则可能无法及时发现设备的状态变化，从而导致漏报警等。

采集参数的设置主要取决于被监测设备的异常类型、采用的监测技术、监测数据的用途以及监测传感器的安装方式等。本节给出了振动、电流、扭矩扭振、应力、压力等常用监测技术对通用设备的采集参数配置规范。对于特殊设备，如低速设备（低于每分钟300转）、高速设备（高于每分钟10 000转）等，采集参数需要进行适当调整。

10.11.1 振动监测的数据采集相关参数配置

振动传感器具有方向敏感的特点，因此需要标明传感器轴线方向，传感器轴线方位定义如表10-19所示。

表 10-19 传感器轴线方位定义

代码	方向	说明
H	水平	传感器敏感轴线只位于0度或180度
V	垂直	传感器敏感轴线只位于90度或270度
A	轴向	传感器敏感轴线平行于旋转轴线

振动可分为振动位移、振动速度、振动加速度、振动冲击4种参数，振动参数选择需按照设备类型及设备异常的种类事先确定，而且确定后需要在全企业范围内统一执行。例如，滚动轴承支撑的风机的转动频率相关的异常采用振动速度参数分析，齿轮箱齿轮异常采用振动加速度参数进行分析等，在参数配置标准制定时需要明确。

振动数据采集的参数配置应保证其分析频率高于设备的最高异常频率，数据长度需提供足够的频域频率分辨率。

1. 振动位移的数据采集相关参数配置

振动位移一般从原有涡流传感器及监测系统中用重新采样的方式获取，监测的对象设备基本是大型动力设备，如发电机、高炉鼓风、主排风机、空压机等，一般要求所有通道同步采集。

获取的信号一般有4个轴承的8路振动位移信号及1路轴位移信号，振动位移的数据采集相关参数配置如表10-20所示。

表 10-20 振动位移的数据采集相关参数配置

项目	分析频率	采样频率	每组数据长度	振动（工况）值	数据组间隔 正常	数据组间隔 异常
振动位移	1kHz	2.56kHz	8K	通过数据组计算峰值	5分钟	10秒
轴位移	1kHz	2.56kHz	4K	通过数据组计算峰峰值	5分钟	10秒
工况信号	—	1秒	—	数据可直接利用	与数据组对应（注）	连续

注：工况信号与数据组对应是指在采集本组数据时的工况信息，每个数据组对应工况信号组的一个数据即可，连续采集是指在异常期间，工况信号以每秒一次的频率连续采集。

2. 振动速度的数据采集相关参数配置

振动速度一般是利用振动加速度传感器通过软件或硬件积分转换得到的，无论是通过加速度信号软件积分还是通过硬件积分再采样，均需满足表 10-21 的要求。在一些特殊应用场合，如轧机监测中一般设置为每卷钢一组数据，数据组数据长度及数据组间隔不受表 10-21 的限制。

表 10-21 振动速度的数据采集相关参数配置

项目	监测方式	分析频率	采集频率	每组数据长度	振动（工况）值	数据组间隔 正常	数据组间隔 异常
振动速度	重点监测	1kHz	2.56kHz	8K	通过数据组计算有效值、峰值	10分钟①	1分钟
振动速度	一般监测	1kHz	2.56kHz	4K	通过数据组计算有效值、峰值	30分钟②	5分钟
工况信号	—	—	1秒	—	数据可直接利用	与数据组对应	连续

注：①数据组采集间隔可视设备特点、传感器类型等在规定范围内灵活设置，一般设备的损坏周期越长，采集间隔也可以越长；如果使用无线传感器，如果传感器内具备智能预警功能并能够及时预警异常的，其数据组间隔可适当延长，最长不超过 8 小时。一般情况下数据采集间隔延长电池使用周期也可延长。
②如采用 NB-ioT 等低功耗广域网通信协议的传感器，一般不传输振动波形，改为传输振动波形的特征量，其特征量应能够充分表征振动的状态。

3. 振动加速度的数据采集相关参数配置

振动加速度是通过加速度传感器直接获取的，由于传感器的安装方式对加速度的频响有直接影响，因此不同的安装固定方式，其采用的数据采集方式也有区别。振动加速度的数据采集相关参数配置如表 10-22 所示。

注意：在进行轧机等设备的监测时，一般为每卷钢一组数据，并需多通道同步采集，数据组间隔不受表 10-22 的限制；同时对于粗轧、飞剪等设备，设备的连续工作时间短于最小数据长度所需采集时间的，可不受最短数据长度限制。对于有条件的轧机设备，可采集空载（非轧钢）时的信号，用以分析减速箱、分配箱的轴承问题，用负载信号分析对应的齿轮问题。在这种情况下，每卷钢就有两组数据（包含空载和负载）。

表10-22　振动加速度的数据采集相关参数配置

项目	分析频率	采集频率	每组数据长度	振动（工况）值	数据组间隔	
					正常	异常
螺栓固定（或黏结）固定的传感器	可选2kHz、4kHz、8kHz	分析频率的2.56倍	可选8K、16K、32K	通过数据组计算有效值、峰值	10分钟	1分钟
磁座固定的传感器	可选2kHz、4kHz	分析频率的2.56倍	可选8K、16K	通过数据组计算有效值、峰值	10分钟	1分钟
工况信号	—	1秒	—	数据可直接利用	与数据组对应	连续

注：①分析频率的选择与设备的最高可能频率有关，分析频率以略超过设备可能的最高频率为佳。推荐数据长度与分析频率对应，即分析频率为2kHz时选8K数据长度，4kHz时选16K数据长度。
②数据组采集间隔可视设备特点在一定范围内灵活设置，一般设备的损坏周期越长，采集间隔也可以越长；如果使用无线传感器，如果传感器内具备智能预警功能并能够及时预警异常，其数据组间隔可适当延长，最长不超过8小时。一般情况下数据采集间隔延长电池使用周期也可延长。

4. 振动冲击的数据采集相关参数配置

振动冲击一般情况下是与振动速度一体的传感器，其采集周期和间隔一般与其一体的振动速度配置相同。振动冲击传感器的数据采集相关参数配置见表10-23。

表10-23　振动冲击传感器的数据采集相关参数配置

项目	分析频率	采集频率	每组数据长度	振动（工况）值	数据组间隔	
					正常	异常
解调后的振动冲击	1kHz	2.56kHz	4K	冲击平均值、峰值	10分钟	1分钟
工况信号	—	1秒	—	直接利用	与数据组对应	连续

注：①如采用NB-ioT等低功耗广域网通信协议的传感器，可不传输冲击波形，改为传输振动冲击波形的特征量，其特征量应能够充分表征振动的状态。
②对于振动冲击，一般来说转速越低的设备，其需要更长的数据长度才能获得较好的监测效果。

10.11.2　电流监测的数据采集相关参数配置

电流监测指通过三相电流的监测来诊断出电机及其拖动系统的问题。单纯的监测电流变化不用参照本设置要求。电流监测的数据采集相关参数配置见表10-24。

表 10-24　电流监测的数据采集相关参数配置

项目	监测类别	分析频率	采集频率	每组数据长度	电流（工况）值	采样间隔	
						正常	异常
三相电流	重点监测	2.5kHz	6.4kHz	16K	有效值	5分钟	1分钟
	一般监测	1kHz	2.56kHz	4K	有效值	10分钟	5分钟
工况信号	—	—	1秒	—	直接利用	与数据组对应	连续

注：如采用 NB-ioT 等低功耗广域网通信协议的传感器，可不传输电流波形，改为传输电流波形的特征量，其特征量应能够充分表征电流的状态。

10.11.3　扭矩、扭振的数据采集相关参数配置

扭矩、扭振是通过安装在转轴上的传感器获取的信号，一般按照工况情况采集咬钢前后的信号，其参数配置如表 10-25 所示。

表 10-25　扭矩、扭振监测的数据采集相关参数配置

项目	分析频率	采集频率	每组数据长度	扭矩或扭振（工况）值	数据组间隔	
					正常	异常
扭矩或扭振	1kHz	2.56kHz	8K	有效值、峰值	10分钟	1分钟
工况信号	—	1秒	—	直接利用	与数据组对应	连续

10.11.4　应力监测的数据采集相关参数配置

应力监测是通过安装在设备上的应变传感器获取信号，应力一般可分为动态应力和静态应力，本节参数配置为动态应力情况，其参数配置如表 10-26 所示。静态应力可参照单值监测配置。

表 10-26　应力监测的数据采集相关参数配置

项目	分析频率	采集频率	每组数据长度	应力（工况）值	数据组间隔	
					正常	异常
应力	200Hz	512Hz	1K	平均值、峰值	10分钟	1分钟
工况信号	—	1秒	—	设备负荷	与数据组对应	与数据组对应

10.11.5　压力流量的数据采集相关参数配置

压力与流量一般可分为动态和静态两种，本节参数配置为动态情况，其参数配置如表 10-27 所示。静态压力流量可参照单值监测配置。

表 10-27　压力流量的数据采集相关参数配置

项目	分析频率	采集频率	每组数据长度	特征（工况）值	数据组间隔	
					正常	异常
压力	100Hz	256Hz	1K 可选	平均值、峰值	5分钟	1分钟
流量	100Hz	256Hz	1K 可选	平均值、峰值	5分钟	1分钟
工况信号	—	1秒	—	直接利用	与数据组对应	连续

10.11.6 单数值监测的数据采集相关参数配置

单数值监测有别于时域波形的监测方式,其在一个时间段只需获取一个数值结果的监测方式。

单数值监测的物理参数如温度、湿度、油中水分、清洁度、电阻、电压、电流等,在一些场合,诸如振动量、压力、流量等也可作为单数值的物理量进行监测。

单数值监测参数配置是指作为独立监测参数时的配置方法,如果是作为辅助工况参数采集的,则需按主采集参数的要求进行配置(如以电流量作为负荷参数时的电流量)。

单数值监测需配置的参数为数值采集间隔、数据传输间隔以及异常预警时的采集传输策略。

单值监测的种类较多,一般针对缓变量信号采集间隔可拉长,对于快变量采集间隔应缩短,同时应视具体应用的需要,建议的单数值数据采集相关参数配置表如表10-28所示。

表10-28 单数值数据采集相关参数配置表

项目	采集间隔	有线网络传送间隔	无线传送间隔	
			正常	异常
快变信号	1秒	1分钟传送一次,异常时立即传送	5分钟,判断到异常后立即传输	1分钟
缓变信号	10分钟	采集后直接传送	4小时传输一次,判断到异常后立即传输	30分钟
极缓变信号	1小时	采集完成后立即传送	24小时传输一次,也可以采集完成后立即传送	采集完成后立即传送

10.12 传感器及监测系统安装规范

设备状态监测系统的性能与传感器的安装部位与安装方式直接相关,因此正确的传感器及监测系统的安装规范显得极为重要。下面以振动传感器和监测系统为例示范传感器及监测系统的安装规范。

10.12.1 振动传感器的安装规范

本节将介绍振动传感器的安装规范。本节内容引用了《GB/T 14412—2005/ISO 5348:1998 机械振动与冲击 加速度计的机械安装》的部分内容。

1. 安装部位

振动传感器一般安装在轴承座上,可有3个安装方向,分别为 X 水平方向、Y 垂直方向、Z 轴向,见图10-1。

水平方向应安装在轴承座的下半部,以水平指向轴心为佳。

垂直方向可安装在轴承座上部并指向轴心。

轴向可安装在轴承座侧面的轴承座下半部,以对准轴承外圈位置。

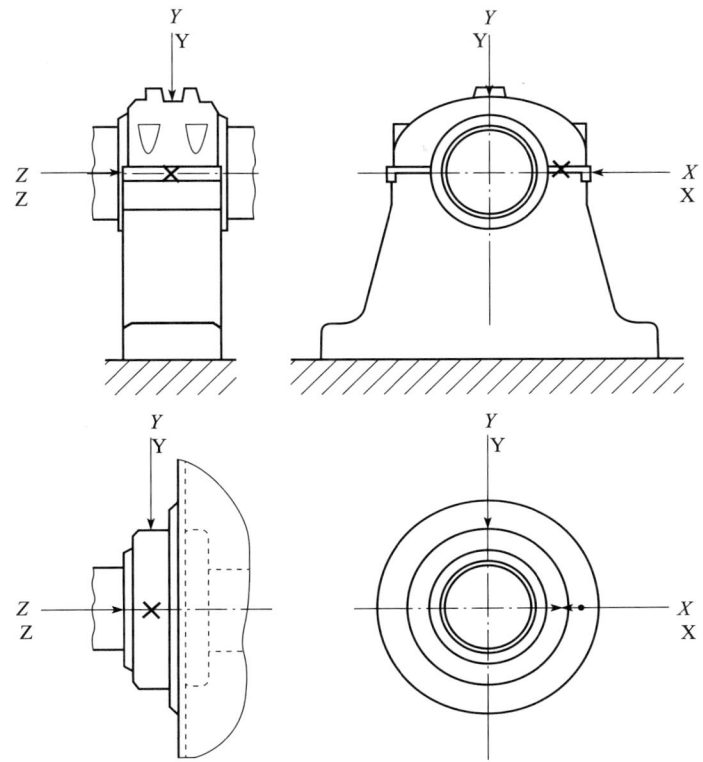

图 10-1 传感器安装部位示意图

2. 安装方法比较

应该仔细地检查安装表面是否有污染和表面是否平滑,如有应加工使其平整,使加速度的灵敏轴和测量方向的偏差减到最小,否则将导致相当于横向灵敏度所引起的误差,当横向运动大于轴向运动时,此类误差将会特别明显。

传感器所采用的安装方法需满足设备监测对数据的要求。影响安装方法的各项准则见表 10-29。

表 10-29 影响安装方法的各项准则

固定方式	谐振频率	工作温度	安装刚度	谐振增益因子	表面平整的重要性	温度传导性
螺纹	●	●	●	●	●	●
氨基丙烯酸甲酯黏结剂	●	●	●	●	◎	◎
蜂蜡	◎	○	◎	●	●	○
双面胶带	○	○	○	●	◎	○
夹具	◎	●	●	◎	●	○
真空安装	◎	●	●	◎	●	●
磁性座	◎	●	○	○	○	○
标识说明: ●良好 ◎中等 ○不好						

（1）螺纹安装

安装表面（加速度传感器与被测结构）应清洁、平整与加工光滑，表面光洁度要不低于△6，安装螺孔应垂直于安装表面。

应根据传感器的要求，达到规定的安装力矩，以达到紧密的结合，同时不致损伤加速度传感器。应当采用传感器厂家推荐的安装力矩进行安装，如无传感器厂家推荐的数据，可按照 M5 螺钉采用扭矩 1.8N·m、M3 螺钉采用 0.6N·m 扭矩进行安装。

在结合面之间涂上一层薄薄的油或油脂，以获得良好的接触率和最大的刚度。

螺钉在螺孔中不能碰到底部，这可能导致两安装面中有一微小间隙，从而使刚度降低。

（2）使用安装器件安装

在设备表面不便加工螺纹或没有平整安装面的情况下，推荐使用安装器件进行安装，其安装效果基本等同于螺纹安装。

安装器件（包括电气绝缘螺钉）应具有刚度大，质量轻，惯性矩小，且对灵敏轴结构对称。

常见的安装器件如图 10-2 所示将它牢固地焊接在设备监测点上，其表面经机械加工，并有螺纹孔，以用于螺钉连接。

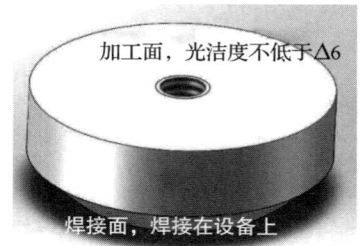 

图 10-2　安装器件示意图

注意，圆盘式安装器件应焊接一周；方形连接器可焊接 4 个边，也可以焊接对称的两个边，保证结构对称。安装器件的面积以包含整个传感器底面为宜，其材料最好采用易焊接不易生锈的钢材。在焊接安装器件后，传感器的安装要求与螺纹安装相同。

（3）黏结安装

如果监测要求对加速度传感器电气绝缘，或不能焊接安装器件，则采用此种方法。经常也使用一种黏结螺钉，一端是有螺纹，另一端做成一平台，以便于黏结在结构上。黏结式安装件如图 10-3 所示，其圆盘直径以包含整个传感器底面为宜。

图 10-3　黏结式安装件

黏结的安装表面按黏结剂所推荐的方式进行清洗。黏结剂应形成一薄膜，近似于构成一刚性弹簧。可采用丙烯酸类或热凝性固化黏结剂，溶剂干燥后黏结剂趋向于保留某种柔软物性从而导致降低谐振频率。

（4）其他的安装方式

其他安装方式有：在加速度传感器底部涂上一层薄薄的固化蜂蜡；采用双面胶带；用磁性座；用快速安装夹具；用真空安装座等，都可能取得良好的结果，但这些办法是严格地限制在某种振幅和频率范围内的。

在某些难以确定安装方式的场合，应根据其基本频率和振幅的范围，用实验方法加以确定。

3. 各种安装方式下的可用频率

传感器在可用频率下的连接频率响应基本是平坦的，高于可用频率的应用需用实验的方法确定。谐振频率越高，其可用的频率也越高，影响谐振频率的因素主要有安装面的平整度、螺纹安装扭矩、黏结层厚度及刚性、磁座吸力等参数。通常情况下，振动传感器在各种安装方式下的安装谐振频率如表10-30所示。

表10-30　振动传感器在各种安装方式下的安装谐振频率

安装性能指标	螺纹安装	黏结剂	蜂蜡	双面胶带	安装夹具	真空安装	磁性座
可用频率（单位：kHz）	8	5	10	0.5～5视双面胶厚度	因夹具而异	视真空安装器具而异	5
谐振频率（单位：kHz）	30	30	30	1.8～20	因夹具而异	视真空安装器具而异	20
最高使用温度（单位：℃）	无限制	80	40	95	>100	80	250

4. 加速度传感器的引出线固定

对于有线传感器，其引出线应按如图10-4所示的要求进行固定。

5. 加速度传感器的推荐安装方式

对于频响要求较高的压电晶体传感器，一般推荐使用螺纹安装或通过安装器件安装，在监测频率低于2kHz的情况下可用磁座安装。其他安装方式需视需要选用。

对于MEMS传感器，由于传感器本身频率响应较低，因此可使用多种安装方式，可视具体需要选择。如果是振动温度一体传感器，还需考虑温度的热传递特性。

对于双轴以上的传感器，不仅应考虑安装方向的振动传递，也需考虑传递切向的振动传递，采用螺纹连接是较好的选择。

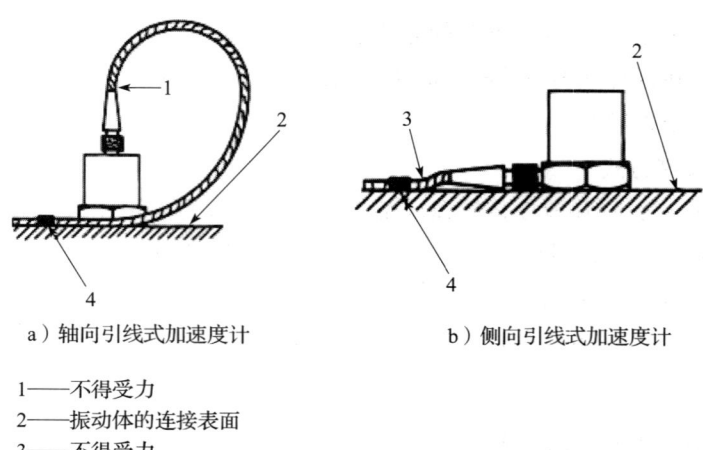

a）轴向引线式加速度计　　　　b）侧向引线式加速度计

1——不得受力
2——振动体的连接表面
3——不得受力
4——将导线固定在振动表面上

图 10-4　轴向和侧向引线式的加速度传感器

10.12.2　监测系统的安装规范

监测系统的安装主要有两种类型。

1. 无线传感器的数据采集系统

无线传感器的数据采集系统的作用是收集多个无线传感器的数据，并将数据发送至数据平台，也可以接收数据平台的命令并以无线方式传送到各无线传感器。

数据采集系统要保证与各传感器之间能通畅的无线信息交互，安装位置应尽可能避免无线信号的干扰，无线通信质量不仅关系到数据信息的可靠性，也与无线传感器的电池寿命密切相关。

数据采集系统的安装应满足数据采集系统所给出的使用环境要求，在室外安装时，要避免安装在密闭的箱体中，以避免受阳光照射后箱体内温度过高影响使用寿命。安装在金属箱体内时要注意箱体对无线信号的影响。同时要满足工业现场的安全要求，避免安装在人行过道及设备检查位置等容易造成磕碰的位置。

数据采集系统的电源推荐使用工业控制电源，避免采用检修电源等容易经常断电或干扰较大的电源。

2. 有线传感器的数据采集系统

有线传感器的数据采集系统的作用是将传感器的模拟信号转化为需要的数字信号，然后将数字信号传送至网络，并进行双向数据通信。

数据采集系统一般能连接多个传感器，并可接入需要的触发信号及工况信号等参考信息。

数据采集系统应尽量靠近传感器的安装位置安装，以缩短传感器连接电缆的长度，同时要注意传感器电缆不要与动力电缆等近距离平行铺设，以降低信号受干扰的可能性。

数据采集系统的安装同样需要满足采集系统对环境的要求，在室外安装时，同样要避免安装在密闭的箱体中，以避免受阳光照射后箱体内温度过高影响使用寿命。同时要满足工业现场的安全要求，避免安装在人行过道及设备检查位置等容易造成磕碰的位置。

数据采集系统的电源推荐使用工业控制电源，避免采用检修电源等容易经常断电或干扰较大的电源。传感器电缆、电源电缆、通信电缆的铺设应满足工厂电缆铺设要求。

CHAPTER 11

第11章

常用的设备状态检测技术

市场上有很多设备状态检测技术[一]。在准备大规模应用时，应选择那些有成熟案例且已被证明可靠有效的技术和产品。对于新技术和新产品，应在小范围内进行试验应用，并在取得成功后修订应用标准再推广使用。

本章主要介绍了常用检测技术的基本原理、适用范围和应用重点，在选择状态监测技术时可以作为参考。这些技术作为设备智能运维的基本技术内容，大多数智能运维人员都需要掌握和学习。至于传感器及采集系统更深入的原理，本章未做详述，有兴趣深入了解的读者可查阅相关书籍或文献。

11.1 振动检测技术

振动检测技术是利用振动信号对设备故障进行检测和诊断的技术，具备普遍意义。大部分机器设备都适合采用测量振动来进行状态监测与故障诊断（如轴承、齿轮、旋转机械等）。一般情况下，旋转机械设备故障的90%可以从振动中发现，因此振动检测技术一直是掌握设备状态的主要手段。振动的检测和监测在词义上是基本一致的，习惯上把人工测量振动称为振动检测，在线测量振动称为振动监测。其技术原理是完全一致的。

振动检测由于适用面广、能够监测的设备异常种类多、实施相对经济实惠等原因，一直在设备状态监测中占有较大的比重。

但由于振动检测在传感器选型、安装、振动采集参数设置等方面技术要求较高，经常可以看到传感器选型不合适、传感器安装不恰当、参数选择不合理的案例，而且由于多数介

[一] 状态监测一般指在线监测，检测技术包含人工检测和在线监测，故此处使用检测技术，一般在线监测需要有离线检测作为补充。

绍振动诊断的相关书籍和资料通常以介绍分析方法为主,而很少介绍振动在线监测系统的实际应用方法和基础原理,因此本节会进行较为详细地介绍。

11.1.1 振动传感器分类

振动传感器按检测振动物理量分类,主要有位移传感器、振动速度传感器、振动加速度传感器三大类。

(1) 位移传感器

位移传感器以电涡流传感器为主,可以监测振动位移。这类传感器一般应用在大型动力设备上,如发电机、汽轮机、空压机、大型风机等,用于监测滑动轴承的相对位移,具体通常是传感器穿过轴瓦检测转动轴的相对位移。由于这种传感器安装需要在设备上有专门的设计,因此一般在设备出厂时就已安装好传感器及监测系统。如果没有为安装传感器预留位置,在设备出厂后追加安装电涡流传感器是比较困难的。

(2) 振动速度传感器

振动速度传感器主要有电磁感应式传感器和内置积分电路的加速度传感器两种,由于电磁感应式传感器结构复杂,比较容易损坏,目前已很少使用。大部分都是采用内置积分电路的加速度传感器。随着嵌入式芯片技术的发展,加速度传感器在数据采集后对加速度信号进行数字积分,基本可以替代速度传感器的功能,因此输出模拟速度信号的传感器的使用比例越来越低,逐步被加速度传感器所替代。

(3) 振动加速度传感器

振动加速度传感器主要有压电晶体传感器和MEMS传感器两类,其他类型的传感器也有一定的应用,如振动开关等,鉴于振动开关只提供振动保护,并不能输出振动信号,因此不在此做详细描述。由于压电晶体加速度传感器电荷输出极容易受到干扰,因此在现场使用的都是内置电荷放大器的加速度传感器(ICP传感器)。MEMS是近年来随着半导体芯片技术发展起来的传感器,具有体积小、成本低的优势,不同传感器的优缺点如表11-1所示。

表 11-1 不同传感器的优缺点比较

传感器类别	优点	缺点
涡流式传感器(位移传感器)	直接测量振动位移、测量精度高、可测量静态位移	需要专门设计的安装位置、频率相应较低、需要专门的适配器
电磁式传感器(速度传感器)	直接测量振动速度、灵敏度较高	体积大、有相对运动部件、可靠性低
压电晶体传感器(加速度传感器)	频率响应高、可测量冲击振动、测量范围大	电荷输出易受干扰、传感器性能受电荷放大器影响
内置电荷放大器压电式传感器(ICP)(加速度传感器)	频率响应高、测量冲击振动、抗干扰能力强	传感器测量范围受影响、传感器工作温度范围较窄
MEMS传感器	可大批量生产、成本低;体积小、重量轻、耗能低;可与处理芯片集成;可多方向振动检测	工作温度范围较窄、频响范围较低、基础噪声相对较高

11.1.2 振动监测的三要素

振动监测有三个要素分别是表征振动的振幅、频率（周期）及相位。

振幅即振动幅值的大小，有以下 4 个参数。

1）位移：指振动在某个方向上移动的距离。振动位移的公制单位为微米（μm），振动位移对低频信号敏感，特别是在设备转速频率附近，如 50Hz 以下时，对滑动轴承支撑的设备状态监测而言，位移监测非常适合，一般在滑动轴承支撑的大型动力设备上有普遍的应用。

2）速度：指振动过程中运动快慢的程度。振动速度公制单位为毫米每秒（mm/s）。振动速度在机械设备的整个频率范围内比较平坦，因此经常作为设备状态等级评判的主要参数，如国家标准中一般以振动速度作为评价设备状态的参数。

3）加速度：指振动速度变化快慢的程度。振动加速度公制单位为米每平方秒（m/s^2），振动加速度对信号的高频部分比较敏感，因此一般用来监测轴承、齿轮等频率成分比转速高的设备部件的问题。

4）冲击：指振动加速度的幅值变化程度。振动冲击是一个无量纲参数，一般以大写字母 G 来表示，振动冲击对轴承、齿轮等设备部件的早期损伤有较高的灵敏度，特别是对于低转速设备而言，振动冲击往往能够分析早期设备劣化。

位移、速度、加速度对振动频率的敏感度如图 11-1 所示。

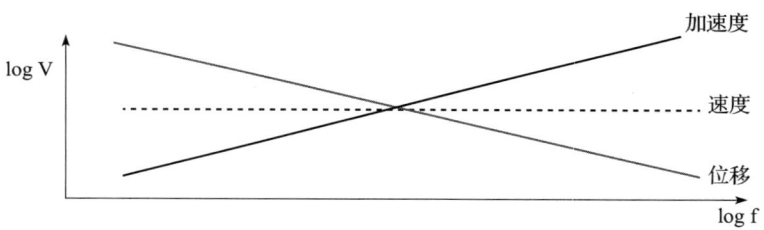

图 11-1　位移、速度、加速度对振动频率的敏感度

注意：位移、速度、加速度对频率的敏感度不仅仅体现在振动的数值上，在其信号的频谱上同样表现明显。因此在选择振动参数时，需要按设备异常的频率分布来选择合适的振动参数进行分析。

振动的参数是可以相互转换的，如加速度信号通过一次积分，可以得到振动速度，再一次积分，可以得到振动位移。一般来说，通过积分的信号可以很好地保留信号的低频部分；反之，用振动位移信号通过两次微分，可以得到振动加速度信号，但不可能得到高频部分的信息，因为在原始的位移信号中一般已经将高频部分滤除了。

振动冲击的获取一般有两种方法：一种是通过谐振频率获取，谐振频率可以取传感器本身的谐振频率，一般在 30kHz～40kHz 频率范围，也可以取传感器安装谐振频率或设备部件的谐振频率，一般在 8kHz～15kHz 之间；另一种是通过加速度传感器平坦频率响应的高频端如 6kHz～10kHz，只要远离设备的可能振动频率即可，将以上两种频率成分作为载波，通过放大和包络检波，就可得到调制在载波信号中的振动冲击信号。由于获取方法不同、放大倍数不同、检波参数不同等原因，不同厂家、不同品牌之间的振动冲击数值是不相等的。冲击信号对于发现早期的轴承异常有很好的作用。

在图 11-2 轴承损伤的时域信号中，可以看到当滚动轴承的内圈有一个很小的损伤时，则轴承滚动体在经过这个损伤时会产生一个振动脉冲，这个脉冲的重复周期就是轴承滚动体经过内圈缺陷的周期，以 T_{BPFI} 表示。当缺陷出现在滚动体上时，其脉冲的重复周期就是滚动体缺陷与内圈、外圈接触的周期，以 T_{BSF} 表示。当缺陷出现在轴承的外圈时，则轴承在滚动体经过这个缺陷形成的周期就是外圈缺陷周期，以 T_{BPFO} 表示。

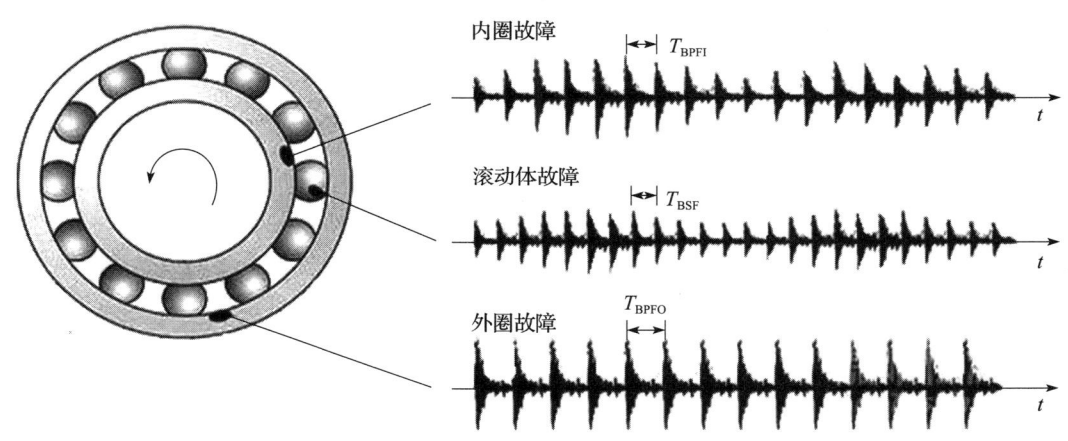

图 11-2 轴承损伤的时域信号

在轴承产生缺陷的早期，由于轴承上的缺陷很小，能够产生的振动脉冲很窄，对总体振动幅值的影响很小，但用冲击脉冲方法时，其冲击的峰值就可以很方便地通过脉冲体现出来，从而可以在第一时间发现轴承存在的问题。而且这个缺陷是周期性的，通过频谱分析很容易定位异常的部位。

振动三要素的第二要素是振动的频率，振动频率单位一般用 Hz 表示，如一台设备的转速是每分钟 1 500 转，换算为频率单位则为 25Hz。通过振动的频率成分，可以分析设备各部分的状态，如齿轮、安装间隙、轴承等的运行状态。

振动的第三要素为振动的相位，振动相位在应用中一般指多个振动信号之间的相位关系，其要求相比较的多个振动信号具有时间上的同步性，即通常所说的同步采集。振动相位是判断设备异常的重要指标,在设备对中、动平衡校正等方面不可或缺。

在图 11-3 中,左侧的图中设备两端 1 和 2 两点在任何时刻运动方向是一致的,因此 1 点与 2 点之间的振动是同相位的,而右侧图中 1 点和 2 点之间的运动方向是相反的,1 点与 2 点之间的相位相差了 180°,因此认为设备两端的相位相反。从相位分析中可以看出设备振动的原因。

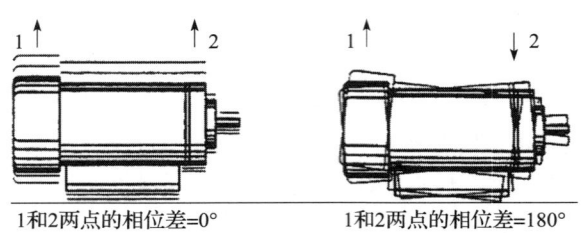

图 11-3 振动相位示意图

11.1.3 振动采集参数的设定原理

振动采集参数设置包括分析频率、数据长度、数据采集时间及采集的时间间隔、需要的原始波形种类、需要的振动特征量种类、振动的预警值设置等内容。

1. 分析频率

分析频率决定了数据的采集频率,按照采样定理,采集频率必须是分析频率的两倍以上,工程上一般将采集频率设置为分析频率的 2.56 倍,即如果设置分析频率为 1kHz,则采集频率为 2.56kHz,其余设置比以此类推。分析频率的设置与被检测设备的频率特性有关,分析频率需要高于设备可能的最高异常频率,如齿轮箱的齿轮不对中,则可能出现齿轮啮合频率的 n 倍频,其啮合频率的 n 倍频可能就是该设备的最高异常频率,设定的分析频率不可低于这个频率值。当采集频率低于信号频率时,获取的信号将与原始信号有极大的误差,如图 11-4 所示。

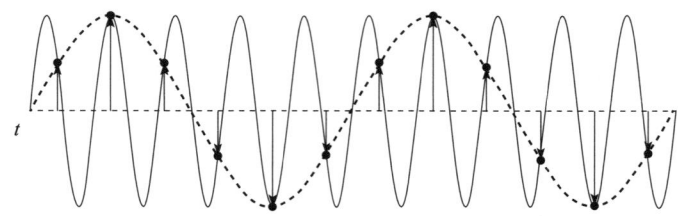

图 11-4 采集频率低于信号频率的示意图

分析频率一般都是以 1、2、5 划分的,如 100Hz、200Hz、500Hz、1kHz、2kHz、5kHz 等,只要从中选择一个合适的分析频率即可。

注意： 如果有标准或规范规定了分析频率，则按规定的执行。振动的位移、速度、加速度、冲击，所需要的分析频率一般是不同的，例如对位移、冲击而言，分析频率超过 1kHz 并没有意义，反而会影响其频率分辨率。振动速度的分析频率一般选 1kHz 也能满足要求，国家标准中以振动速度作为判别设备状态的依据，其频率响应范围为 10Hz~1kHz，但在某些特定场景下，振动速度的频率上限会超过 1kHz，但最高不超过 2kHz。振动加速度的频率更高，但需要注意传感器的安装方式，当超过传感器安装谐振频率时，会增加测量误差。

2. 数据长度

数据长度指按采集频率连续进行数据采集所获取的数据个数，为了做频谱分析（FFT），数据长度一般为 2 的幂次方，如 1 024、2 048、4 096 等。所采集的数据精度取决于模/数（A/D）转换的位数，当 A/D 转换位数在 16 位或以下时，一般用 2 个字节的二进制数表示一个采集数据，当 A/D 转换位数大于 16 位且少于等于 24 位时，一般用 3 个字节的二进制数表示一个采集数据，高于 24 位的采样精度在工业现场振动监测中一般不建议使用。因此当数据长度为 1 024（1K）时，其数据组至少需要占用 1 024×2 个字节。这样的数据组通常被称为波形数据。

在确定了分析频率以后，数据长度就与整个数据组的采集时间密切相关，其计算公式为

$$T= 数据长度 / (2.56 \times 分析频率)$$

如数据长度为 1 024，分析频率为 1kHz，则整个数据采集时间为 0.4s。因为傅里叶变换的首要条件是针对连续信号的分析，即必须保证信号是周期性重复的，因此数据块的采样时间必须大于所监测设备信号中最低频率的周期。如果分析频率高，数据长度少，很可能造成整体的采集时间还不到设备旋转一周的时间，在进行信号分析时就不可能得到正确的结果。采集时间与信号周期示意图如图 11-5 所示。

同时，数据长度还要保证分析时频率分辨率的要求，频率分辨率指的是在频谱上分辨频率的精度，如果频率精度不够，则一些相近的频率成分会混合在一起，比如转速接近 3 000 转/分的转速频率与电网频率，在分辨率较低时无法分辨。

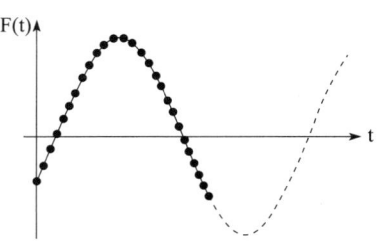

图 11-5 采集时间与信号周期示意图

分辨率计算公式为

$$频率最小分辨率 =（分析频率 \times 2.56）/ 数据长度$$

仍以数据长度为 1 024、分析频率为 1kHz 为例说明，这时频率分辨率为 2.5Hz，即所有不是 2.5Hz 整倍数的频率成分都会归集到距原频率附近的 2.5Hz 整倍数的频率上。因此，在设置数据长度时要考虑频率分析的精度要求。

数据也不是越长越好，如果是无线传感器，数据长度会受通信速率及电池使用时间的限

制,具体要看无线传感器的性能指标。同时,数据长度过长,数据块的采集时间就会变长,要确保在数据采集期间,设备工况没有大的变化,如果设备工况变化过大,则其数据需要特殊的分析方法。数据长度还要看是否需要进行时域或频域的平均以及平均的次数,如果需要做平均,则数据长度需要视平均次数的要求增加,一般来说,做平均需要在稳定的转速下进行。

3. 数据采集时间及时间间隔

采集的时间是指什么时候开始采集,采集时间间隔是指两次开始采集之间的间隔时间。

在采用触发采集的系统中,通常以触发信号作为采集指令。每当收到一个有效的触发信号时,系统就会完成一次数据采集。触发采集并不意味着触发点就是开始采集的时间点,很多采集系统可以设置预采集或延时采集。例如在轧钢设备上进行数据采集时,通常使用轧机咬钢信号作为触发信号,我们可以将触发信号定在整个数据块的中间,前半段为轧机空载状态的数据,用以分析轴承等空载时更敏感的设备问题;后半段为轧机轧钢状态下的数据,用以分析变速箱等负载状态下更敏感的设备问题;中间段为咬钢时的数据,可以用来研究轧机在冲击后的瞬态响应或分析轧机刚度等问题。

对于不设置触发信号的数据采集来说,一般可在任意时间开始数据采集,在采集完成后处于等待状态,直到下一次数据采集。两次数据采集的时间间隔是可设定的,间隔时间取决于设备的状态和劣化速度,通常在设备状态正常时,时间间隔可适当延长,避免采集过多的无效数据,在状态劣化后,可适当缩短数据采集间隔,以更好地关注设备的劣化态势发展情况。不同的设备及不同的监测参数,其时间间隔需求有较大的差异。

4. 需要的原始波形种类

振动的波形数据有振动加速度、振动速度、振动位移及振动冲击等内容。现代的数据采集方式大多是对加速度信号进行超频采集,通过软件计算,分别得到上述4种波形数据。传统的数据采集方式是加速度信号通过硬件积分及带通滤波加检波分别得到4种波形,分别进行 A/D 转换,再得到4种波形数据。

前面我们提到振动的位移、加速度分别对低频、高频敏感,振动速度介于两者之间,而振动冲击对早期异常敏感,我们在分析时,需要根据设备的结构特点,有针对性地采集不同的波形来分析不同的设备异常。

通常情况下,与设备旋转速度相当的特征频率,可以用振动速度来提取;与滚动轴承相关的特征量可以用振动冲击来提取;与齿轮啮合相关的特征量,用振动加速度信号来提取。其他特征量可以按照其频率高低选择相应的振动信号来获得。

目前,大多数的振动数据采集系统支持上述4种振动波形数据,但也有一些数据采集系统仅支持其中的一种或几种。因此要根据设备需要选择合适的数据采集系统。

5. 需要的振动特征量种类

每一类设备都有表征其异常的一组特征量,例如风机设备,其异常的特征量如表11-2

所示。实践中会有很多设备类型，此表中的风机仅为设备类型示例。

表 11-2 风机设备异常的特征量

故障原因		特征量	关系特征	相关参数
不平衡	单面不平衡	1 倍转速频率	转子两端振动相位相同 径向振动与转速平方成正比 只影响径向振动，轴向振动比径向振动小 振动量与负荷基本无关	转速 相位 负荷 转速 时域特征
不对中	角度不对中	1～3 倍转速频率	振动以 1、2 倍转速频率为主，可能出现 3 倍转速频率 联轴器两端轴向振动相位相反 风机两端径向振动相位相反 振动与负荷大小成正比 与转速基本无关	转速 相位 负荷 转速 时域特征
	平行不对中	1～8 倍转速频率	振动 2 倍转速频率比 1 倍转速频率高，伴随 3 倍转速频率，严重时也会出现 4～8 倍转速频率 联轴器两端径向振动相位相同 风机两端径向振动相位相反 振动与负荷大小成正比 与转速基本无关	转速 相位 负荷 转速 时域特征
转子结垢		1 倍转速频率	类似不平衡，当结垢掉落时，振动值矢量产生突变	转速 相位
安装故障	地脚松动	1 倍转速频率		
	轴承座松动	0.5 倍转速频率 1 倍转速频率 2 倍转速频率 3 倍转速频率	径向振动 2 倍转速频率大，一般达到 1 倍转速频率的一半以上时，可能存在松动 振幅不稳定 相位不稳定 只对单个轴承座影响大	转速 相位 转速 时域特征
	轴承安装松动	1/3 倍转速频率 0.5 倍转速频率 1 倍转速频率 1.5 倍转速频率 2 倍转速频率 3 倍转速频率 4 倍转速频率 5 倍转速频率 6 倍转速频率 7 倍转速频率 8 倍转速频率 9 倍转速频率 10 倍转速频率	出现 1/3 或 0.5 倍转速频率 出现各次高次谐波 相位不稳定 只对单个轴承有影响	转速 相位 转速 时域特征
	轴承翘曲	1～3 倍转速频率	轴向振动以 2 倍转速频率为主 轴承座轴向 3、6、9、12 点钟位置振动相位差异	转速 转速 时域特征

（续）

故障原因		特征量	关系特征	相关参数
轴承损坏		轴承外圈频率 轴承内圈频率 滚动体频率 保持架频率		转速 轴承特征频率 转速 时域特征
叶轮偏心		1倍转速频率		转速 叶轮参数
叶轮损坏		1倍转速频率 叶片通过频率		转速 叶轮参数
转子碰磨		0.5倍转速频率 1倍转速频率 1.5倍转速频率 2倍转速频率 2.5倍转速频率 3倍转速频率 3.5倍转速频率 4倍转速频率 4.5倍转速频率 5倍转速频率 5.5倍转速频率 6倍转速频率 6.5倍转速频率		转速 转速 时域特征
湍流		低于风机频率的宽范围低频振动 1倍转速频率	宽范围的低频振动，频率在1倍转速频率以下 当声音很大，振动较小时，湍流点可能在风机之外的管道上	转速 声音
共振		零部件固有频率		
气穴		1倍转速频率 1倍叶片频率 高于1倍叶片频率的高频频率		
轴弯曲		包含冷弯曲、热弯曲、静弯曲、动弯曲	1倍转速频率 2倍转速频率	轴两端轴向振动相位相反 弯曲靠近中部，以1倍转速频率为主 弯曲靠近端部，振动2倍转速频率成分较大 其他特征与不平衡相同	
联轴器问题	联轴器松动	1倍转速频率 2倍转速频率 3倍转速频率 联轴器频率 2倍联轴器频率	振动幅值与负荷相关	转速、负荷
	联轴器磨损	1倍转速频率 2倍转速频率 3倍转速频率 联轴器频率 2倍联轴器频率	振动幅值与负荷相关	转速、负荷

我们可以将一台风机设备的特征量加以选择性汇总，将这些特征量在分析之前提取出来，就可以用这些特征量加上条件信号对风机进行预警及诊断。其他类别的设备也可以用同样的方法获得所需要的特征量。

注意，随着分析技术的发展和深入，设备特征量的种类也会随之扩展。其中许多特征量将无法进行单独预警，而是要通过相应的模型对特征量进行全面的分析才能得到分析结果。另外，在进行频率分析时，一定要选择合适的窗函数，避免造成频率分析的误差，从而导致错误的分析结果。

11.1.4 振动的预警值设置

振动预警值包括各振动特征量的注意值和危险值，一般二者都需要自行计算和设置。通常振动的位移或振动速度预警值可以通过以下方法获取。

1. 设备出厂时给定的预警值

一般大型动力设备如大型风机、大型空气压缩机、汽轮机、发电机等都会在出厂时给出设备的预警值和跳机值，这些预警值一般不能随意改变。

2. 国家标准或 ISO 标准

也可以参考国家标准或 ISO 标准等提供的设备状态预警标准，比如：

- ISO 2372《机器振动的评价标准基础》。
- GB/T 6075.1—2012《机械振动　在非旋转部件上测量评价机器的振动》第 1 部分：总则。
- GB/T 6075.2—2012《机械振动　在非旋转部件上测量评价机器的振动》第 2 部分：功率 50MW 以上，额定转速 1 500rmin、1 800rmin、3 000rmin、3 600rmin 陆地安装的汽轮机和发电机。
- GB/T 6075.3—2011《机械振动　在非旋转部件上测量评价机器的振动》第 3 部分：额定功率大于 15kW，额定转速在 120r/min 至 15 000r/min 之间的在现场测量的工业机器。
- GB/T 6075.4—2015《机械振动　在非旋转部件上测量评价机器的振动》第 4 部分：具有滑动轴承的燃气轮机组。
- GB/T 6075.5—2002《机械振动　在非旋转部件上测量和评价机器的机械振动》第 5 部分：水力发电厂和泵站机组。
- GB/T 7777—2003《容积式压缩机机械振动测量与评价》。
- GB/T 10068—2008《轴中心高为 56mm 及以上电机的机械振动振动的测量、评定及限值》。

- GB/T 11348.1—1999《机械振动　旋转机械转轴径向振动的测量和评定》第 1 部分：总则。
- GB/T 11348.2—2012《机械振动　在旋转轴上测量评价机器的振动》第 2 部分：功率大于 50MW，额定工作转速 1 500r/min、1 800r/min、3 000r/min 陆地安装的汽轮和发电机。
- GB/T 11348.3—2011《机械振动　在旋转轴上测量评价机器的振动》第 3 部分：耦合的工业机器。
- GB/T 11348.4—2015《机械振动　在旋转轴上测量评价机器的振动》第 4 部分：具有滑动轴承的燃气轮机组。

还有不少设备状态评定的标准，这里不一一列出，这些标准中一般采用振动速度或者振动位移作为设备状态的评价特征量，而且设备的类型较为有限，很难满足现代企业多种监测参数、多种设备类型的监测预警要求。

当然还有一些是监测装备供应商提供了设备预警参考值，可以更多地解决一些设备状态监测中的问题。

3. 相对预警值

在监测技术快速发展的今天，标准的制定很难跟上监测技术的发展和多种特征量同时预警的要求，我们可以采用与历史数据相比较的方法来确定初步的预警值，若与设备自身历史状态数据相比较，则简称"纵向比较法"；在无历史状态资料时，另选同类型正常的设备进行相应的比较，简称"横向比较法"。通常预警值的确定是依据实测值的统计和设备运维的经验逐步修正完善的。

在相当平稳的设备运行状态下，我们可以按以下方法设定预警值。

1）获取 5 组以上的设备状态测量值（可以是任何需要的特征量），计算其均值和方差，用均值加 2 倍（或 2.5 倍）方差作为注意值，以注意值的 150% 作为危险值。这些预警值和危险值需要按照实际的运行情况进行优化调整，使其达到最佳的预警效果。

2）对于监测参数的变化率预警，需要计算其正常状态下的变化率，即设备状态参数随时间的变化率。可以通过对时间序列数据进行差分运算等方法获取。按正常变化率的 3 倍作为注意值，5 倍作为危险值，具体倍数的取值范围需要以设备的实际情况进行优化调整，以提高预警的准确性和可靠性。

3）为设备的所有状态监测特征量设置预警参数组合，构成该设备的预警模型。

11.1.5　设备工况对设备状态的影响

一些设备经常在不同的工况下进行切换，导致设备状态监测值也产生较大的波动，在进行设备状态趋势分析时很难看出其状态的变化。

设备在不同工况下可以对状态监测的分析造成不同的影响,不同工况一般指转速、负载等设备工作状况,工况变化对设备的状态有不可忽视的影响,例如:

- ❑ 设备负载高时,其工作的温升要高于轻负载时的温升。
- ❑ 对于轴承的异常特征,在轻负荷、高转速下特征更明显。
- ❑ 对于齿轮,在重负荷下齿轮磨损的特征更明显。
- ❑ 对于不平衡,其振动值与转速的平方成正比,通过转速变化能够更准确判定。
- ❑ 对于不对中,其振动值与负荷成正比,因此可以通过负荷变化来更准确地区分。
- ❑ 对于松动,在工况变化的情况下会更明显。

其他的设备异常状态,一般都与工况的变化有或多或少的关系。一般情况下,设备的负荷、工作环境温度、环境湿度、工作介质变化等都有可能对设备运行状态产生不同程度的影响。

对于有多个工作工况的设备,在设备的状态预警上也需要区分不同的工况,分别进行预警值的设置,同时,在进行趋势分析等设备状态变化量的分析时,也需要区分不同的工况,按相同的工况条件来做状态的趋势分析。

对于工况连续变化的设备,可以视工况变化情况,区分几个工况区间,分别进行预警值的设置。工况变化量大的,一般可选择最常用的工况,如高速工况、低速工况等,不一定要对所有工况都设置预警值。

11.2 温度检测技术

温度检测技术应用范围广泛,检测结果简单明了,因此在设备监测、安全监测、电气监测、环境监测等方面都有广泛的应用场景。

11.2.1 常规温度检测技术

常规温度检测技术主要可以分为两大类:接触式测温和非接触式测温。接触式测温方法通过传感器与被测对象直接接触进行热交换来测量物体的温度。这种测温方法简单、可靠,而且测温精度较高,

非接触式测温方法则是通过接收被测物体发出的热辐射来测定温度值的,测温原理主要是辐射测温。由于传感器不与被测对象接触,非接触式测温的测温范围广测温速度较快,而且可以对运动的物体进行测量。此外,非接触式测温还具有不会破坏被测物体、不受被测物体表面状况影响等优点。因此,非接触式测温方法得到了更广泛的应用。

在实际应用中,我们需要根据被测对象的特性和实际需求来选择合适的温度检测技术。对于需要高精度测量的场合,接触式测温方法可能更为适合;而对于需要快速测量或无法接触被测对象的场合,非接触式测温方法则更具优势。同时,我们还需要注意温度检测技术的

局限性和误差来源,以确保测量结果的准确性和可靠性。特别是在接触式测量时,需要保证温度传感器与被测设备之间的良好接触,如透过轴承座测量轴承温度时,传感器要保证与轴承有良好接触,否则轴承损坏时传感器由于轴承座的散热作用而不能及时感知到轴承的温度上升,造成轴承严重损坏事故。

11.2.2 红外热成像技术

近年来,随着半导体技术的发展,红外热成像技术的应用成本急剧下降,已具备大规模普及应用的条件,因此在这里深入介绍一下红外热成像诊断技术。

红外热成像技术可以准确地反映设备运行时外表的温度状态及变化。根据设备外表温度场的分布,能全面、快速、实时地诊断设备的大多数外部热故障(或热隐患),直接或间接地反映了被测设备的性能和工况,是检测和监控设备运行状态的一种行之有效的技术手段,具有其他测温技术无可比拟的优越性。

红外热成像是利用红外辐射原理对运行中的设备外表进行温度检测和测量的技术,它不存在热接触和热平衡带来的缺点和应用限制,不仅可以测量温度很高的、有腐蚀性的、高纯度的物体,还可以测量导热性差的、小容量的、微小的、运动的物体,同时也可以进行固体、液体表面温度测量。以下是红外成像技术的一些主要应用场景。

1)在电力设备方面的应用:电力设备在正常运行时,设备状态与温度有着密不可分的关系。在其故障发展和形成过程中,绝大多数都与发热升温紧密相连。电力设备有很多裸露在空气中的导线、接触点和连接件,受环境温度变化、污秽覆盖、有害气体腐蚀等自然力的作用,均会造成设备老化、损坏和接触不良,这必将导致设备的介损、漏电流及接触电阻增大的热缺陷,从而引起相应的局部温度升高。红外检测在查找此类设备隐患中有其独特的长处。

2)在石油化工设备诊断方面的应用:石油化工生产的工艺流程大都涵盖热交换关系、工艺参数的变化、设备热故障的诊断,这使得红外诊断技术在石化工业中得以广泛运用。例如:对受热设备热损失的评估;保温效果及损坏程度和耐火性分析、隔热层质量的评定;设备内衬损坏的定位、程度、形状、面积的诊断;超温故障诊断和原因分析;设备内部料位和液位的测定;工业炉管的测试等。

3)在冶金设备诊断方面的应用:冶金生产大都和温度有密切关系。除了冶金炉窑等专业设备外,还有电力和化工的设备,因此,红外检测和诊断技术的应用有着特殊和广泛的应用场景,冶金专用设备中,红外诊断技术应用于包括高炉、转炉、热风炉、钢包、鱼雷车和回转窑等各种工业炉窑的内衬缺陷。

11.3 油液监测技术

油液监测技术包括机械设备用油监测分析技术和电气设备用油监测分析技术,油液的分析诊断技术一般是以油样作为分析诊断的基础，以油样分析结果作为判断设备状态的依据。因此，也可以把油液监测分析比作病理分析诊断中的血液检测来理解。

设备用油有着其特有的性能和指标，这些性能和指标反映了设备用油的状况，在设备运维中具有重要的意义。

油液分析诊断主要通过油液取样后进行，本节不做详细介绍，仅介绍油液监测技术的主要内容和作用。随着传感技术的发展，油液在线监测技术也在迅速发展，本节就油液在线监测技术做适用性介绍。

11.3.1 油液监测技术的主要内容

几种常用的油液监测技术所涉及的机理及其分析内容如表 11-3 所示。由该表可知，油液监测技术主要包括油品理化指标分析、颗粒计数分析等方面内容。其中磨粒分析指油样中所含磨粒的数量、大小、形态、成分及其变化；理化指标、颗粒计数分析则主要是监测油品的衰变程度和被污染的程度等。它们的分析功能包括以下几方面。

1）监测设备、诊断故障、失效分析、预测预防。
2）实行预知维修，降低维修费用，合理地利用设备的效益。
3）保证油品的质量，判断油品的被污染和变质程度。
4）延长润滑油的使用期限。
5）制定合理的设备磨合规范。

表 11-3 油液监测技术的机理与分析内容

油液监测技术	机理	分析内容
理化指标	油品物理、化学性能指标的变化，反映油品的劣化变质程度，表明润滑油的润滑性能是否下降，超过一定数值则该润滑油成为废油。还反映燃油稀释、水分污染、杂质污染情况等	黏度、酸值、碱值、闪点、水分、机械杂质、积炭、硝化、硫化、氧化、乙二醇
颗粒计数	杂质污染	颗粒数
光谱	通过测量物质燃烧时发出的特定波长、一定强度的光，从而检测磨粒的元素成分及含量浓度、监测设备运行状态、磨损趋势、判断磨损部位	金属磨粒元素成分和含量浓度值。添加剂元素成分浓度。杂质污染元素成分及浓度
铁谱	借助高梯度、强磁场的铁谱仪将油液中的金属磨粒有序地分离出来，通过分析这些磨粒的形貌、大小、数量、成分，对机械设备的运转工况、关键部件的磨损状态及磨损机理进行判断	磨粒尺寸、数量、形态、成分

在对设备进行状态监测过程时，除了铁谱、光谱和颗粒计数等技术外，还有如磁塞等技术也可以用于磨粒的分析，表 11-4 列出了它们的性能比较。由于这几种技术均有各自的优缺点，倘若能够将它们综合起来，则可以大大提高对机械设备故障诊断的准确度。

表 11-4 各种监测技术的性能比较

项目	铁谱	光谱	颗粒计数	磁塞
磨粒浓度	好（铁磨粒）	很好	好	好（铁磨粒）
磨粒形貌	很好			好
磨粒尺寸分布	好		很好	
磨粒成分	好	很好		好
磨粒尺寸范围（μm）	>1	0.1～10	1～80	25～400
局限性	局限于铁磁性磨粒及顺磁性磨粒，对元素成分的识别有局限性	不能识别磨粒的形貌、尺寸等	不能识别磨粒的成分、形貌等	局限于铁磁性磨粒，不能用作磨粒识别
所用时间	长	极短	短	长
评价	磨损机理分析及早期失效的预报效果很好	磨损趋势监测效果好	用作辅助分析、污染度分析	可用于检测不正常的磨损
分析方式	实验室分析、现场及在线分析	实验室分析、现场分析	实验室分析、现场分析	在线分析

油液诊断的特点是通过对使用的油液中颗粒的采集、检测和分析，便可以在不拆机的情况下，研究运行机器的磨损现象，监测和诊断机器磨损状态和故障原因。

通过油液来诊断设备存在的问题，监测对象主要是存在相对运动的润滑系统和液压系统，判断的主要依据在于油液中金属元素含量、颗粒、油品理化性能和油品的组成等 4 个方面的信息，通过对这些信息进行综合分析，最终对机器状态作出诊断。特别是对低速回转机械及液压系统，由于振动和噪声检测技术难以诊断其状态，使用油液诊断技术则是行之有效的方法。

电气设备用油除了理化性能指标外，其分析内容主要包括以下几个方面。

1）介电强度试验：将变压器油样品放置于试验电极间，施加高电压，测定其耐受电压的大小。

2）漏失因数试验：通过测定变压器油样品在交变电压下的电流大小，评估其介质的损耗损失程度。

3）电介质损耗角正切试验：测定变压器油样品在一定频率下的正切角，评估其介质的能量损耗情况。

4）水分测定：采用库仑色谱法或卡尔费伦滴定法，测定变压器油中的水分含量，从而评估其绝缘油的水分含量。

5）气相色谱分析：通过对电气设备用油中气体组分进行分析，包括氢气、乙炔等，评估其劣化状态，从而确定其设备的状态。

6）液相色谱分析：通过分析绝缘纸中纤维素的化学变化来判断绝缘老化状态。

11.3.2 设备用油的在线监测技术

设备用油的在线监测技术具体是在设备用油中布置传感器实现对设备用油的实时监测，

由于机械设备用油与电气设备用油监测的目的和方法不同，下面分别进行介绍。

1. 机械设备用油在线监测技术

在机械设备中，由于油液不断受到剪切、加热、挤压的影响，并且易受空气、水及其他污染物的侵入，油品的理化性能、磨粒和杂质等会发生变化，通过对机械设备用油的分析，可以获取其劣化信息，进而推断设备的状态。劣化的油品会导致设备性能下降，这成为设备故障的潜在原因。机械设备用油的在线监测系统主要分为粒子计数器系统、水分监测系统、酸值监测系统、温度和黏度监测系统以及氧化稳定性监测系统等。以下是这些系统的介绍。

（1）粒子计数器系统

- 原理：通过测量油液中固体颗粒的数量和大小评估油液的清洁度和磨损情况。
- 应用：适用于需要严格控制润滑油洁净度的设备，如精密机床等。
- 优点：能够实时监测油液中颗粒物的污染程度，有助于及时发现并处理污染问题。
- 缺点：对于非颗粒污染物（如水分、化学变质）的检测能力有限。

（2）水分监测系统

- 原理：使用传感器或探头通过物理或化学方法测量油液中的水分含量。
- 应用：广泛应用于所有需要防止水污染的工业设备中。特别是大型集中润滑（或液压）系统中具有水冷设备的，水分监测能够及时发现冷却系统漏水问题。
- 优点：可以准确测量油液中的微量水分，对防止因水分引起的润滑性能下降至关重要。
- 缺点：对于其他类型的污染物（如金属磨粒）不敏感。

（3）酸值监测系统

- 原理：通过化学传感器或指示剂来检测油液的酸性物质含量。
- 应用：主要用于监测油液是否发生化学变质，适用于各种工业设备。
- 优点：能够及时发现油液的化学变化，预防因酸值升高导致的设备腐蚀。
- 缺点：对机械磨损产生的金属颗粒不敏感。

（4）温度和黏度监测系统

- 原理：实时监测油液的温度和黏度。
- 应用：适用于所有需要监控油液温度和黏度以确保正常润滑的设备。
- 优点：帮助评估油液的流动性和性能，确保设备在最佳状态下运行。
- 缺点：不能直接反映油液中的污染物种类和数量。

（5）氧化稳定性监测系统

- 原理：评估油液的氧化稳定性和降解情况，通常通过检测油液中氧化产物的浓度或变化来判断。

- 应用：适用于需要长期稳定运行且对油液氧化稳定性有较高要求的设备。
- 优点：能够预测油液的使用寿命，及时提醒更换油液，避免因油液老化导致的设备故障。
- 缺点：对于非氧化相关的油液问题（如水分污染）可能不够敏感。

以上每种监测系统都有其特定的应用场景和技术特点，选择合适的在线监测系统取决于具体的设备类型、工作环境以及维护需求。一般来说，对于变化缓慢的指标，采用在线监测的性价比较低，用定期采样分析也能满足基本要求。对于可能快速变化的指标，如漏水引起油中水分的变化等，采用在线监测的性价比相对较高。

2. 电气设备用油在线监测技术

电气设备用油在线监测技术大部分用于油浸式变压器的监测，因此这里以油浸式变压器的油中气体监测为例进行介绍。

对于变压器绝缘故障的检测，电气试验往往很难发现某些局部故障或发热缺陷，而油中溶解气体分析法对发现充油变压器早期内部绝缘潜伏性故障和发展趋势分析非常有效，因此变压器油液的在线监测主要是通过对油中气体成分的监测来发现设备问题。油中气体成分在线监测技术是通过分析溶解在变压器油中的气体成分和含量来判断设备的健康状况和潜在故障的技术，通常需要包括以下几个关键步骤：

1）油气分离：这是油中气体成分在线监测技术的关键环节，因为无论是离线检测还是在线监测，一般都需要先将气体从油中脱出后再进行测量。常用的油气分离方法有真空脱气法、动态顶空脱气、机械振荡法、薄膜/毛细管渗透法等。

2）气体监测：分离出的气体需要进一步检测其成分和含量。目前应用较广的主要监测技术有气相色谱技术、红外光谱技术、光声光谱技术、阵列式传感器技术等。这些技术各有优缺点。其中，光声光谱法作为第二代的油中溶解气体在线监测技术，具有测量精度高、效率高、经济性好等优点，特别是激光光声光谱技术这一种新兴技术，它通过激光光声光谱在线监测油中溶解气体的成分及浓度。该技术具有高精度和高灵敏度的优势，但由于激光光源长期运行会产生漂移问题，会影响气体监测的精度和可靠性。

3）数据分析：监测到的气体成分和含量数据需要经过相应的软件进行分析，以判断设备的运行状态和潜在故障。

根据监测气体的种类多少，变压器油中气体监测可以分为单组分监测与多组分监测两种。

单组分监测装置主要用于监测变压器油中溶解的单一气体成分，通常监测的气体包括氢气（H_2）、甲烷（CH_4）、乙烷（C_2H_6）、乙烯（C_2H_4）、乙炔（C_2H_2）等。这类装置在监测特定气体时具有较高的灵敏度和快速响应能力，适用于故障的早期预警。单组分监测装置的优点在于其简单、成本较低。

多组分监测装置则能够同时监测变压器油中溶解的多种气体成分，通常包括氢气、甲烷、乙烷、乙烯、乙炔、一氧化碳（CO）、二氧化碳（CO_2）等多种气体成分。多组分监测装置能够提供更全面的气体分析结果，帮助用户更准确地识别潜在的故障类型。通过分析多种气体的浓度和比例，可以更精确地判断变压器的运行状态和故障原因。多组分监测装置的缺点是成本较高，但其在故障诊断和预防方面的优势使其在实际应用中具有更高的价值。

对于单组分监测，如变压器油中氢气监测采用 MEMS 监测传感器，这种监测传感器采用固态钯合金技术，而基于固态钯合金技术的氢气传感器具有反应速度快、尺寸小和低成本等优点，这种传感器可以直接在变压器油中进行测量，无须油气分离膜、色谱柱或载气等耗材，从而大大降低了维护成本，在企业的变压器状态监测中已得到广泛的应用。

11.4 无损检测技术

无损检测技术是指在不破坏材料或结构的前提下，对其内部和表面进行检测和评估的技术。这种技术广泛应用于工业、航空、医疗等领域，以确保产品质量、保障使用安全。无损检测的技术分类主要包括以下几种。

11.4.1 射线检测

射线检测，也称为射线照相术，是一种无损检测技术，利用射线（如 X 射线或伽马射线）来检测材料或物体内部的缺陷、结构或特性。以下是射线检测的基本原理和应用。

1. 基本原理

当强度均匀的射线束透照射物体时，与物体会发生复杂的物理和化学作用。这可能导致原子发生电离，某些物质发出荧光，或产生光化学反应。如果物体局部区域存在缺陷或结构存在差异，它将改变物体对射线的衰减，使得不同部位透射射线的强度不同。

采用一定的检测器（如射线照相中的胶片）来检测透射射线的强度。通过分析透射射线的强度变化，可以判断物体内部的缺陷、物质分布或其他特性。

2. 应用

射线检测几乎适用于所有材料，包括铸铁、各种碳钢及合金钢、有色金属及其合金、塑料和陶瓷等。

由于射线检测能够检测物体内部的缺陷，其特别适用于铸件和焊件的检测。然而，由于经济性考虑，它一般不应用于尺寸较大的锻件或钢板的检测。

射线检测的主要工艺流程包括制定检测、曝光、底片或数字图像处理，以及底片或图像评定。

请注意，射线检测可能涉及辐射安全问题，因此操作时必须采取适当的安全措施，并遵守相关的辐射防护规定。

3. 射线检测的优缺点

射线检测的优点如下。
- 检测结果直观、定性、定量、定位准确。
- 检测结果可以长期保存。
- 检测灵敏度高。
- 可实现自动检测和实时成像，效率高。

射线检测的缺点如下。
- 不能检出与射线方向垂直的面状缺陷。
- 检测速度较慢，检测成本较高。
- 射线对人体有害。

11.4.2 超声检测

超声检测（UT）利用超声波在材料中传播的特性，通过接收反射回来的超声波信号，来评估材料的缺陷和异常。这种方法对于检测金属、塑料等材料的内部缺陷特别有效。

超声检测技术是一种高效、精准的无损检测手段，它运用高频声波来探测和分析物体内部的状况。这一技术广泛应用于材料科学、医学诊断、航空航天等众多领域，为保障产品质量和安全发挥着重要作用。

在超声检测中，显示方式是与传感器结构和仪器性能密切相关的，不同的显示方式代表了超声技术不同的技术水平。超声检测可以分为 A 型、B 型等多种类型，以下为超声的常用检测诊断方法。

1）A 型超声诊断法（超声示波诊断法）：这是最早的超声诊断法，它将回声以波的形式显示出来。这种方法常用于测量界面距离、脏器径值以及鉴别病变的物理性质。

2）B 型超声诊断法（二维超声显像诊断法）：通常称为 B 超，它将回声信号以光点的形式显示出来，回声强则光点亮，回声弱则光点暗，从而形成二维的图像。

3）M 型超声诊断法（超声光点扫描法）：这是在 B 型超声中的一种特殊显示方法，通过在辉度调制型中加入慢扫描锯齿波，使回声光点从左向右自行移动扫描。

4）D 型超声诊断法（超声频移诊断法）：通称为多普勒超声，它利用多普勒效应原理，当超声发射体（探头）和反射体之间有相对运动时，回声的频率会有所改变，这种频率的变化称为频移。

5）三维超声诊断法：能够显示出超声的立体图像，目前多是在二维图像的基础上利用计算机进行三维重建。

在超声检测中，传感器（或称为探头）是核心部件，用于发射和接收超声波。传感器基于电磁可转换为声的现象，即电磁声现象，可实现非接触式测量，因此这种传感器特别适合用于高速、高温等恶劣工况下的无损检测，如钢板、油气输送管道、钢管混凝土、铁轨等的检测。图 11-6 为几种超声传感器示例。

图 11-6　几种超声传感器示例

（1）超声检测的优点

1）是一种在较大厚度范围上能够有效进行全体积检测的方法。

2）能够精确测量不连续性被检工件表面的缺陷深度位置。

3）对人体无害。

（2）超声检测的局限性

1）较难检测粗晶材料中存在的缺陷。

2）缺陷位置、取向和形状对检测结果有一定的影响。

3）较难确定体积状缺陷或面状缺陷的具体性质。

4）检测灵敏度受仪器探头组合系统性能、工件材质、表面耦合状况等多种因素影响。

11.4.3　磁粉检测

磁粉检测（MT）主要应用于铁磁性材料，它通过在材料表面施加磁场，观察磁粉在缺陷处的聚集情况，从而发现材料的表面和近表面缺陷。主要应用于铁磁性材料工件的检测。当工件被磁化后，如果存在不连续性，工件表面和近表面的磁力线会发生局部畸变，从而产生漏磁场。漏磁场会吸附施加在工件表面的磁粉，形成可目测的磁痕。这些磁痕可以显示出不连续性的位置、大小、形状和严重程度。

1. 磁粉检测分类

磁粉检测可以根据以下不同的特征进行分类。

1）按施加磁粉的时间：分为连续法和剩磁法。在连续法中，磁化工件的同时施加磁粉。而在剩磁法中，先进行磁化工件，停止磁化后利用工件的剩磁，然后施加磁粉。

2）按显示材料：分为荧光法和非荧光法。荧光法采用荧光磁粉，在黑光灯下观察磁痕。非荧光法采用普通黑色磁粉或者红色磁粉，在正常光照条件下观察磁痕。

3）按磁粉的载体：分为湿法和干法。在湿法中，磁粉的载体为液体（如油或水）。而在干法中，磁粉直接以干粉的形式喷涂在工件上，这种方法只在特殊情况下使用。

总的来说，磁粉检测技术是一种有效的无损检测方法，广泛应用于各种工业领域，如压力容器、管道、桥梁、航空航天等，以确保设备和结构的安全性和可靠性。磁粉检测实例图如图11-7所示。

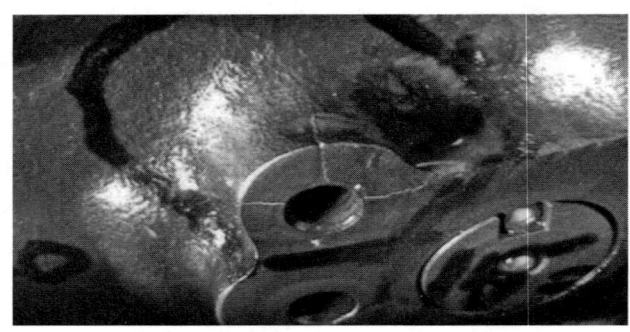

图11-7　磁粉检测实例图

2. 磁粉检测的退磁处理

在完成磁粉检测后必须做退磁处理，否则会造成下列影响。

1）影响工件附近仪表、电子部件的精度和使用。

2）吸附铁屑和磁粉，影响工件继续加工和运转。

3）使电弧偏吹，造成焊位偏离。

4）后道工序磁化不足以克服前道工序剩磁的影响。

不过在下列情况下，磁粉检测既不影响加工又不影响使用，可不做退磁处理：

1）工件后道工序热处理温度在居里点以上。

2）低剩磁高磁导率材料。

3）有剩磁不影响使用。

4）工件将处于强磁场附近。

5）交流电两次磁化工序之间。

6）直流电两次磁化，后道磁化更大。

11.4.4　渗透检测

渗透检测（PT）是一种液体渗透检测技术，它也是一种无损检测技术，由于可以用于检测非疏孔性的金属或非金属零部件的表面开口缺陷，被广泛应用于制造业和维修领域，是评价工程材料、零部件和产品的完整性、连续性的重要技术方法，也是实现质量管理、节约原材料、改进工艺、提高生产率的重要手段。

渗透检测具体的作用原理和检测过程为：基于毛细现象和特定条件下染料的发光特性，通过将含有荧光或着色染料的渗透液施加于零部件表面，利用毛细作用使渗透液渗入细小的表面开口缺陷中，随后清除工件表面多余渗透液并进行干燥，再施加显像剂，使得缺陷中的渗透液因毛细现象被重新吸附到零件表面形成放大的缺陷显示，从而直观地揭示缺陷的形貌和分布。

渗透检测的基本步骤主要包括预处理、渗透、清洗、显像、观察记录及评定和后处理。这些步骤需要严格按照相关的工艺标准、规程及技术要求，以确保检测结果的可靠性。

渗透检测方法可检查各种非疏孔性材料的表面开口缺陷，如裂纹、气孔、折叠、疏松、冷隔等。该方法的优点是显示直观，容易判断，操作快速简便，一次操作即可检出一个平面上各个方向的缺陷。图 11-8 为渗透检测实例图。

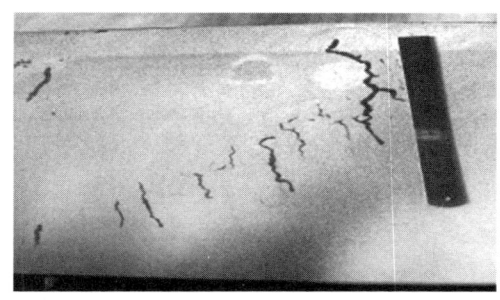 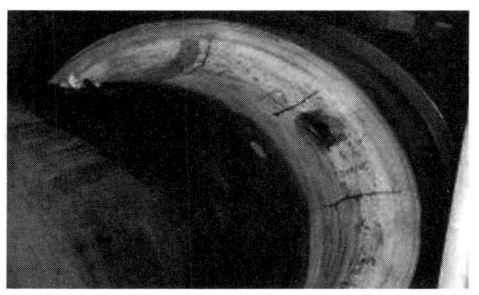

图 11-8　渗透检测实例图

渗透检测的优点如下：
❑ 易于发现表面开口型缺陷。
❑ 金属与非金属均适用。

渗透检测的局限性如下：
❑ 不适用于多孔性材料。
❑ 检测速度慢，检测剂具有污染性。
❑ 检测成本较高。
❑ 对操作工艺控制要求高。

11.4.5　涡流检测

涡流检测（ET）是一种利用电磁感应原理对导电材料进行无损检测的方法。这种技术通过测量被检测工件内感生涡流的变化来评估材料的某些性能或发现其缺陷。

涡流检测的基本原理是，当交流电通过特殊设计的线圈（通常称为励磁线圈）时，线圈周围会产生交变磁场。当这个磁场靠近导电材料时，会在材料内部感生出涡流。这些涡流会产生自己的磁场，这个磁场与励磁线圈的磁场相互作用，从而影响线圈中的电流和电压。电导率、磁导率的变化以及材料中的任何不连续性都会导致涡流的变化，进而引起测量电流的相位和幅值的变化。

涡流检测技术的优点。
- 非接触性：检测线圈不必与被检材料紧密接触，因此不需要使用耦合剂，也不会影响被检材料的性能。
- 应用范围广：可以对各种影响产生涡流特性的物理和工艺因素进行监测。
- 高效性：易于实现管、棒、线材的高速、高效、自动化检测。
- 敏感性：在一定条件下，能反映有关裂纹深度的信息。
- 适用性：可在高温、薄壁管、细线、零件内孔表面等其他检测方法不适用的场合实施监测。

因此，涡流检测技术被广泛应用于导电材料的无损检测，如金属管道、电线、棒材等的探伤和性能评估。

这些无损检测技术在生产中可以起到保证质量、及时发现设备内部缺陷等作用，保障设备安全。在设备失效分析中也能够起到重要的作用。

11.5 绝缘检测技术

绝缘监测技术是一种通过对电气设备中绝缘材料的电气特性进行监测，以判断电气设备的绝缘状态是否正常的技术。这种技术广泛应用于监测电气设备如电机、GIS、变压器、电缆、开关、绝缘子等的绝缘状态检测。

绝缘监测技术的主要原理是通过测量绝缘材料的电气特性，如介电常数、介电损耗、电阻率和电容等参数，来评估绝缘状态。当电气设备的绝缘层出现老化、破损或环境污染等情况时，会导致绝缘性能下降，从而引发电气故障。绝缘检测技术能够及时发现这些异常情况，为电气设备的稳定性和安全性提供保障。

绝缘检测技术在实践中，依赖于多种方法和专门的仪器来确保其准确性和可靠性。以下是绝缘检测技术中常用的一些方法。

1）直流电压法：通过向被测设备施加直流电压，测量其泄漏电流来评估绝缘性能。

2）交流电压法：使用交流电压来测量电气设备的绝缘电阻和电容，从而判断其绝缘状态。

3）极化指数法：通过测量设备在施加电压后的极化指数，来判断绝缘材料的受潮程度。

4）介质损耗角正切法：测量绝缘材料在交流电压下的介质损耗角正切值，以评估其绝缘性能。

5）局部放电检测：通过检测电气设备中的局部放电信号，来判断绝缘材料的缺陷和老化情况。

11.5.1 绝缘电阻和极化指数

在绝缘物上加上直流电后，测定出该绝缘物的某些参数，如绝缘电阻和极化指数，把这些参数的变化特征作为判断依据。一般用该方法来检测电机的吸湿及污损等状况，通常用极化指数评价吸湿程度。

所谓极化是指介质极化，在静电场中，电介质的分子或原子的电荷将产生相对位移，这种位移造成正、负电荷中心不再重合，形成感应偶极子。一对偶极子之间的距离与电荷的乘积称为偶极矩。由于各种材料的分子结构是不同的，有些材料本来的正负电荷中心就是重合的，只有在外电场作用下才会出现感应偶极子，这类材料称为中性材料。而有些材料却不需要外电场的作用，本身就具有固定的偶极矩，这类材料称为极性材料。

不论是感应产生的偶极子或是固有的偶极子，都沿电场方向排列，这会在介质与电极的交界上形成束缚电荷，该电荷的极性与电极极性相反，这种现象称为介质极化。

单位体积内在电场方向的偶极矩称为极化强度，以 P 表示，它和相对介电系数 ε_r 以及外加电场强度 E 成正比，即

$$P=(\varepsilon_r-1)\varepsilon_0 E$$

其中，ε_0 是真空介电系数。

由于水的相对介电系数很大为 81。因此材料吸湿后，相对介电系数会增大，使极化强度变大。在工程实践中，极化强度的变化可用不同的电工参量的变化即极化指数来表示。常用的有两种极化指数：P_1 和 P_R。

极化指数 P_1 等于电压施加 1 分钟后的电流与电压施加 10 分钟后的电流的比值，极化指数 P_R 等于 10 分钟后的绝缘电阻 R_{10} 与 1 分钟后的绝缘电阻 R_1 的比值，若 P_1（或 P_R）大于 1.5 时，则判断为正常；若小于或等于 1.5 时，则标志电机已经吸潮。

11.5.2 直流泄漏和直流耐压试验

直流泄漏试验的基本原理和绝缘电阻测量一样，在绝缘结构上外施直流电压，同时测量泄漏电流，由于试验电压较高，所用试验设备不同，因此与绝缘电阻试验相比较，它能发现更多的问题。其原因是，对于良好的绝缘结构来说，其泄漏电流和外施电压的关系为一条直线，即绝缘电阻值基本不变。但当外施电压超过临界值 U_{RF} 后，绝缘结构伏安特性开始上翘，随外施电压增加，绝缘结构内的泄漏电流很快增加，绝缘电阻值呈下降趋势。当外施电

压达到极限值 U_{BK} 时，泄漏电流急剧增加，绝缘发热，损耗增加，导致绝缘热击穿，绝缘电阻降为零。因此，直流泄漏试验实际上就是绝缘结构在升压过程时的伏安特性试验。

直流耐压试验是将外施直流电压逐步升到规定的数值，观察绝缘结构的电气强度是否能承受高电场强度的考验，时间是 1 分钟。

当一种线圈在进行直流耐压试验时，其余绕组和机壳必须接地。交流定子绕组在中性点可以打开的情况下，应分相做直流泄漏试验。

11.5.3 匝间绝缘的耐压试验

电机在制造和维修过程中，必须进行匝间绝缘的检查和耐压试验，检查的目的是发现线圈是否存在匝间短路，而匝间耐压试验则主要是为了考验电动机在承受高压试验时，匝间绝缘是否会发生故障或击穿。

由于电动机的类型和大小不同，因此它们的匝间绝缘检查的耐压试验方法也不同。通常的试验方法有短时升高电压试验、冲击耐压试验、高频振荡电压试验、中频交流阻抗压降试验等。

11.5.4 对地绝缘耐压试验

对地绝缘耐压试验（即交流耐压试验），即将交流工频电压直接施加于被试电机上，其对绝缘的作用更接近于电机的实际运行状态。方法是利用调压变压器和试验变压器对被试电机施加略高于运行中可能遇到的过电压的试验电压，并持续一定时间，使被试电机能保持绝缘水平。

正确地规定试验电压是耐压试验的关键，它不仅可以使电机能保证有足够的绝缘强度，也不会导致因过高试验电压而使绝缘劣化甚至击穿。

耐压试验的一般要求如下。

1）试验前应先测定绕组的绝缘电阻。电机的冷态绝缘电阻按额定电压计算，应不低于 $1M\Omega/kV$，耐压试验应在超速、过电流、过转矩及短路机械强度试验后进行，如电机进行温升试验时，耐压试验应在温升试验后立即进行。

2）试验应在电机静止状态下进行。

3）试验电压加在绕组与机壳之间，其他绕组和铁芯均应与机壳相连。

4）额定电压 1kV 以上的多相电机，每相绕组两端单独引出时，试验电压施加于被试绕组（两端并接）与机壳之间，其他绕组应与机壳相接。

11.5.5 介质损耗角正切值及其增量

介质损耗角正切值（$\tan\delta$）及其增量是电力系统中绝缘材料性能评估的重要参数。以下是对这两个概念的具体分析。

(1) 定义

介质损耗角正切值通常用 tanδ 或 tgδ 表示，是衡量电介质在交流电压下能量损耗的指标。它定义为有功电流与无功电流之比，反映了电介质将电能转化为热能的效率。tanδ 值越大，表明在单位时间内单位体积的电介质中有更多的电能被转化为热能，即能量损耗更大。较低的 tanδ 值通常意味着较好的绝缘性能，因为能量损失较小，从而减少了材料的发热和老化速度。

其增量指的是介质损耗角正切值随时间或其他条件变化而发生的变化量。这个变化可以是增加也可以是减少，取决于电介质的状态和外部环境的影响。

(2) 影响因素

- 温度：温度的升高通常会增加介质的损耗角正切值，因为高温会加速分子运动，导致更多的能量以热的形式散失。
- 湿度：湿度的增加会导致绝缘材料吸湿，增加了导电性，从而提高了 tanδ 值。
- 频率：交变电场的频率也会影响 tanδ 值，不同频率下的介质响应不同，可能导致不同的能量损耗情况。

(3) 测量方法

- 高压电容电桥：使用高压电容电桥，可以通过比较标准电容器和试品之间的电流相位差来测量 tanδ 值。
- 数字化仪器：现代的介损仪采用数字测量技术，能够自动计算并显示 tanδ 值，同时还能提供抗干扰能力更强的测试结果。

(4) 应用

- 绝缘状态评估：通过监测 tanδ 值的变化，可以评估电气设备的绝缘状况，及时发现潜在的故障风险。
- 材料选择：在制造和维修过程中选择合适的绝缘材料，低 tanδ 值的材料具有更好的能量保存能力和更长的使用寿命。

(5) 增量分析

- 趋势预测：通过观察 tanδ 值随时间的变化趋势，可以预测绝缘材料的老化速度和可能的故障点。
- 故障诊断：增量的异常变化可能是设备出现问题的信号，如绝缘受潮、污染或机械损伤等。

通过介质损耗角正切值及其增量不仅能够了解材料的能耗特性，还能够预测和诊断潜在的设备问题。通过精确测量和细致分析这些参数，可以有效地指导电力系统的维护和管理，确保电网的安全和可靠运行。

11.5.6 局部放电检测

局部放电是指在电气设备的绝缘部分发生的放电现象,这种放电可能导致电气设备的绝缘性能下降,进而引发设备故障。因此,局部放电检测技术在电气设备的运行维护过程中非常重要。

局部放电检测技术有多种方法,以下是几种常用的方法。

1)脉冲电流法:也称为耦合电容法,是发展最久、最成熟的一种方法。局部放电时会产生电荷,这些电荷发生正负中和将引起电极两端的电压变化,同时产生陡脉冲。通过检测这个脉冲电流,可以判断局部放电的存在和强度。

2)射频检测法:通过检测 1~30MHz 频段磁波信号来对局部放电进行检测。这种方法能够根据电磁信号的强弱对电气设备进行局部放电定位。

3)超声检测法:利用超声波检测的方法进行局部放电检测。超声法受电气干扰小,在局部放电定位上广泛应用,通过超声波来判断局部放电产生的位置以及距离,实现电气设备局部放电的监测。

4)化学检测法:当变压器中发生局部放电时,各种绝缘材料会发生分解破坏,产生新的生成物。通过检测这些生成物的组成和浓度,可以判断局部放电的状态。这种方法已广泛应用于变压器的在线故障诊断中。

11.6 应力检测技术

应力检测技术是利用导体或半导体材料的应变效应制成的电阻应变计,通过测量其电阻的变化来间接测量构件的应变。由于构件的应变一般较小(机械应变量一般为 10^{-6}~10^{-2}),由应变效应而产生的电阻变化率也大约在 10^{-6}~10^{-2} 数量级之间,如此小的电阻变化很难用一般测量电阻的仪表直接测量。因此一般采用电桥电路将电阻的相对变化转换成电桥的电压或电流变化,再经放大器放大后进行测量,以提高测试的精度。

应力和应变的测试是评价设备状态的重要手段,通过测试零件、结构的受力和工作状态,确定应力、应变、位移、力、力矩和加速度等力学参数,用以解决工程结构和机械强度、刚度问题。应变测试手段同有限元计算方法相结合,即将理论计算和实测相结合,相互验证,能够对设备、结构的状态、寿命、能力进行全面评估。

设备、结构、部件的状态、寿命、能力往往涉及安全生产和经济效益,因此利用应力测试技术对设备的状态、能力进行评估非常重要。

11.6.1 应力检测的特点与局限性

应力检测是一种成熟的测试技术,广泛应用于各工程领域的应力测试和分析。其主要技术特点如下。

- 应变片尺寸小、重量轻，安装方便，测试时对试件的工作状态及应力分布影响很小。
- 测量灵敏度高，测量应变的量程大，频率响应快，可测量静态到 50 万 Hz 的动态应变。
- 测量输出为电信号，易于实现远距离传输、自动化采集、显示、记录和处理。
- 可在高温、低温、高压液态中、强磁场、核辐射等特殊环境中进行应力测量。
- 用电阻应变计制成各种传感器，用以测量力、扭矩、压力、位移和加速度等物理力学参量，广泛应用于生产自动化、监控、科学实验和自动称重。

其主要局限性有：电测法只能逐点测量构件表面的应变，不能直观得到构件上应力分布的全貌。同时应变片丝栅有一定的面积，只能测量该面积内的平均应变，对于应力梯度很大的构件表面或应力集中的情况应选用栅长很小的应变计，否则测量误差较大。

11.6.2 应力检测在设备运维中的应用

随着应力检测技术发展及应用成本降低，应力检测技术在设备运维中有广阔的应用前途，目前在以下方面有成熟的应用。

1. 在役设备的状态测试

在监测运动机械的强度或刚度时，常常需要在机械构件上进行应力应变测量，以测量在实际运动工况下机构件所受荷载和应力的分布与变化。对于承受复杂载荷或实际荷载状况不很清楚的机构件而言，应力检测尤为重要。

利用应力检测，可检测设备的运行状态，如起重机械、行车大梁、钢结构建筑、压力容器等设备的受力情况和运行状态。通常将应力传感器布置在设备的应力集中区域，以检测设备的应力变化情况。当设备应力发生较大变化时，可能是设备本身产生了变形、裂纹等异常情况，可以提前采取相应的措施，避免发生严重的设备事故。

应变电测和剩余寿命评估方法相结合，可以对设备在长期的负载运行条件下因疲劳损伤影响设备强度和剩余寿命的程度进行评估。

如在新建高炉的点火投产时，对高炉、热风炉和热风管道在烘炉过程中炉壳的热应力进行了测试，得到热应力随温度升高形成的变化趋势。测试工况为在高炉、热风炉及其热风管道加温过程中，同步测试炉壁应力随温度变化的分布，从而了解高炉、热风炉炉壳的变形情况，测试得到的热应力数据将成为同类设备设计及改造的依据，也可为新建高炉、热风炉内衬结构稳定状态的判定提供可靠依据。

2. 在役设备的能力评估

机械设备在承受额定负荷条件下，其设计的强度和刚度都会保留一定的富余。但在生产过程中随着产品结构的调整、生产能力的提高、工艺条件的变化，对设备的能力提出了更高的要求。为了充分发挥设备潜能，或要进行能力扩容，有必要通过应变测试及理论计算等方法，对典型工艺进行载荷分析，对设备的主要部件及零件进行全面评估，得出设备的极限能力，指出设备系统的薄弱环节，为生产工艺改进、扩容时设备的改造等提供依据。

3. 设备评估实例

本实例以飞剪的检测实例说明应力检测技术在现有设备评估中的作用。

飞剪是钢铁生产中的关键设备，飞剪的剪切力是飞剪的关键性能参数，剪切力大小直接决定飞剪的剪切能力和主电机的负荷水平，影响机架的安全性和稳定性，因此准确测试不同工况条件下剪切力的大小至关重要。

本案例对传动轴驱动扭矩和剪切扭矩、主电机电流、飞剪电机转速、剪切时钢坯温度、机组运行速度进行测试。测试采用直接测量刀片上剪切力的方法，可以保证剪切力测试结果的真实性和准确性。为了从刀片上获取准确的剪切力信号，在不影响刀片安装和使用的条件下，对刀片进行适当改造，以简化刀片的受力状态，满足直接测量的需要。改造方法是在刀片与刀架的接触面上铣 0.5mm 深、256mm 宽的对称槽，使刃口部位、刀体底部与刀架不接触，以保证刀片处于两端固定的简支梁受力状态，同时为粘贴应变计、引出信号线提供所需的空间。刀片其他部位保持不变，即安装、定位条件等都不变。

剪切力的测点分别选在上下刀片、刀体开槽的中部位置，各由 4 个电阻应变计组成全桥电路，应变计采用中温应变计、信号线采用高温多绞线，可以满足高温、冲击的剪切环境。

为了保证测试精度，采用实物刀片加载的方式进行测试系统标定，加载方式完全模拟现场刀片的受力状态。

扭矩测试分为驱动扭矩测试和剪切扭矩测试，由于启动制飞剪采用速降的方法将储能释放，即将机械能转化为剪切动能，为此，通过剪切扭矩测试可以分析剪切能力，而通过驱动扭矩测试可以分析电机负荷能力。

主传动轴在扭矩的作用下，其表面的主应变方向与轴线成 45° 夹角，因此，在主传动轴上贴应变计时应变计应与轴线成 45° 夹角。一般贴两片或 4 片组成板桥或全桥，测量主传动轴在扭矩作用下的应变值，进一步计算得到传动轴扭矩。

主电机电流、电压、励磁和转速信号可从主控室取得，为保证取样信号对控制系统不产生影响，在主控室与测试系统之间使用隔离模块。所取得的信号直接送入计算机数据采集与分析系统。测试数据的换算关系由控制系统提供的参数决定，主电机的电功率由测得的电压和电流值计算得出。

测试剪切力波形示例可参见图 11-9，图中包括了主电机电流信号、主电机速度信号、上刀片剪切力信号、前驱动轴扭矩信号，完整表述了一个完整的电机启动、飞剪剪切、电机制动过程，所测 4 个信号均为同步记录。

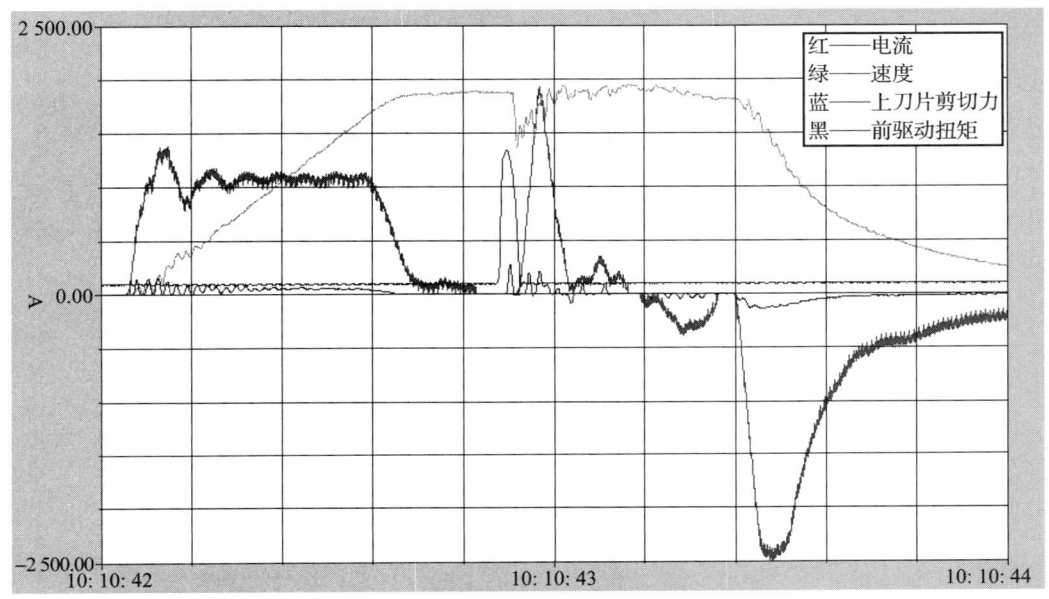

图 11-9　一个测试剪切力波形示例

通过测试和分析，得到如下结论：对于剪切力而言，剪切钢坯的力学性能、钢坯的规格及剪切时钢坯的温度对剪切力影响较大，因此剪切大规格、高强度的钢种时，需要严格控制钢坯的温度。对于剪切扭矩而言，剪切扭矩峰值与钢种、截面规格及温度都与其有关系，剪切大截面规格、低温及强度高的钢种时产生的剪切扭矩峰值也大。对于驱动扭矩而言，在剪切各种钢种、各种截面规格、各种温度的钢坯时，启动加速度基本相同，因此启动时的测试驱动扭矩也基本相当。而在剪切后电机再次启动时，驱动扭矩会受到剪切钢坯的截面规格、温度、钢种的影响。

对传动轴进行静强度安全系数的校核结果表明，在目前测试工况下，传动轴静强度安全系数大于静强度许用安全系数；对传动轴进行疲劳强度安全系数的校核计算，计算结果表明，在目前测试工况下，传动轴疲劳强度安全系数小于疲劳强度许用安全系数，这说明在剪切大规格、高强度钢坯时，需要严格控制钢坯温度参数，如进一步需要剪切更大规格的高强度钢坯，则需要对设备的结构进行改造。

4. 设备运行状态和工艺过程的应力在线监测

通过在线监测设备在工作状态下的应力，可以防止设备故障，使设备在安全运行状态下发挥最大的生产潜力，实现最佳的生产工艺条件，从而提高产品的质量、增加产品品种和产量。

应力在线监测在轧钢机在轧制过程中有普遍应用，如将电阻应变片作为敏感元件而构成的力矩传感器用来监测轧制力矩，用应变式测力传感器来测量轧制压力。

在特定场景下，为了降低监测费用，可以用电机电流来计算扭矩。但通过电流计算的扭矩基本上是一个扭矩的平均值，与实际的扭矩差异较大，因此在需要精准掌握扭矩的场景下，不能简单地通过电流来计算扭矩。轧钢机真实扭矩与通过电流计算扭矩的对比见图11-10。从图11-10可以看出，应力的响应与变化幅度与电流计算的扭矩明显不同，通过应力信号可以找出更多的设备异常，因此要准确分析传动轴的实际扭矩，特别是对轧钢设备的扭矩，不能简单地用驱动电流来替代。

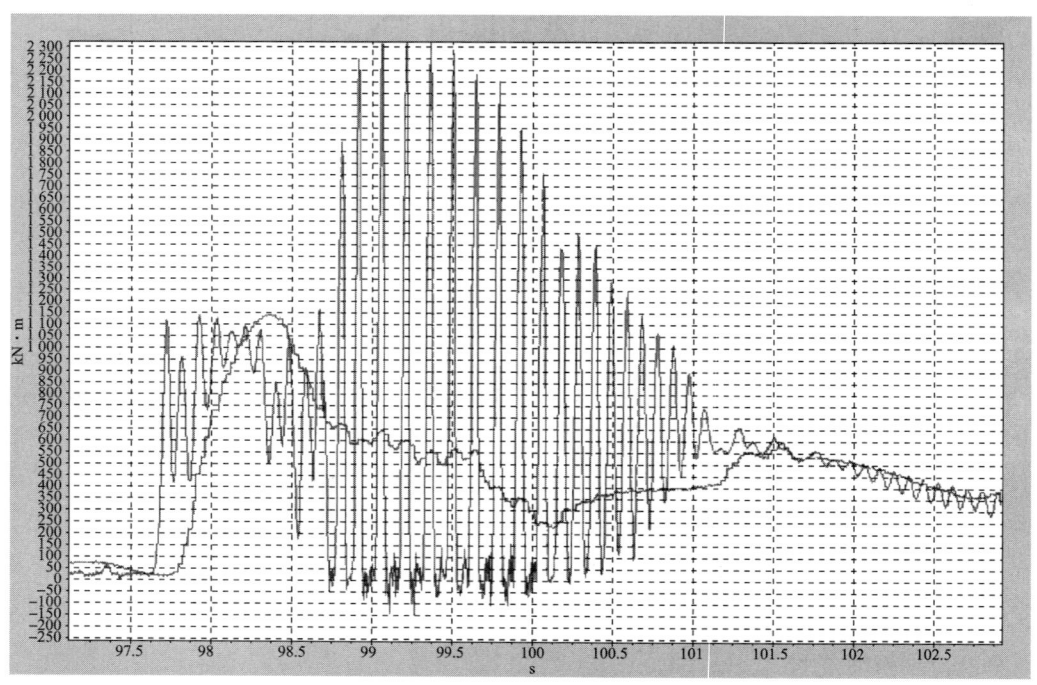

图 11-10　轧钢机真实扭矩与通过电流计算扭矩的对比

注：中间的线为电机电流计算的扭矩值信号。

11.7　电流检测技术

电流检测技术是通过特定的设备和方法来检测和测量电路中电流的大小、方向、变化等参数。电流检测技术广泛应用于电力、电子、通信、自动化等领域，是确保电路安全、稳定和高效运行的重要手段。

11.7.1　电流检测技术的主要方法

电流检测技术的主要方法包括以下几种。

1）电阻采样法：通过在电路中串联一个电阻，利用欧姆定律测量电阻两端的电压，从而推算出电路中的电流大小。这种方法简单可靠，但会对电路造成一定的压降和功耗。

2）电流互感器法：利用电流互感器将电路中的大电流转换为小电流进行测量。这种方法测量精度高，对电路影响小，但成本较高。

3）霍尔效应法：利用霍尔效应原理，通过测量磁场的变化来推算电流大小。这种方法为非接触式测量，对电路无影响，但测量精度受环境温度和磁场干扰等因素影响。

4）罗氏线圈法：利用罗氏线圈（Rogowski coil）测量电流产生的磁场，从而推算出电流大小。这种方法测量范围广，对电路无影响，但受环境温度和磁场干扰等因素影响。

除了以上几种方法外，还有光纤电流传感器、磁通门电流传感器等先进的电流检测技术。这些技术各有优缺点，应根据具体应用场景和需求选择合适的电流检测方法。

电流检测技术的应用非常广泛，例如在电力系统中用于检测电网运行状态、预防故障发生；在电子设备中用于保护电路、防止过流损坏；在通信系统中用于保证信号传输质量等。

11.7.2 电流检测在设备运维中的作用

电流检测在设备运维中的作用，具体表现在以下几个方面。

1）提高安全性：电流检测可以实时检测电路中的电流大小，一旦出现异常情况，比如电流超载或短路，系统可以立即采取应急措施，如断电或报警等。这有助于预防火灾、设备损坏等安全事故的发生，提高电力系统的运行安全性。

2）保护设备：电流过载或短路等异常情况会对设备造成不良的影响，甚至导致设备损坏。通过电流检测，可以及时发现这些异常情况，并采取相应的措施进行处理，从而保护设备，延长其使用寿命，降低维修和更换成本。

3）优化设备性能：通过对电流的检测和分析，可以了解设备的运行状态和性能表现，从而为设备的维护和优化提供依据。例如，可以根据电流的变化情况，调整设备的运行参数，优化其运行状态，提高设备的运行效率和性能。

4）预测故障：通过对电流的长期监测和分析，可以发现电流的变化趋势和规律，从而预测设备可能出现的故障。这有助于提前采取预防措施，减少故障的发生概率，降低设备运维的成本和风险。如通过电流中各次谐波的成分，可以分析出电机中存在的各种异常情况。

通过电流检测，不仅可以掌握电机设备的异常，还可以分析电机及其拖动设备的异常，这就是电机电流诊断方法（MCSA方法）。

电机的运行状态与输入电流密切相关。在正常运行状态下，电机的电流波形是相对稳定的；当电机出现故障时，电流波形会发生变化。因此，通过检测电机的输入电流，可以判断电机的运行状态。电机的输入电流包含了丰富的信息，如电机的转速、负载情况、故障类型等。通过对电流信号进行采集和处理，可以提取出与故障相关的特征信息。

11.7.3 电流故障诊断方法

电机电流故障诊断方法有以下步骤。

1）电流信号的采集。电流信号的采集是故障诊断的第一步。采集的电流信号应该是电机的输入电流，且应保证采集到的信号准确可靠。

2）信号处理与分析。采集到的电流信号需要进行处理和分析，以提取出与故障相关的特征信息。常用的信号处理方法包括：滤波、去噪、傅里叶变换、小波变换等。通过这些方法，可以将原始信号转化为更易于分析的形式，提取出其中的特征信息。分析方法包括时域分析和频域分析，通过分析电流信号的波形和频谱，可以判断电机的运行状态和故障类型。

3）故障诊断与分类。基于提取的特征信息，可以构建分类器对故障进行分类和诊断。常用的分类方法包括：支持向量机、神经网络、决策树等。可以根据不同的需求选择这些方法，以达到最佳的诊断效果。在分类过程中，需要将特征信息输入分类器中，根据分类结果判断电机的运行状态和故障类型。

电流分析方法与振动信号分析相比，具有如下的特点。

1）非接触方式测量：电流信号的采集不同于振动信号的是它的非接触方式，传感器采用电流互感方式实现定子电流信号的获取。定子电流的采集不必接近运行设备，可在配电室完成一台或多台电机定子电流信号的采集，不影响设备的运行。

2）信息集成度高：通过电机定、转子绕组的气隙磁场变化，将电机及其拖动设备的全部动态信息都反映在定子电流信号中，信息集成度高。相对于振动方法分散的各个测点来说，有较好的整体性。

3）传递路径直接：电机的拖动设备（如齿轮箱）故障通过主传动链可以直接在定子电流中反映出来，减少了信号的传递路径，不受齿轮系统结构的影响。

鉴于以上原因，在特定的现场条件下，采用电流方法不失为一个明智的选择。虽然电流法在信号获取和信息融合方面有其优势，但还具有如下的研究难点和应用瓶颈。

1）信号成分复杂：由于定子电流可以反映设备的全部动态信息，因此加上电流信号的谐波特性，使定子电流中包含了大量的信息成分，为故障特征的识别增加了难度。

2）故障信号较微弱：由于故障引起的电流信号中能量变化的成分相对于整个系统的功率非常微弱，因此增加了信号特征的提取难度。加之电力系统信号的特点是工频分量很强，此外还常含有高次谐波，微弱的故障特征成分往往受其干扰，增加了诊断的困难。

3）工况的扰动：负载和工况周期性的扰动直接导致了电流信号功率的波动，比较难以判断原因是存在设备的缺陷还是工况的变化。

11.8 声发射检测技术

声发射检测技术是一种前沿的无损检测技术，它通过捕捉和分析物体在受力或形变过程中释放出的微弱声波信号,实现了对材料结构状态的有效监测。这种技术不仅具有广泛的应用领域,而且为工业生产和科学研究提供了强大的支持。

声发射技术涵盖了声波的产生、传播和接收三个核心环节。当物体受到外力或内力作用时,其内部会产生位错、滑移、微裂纹形成、裂纹扩展和断裂等现象。这些现象伴随着能量的释放,其中一部分能量以弹性波的形式传播,形成声发射。这些声波的频率通常在 20kHz～20MHz 之间,属于微弱声波范畴。通过特定的声发射监测设备,我们可以捕捉到这些声波信号,进一步分析出物体的状态或位置信息。

在声发射检测技术的研究和应用过程中,对声波的物理特性、声源和接收器的设计原理、声波传播的特性等方面的理解至关重要。这需要我们深入研究声波的产生机制、传播规律以及接收技术,以实现声发射技术在通信、定位、探测等领域的广泛应用。

声发射检测的主要对象是材料结构。通过实时监测材料在受力过程中的声发射信号,我们可以获取材料内部的应力分布、损伤程度以及疲劳状态等信息。这些信息对于评估材料的性能、预测材料的寿命以及优化材料的设计具有重要意义。

声发射检测技术的应用领域非常广泛,涵盖了石油化工工业、电力工业和材料试验等。在石油化工工业中,声发射技术被用于检测和评价各种设备如容器、反应器、管道等的结构完整性,从而确保设备的安全运行。在电力工业中,声发射检测技术被用于检测变压器的局部放电、蒸汽管道的泄漏等问题,为电力系统的稳定运行提供了有力保障。在材料试验中,声发射检测技术可以用于测试材料的性能、疲劳和腐蚀状态等,为材料研究和开发提供了重要依据。

声发射检测技术具有广泛的应用前景。通过深入研究声发射的原理和应用,我们可以更好地理解和利用这种技术,为设备运维提供有力的支持。未来,随着科技的不断进步和声发射技术的不断完善,我们有望看到这一技术在更多领域发挥重要作用。

11.9 声音检测技术

声音检测技术融合了声学原理、电子技术以及信号与信息处理技术,近年来正经历着飞速的发展。其应用领域广泛,不仅涉及语音识别、音频比对、声纹识别等,还拓展到超声测量、水声探测等多个领域。

在设备运维中,声音检测技术具有广阔的应用前景。在设备诊断中声音检测也具有广泛的应用。

首先,声音检测技术可以用于故障诊断与预测。设备在出现故障或潜在问题时,往往会产生异常的声音模式。通过对这些声音的实时监测和分析,可以及时发现设备的问题,从而采取相应的维修或维护措施。此外,长期收集和分析设备声音数据,结合机器学习和人工智能技术,还可以进行故障预测,提前采取维护措施,降低设备故障风险。

其次,声音检测技术也可以用于质量控制。不同的工艺和操作会产生特定的声音特征。

通过对设备运行过程中的声音进行监测和分析,可以判断产品质量是否符合标准。例如,在流水线上的生产设备中,通过对产品在传送带上通过时产生的声音进行监测,可以识别出有缺陷或异常的产品。

声音检测技术还可以用于设备的运行状态检测。设备在正常运行时会产生一定的声音模式。通过对这些声音的实时监测,可以判断设备是否处于正常运行状态。如果设备声音出现异常,就意味着设备可能出现了问题,需要及时进行检查和维修。

为了更有效地实现这些应用,一些公司和研究机构已经开发出了工业设备异常声音监测系统。这些系统可以实时监测设备的异常声音,并及时发出告警,从而帮助用户及时发现设备的问题,避免设备故障造成的生产中断和损失。这些系统可以广泛应用于电力、工业制造、石油化工等行业,提高企业的生产效率和人员工作效率,保障设备检修人员的健康和安全。

与振动检测相比,尽管其频响范围和分析方法基本相同,但声音检测技术的包含面更广,振动一般是针对轴承座,基本不受其他因素的干扰,而声音是针对整个场景,各种设备的振动都会形成声源,因此声音中包含的信息成分更多,但由于声音的成分太多,因此对声音的分析也更复杂,这也是声音检测技术应用不如振动普及的原因。声音检测技术和振动检测技术在检测领域中都发挥着重要作用,它们各有特点,适用于不同的场景。在实际应用中,需要根据具体的需求和场景选择合适的检测方式。

随着科技的不断发展,声音检测系统的性能和功能将不断提高,应用范围也将不断扩大,可能会给设备智能运维带来更好的设备检测技术方案。

11.10 图像检测技术

随着科技的不断进步,图像检测技术已经成为设备运维中不可或缺的一部分。从简单的视频监控到智能视频分析,图像检测技术为设备运维提供了强大的支持,使得运维工作更加高效、精准。目前,图像检测技术在生产监测、维修人员安全监测、维修工作合规性检查等方面已有广泛应用。图像检测技术在设备运维方面的应用还有以下方面。

1)设备的实时监控。通过在关键部位安装摄像头,结合先进的图像分析软件,运维人员可以实时获取设备的运行状态信息。这不仅能够及时发现异常情况,还能为后续的故障诊断和修复提供有力依据。例如,在生产线中,一旦某个设备出现故障,图像监测系统会立即发出报警,提醒运维人员迅速采取措施,从而避免生产中断,确保生产线的稳定运行。

2)设备的预防维护。通过对设备的长时间监控,图像监测系统可以分析出设备的运行规律和潜在问题。这样,运维人员就可以在设备出现故障之前进行预防性维护,避免设备突然停机造成损失。

3)设备维护维修。不仅可以做合规性的检查,也可以作为维护维修工作数字化的补充。通过特殊设计的图像处理软件,可以通过数字化图像来模拟维护维修的过程,使设备运维的数字化工作更轻松。

4）设备的远程监控和维护。借助互联网技术，运维人员可以随时随地查看设备的运行状态，进行故障诊断和修复。这不仅提高了运维效率，还降低了运维成本。特别是在一些偏远地区或者设备分布广泛的场景中，远程监控和维护技术显得尤为重要。

值得一提的是，随着人工智能技术的不断发展，图像检测技术也在不断创新和升级。例如，深度学习算法的应用使得图像监测系统能够更准确地识别物体、判断物体形状、三维空间方位以及运动姿态。这为设备运维工作提供了更加全面、精准的支持。

11.11 气体检测技术

气体检测技术，作为一种能够检测气体泄漏、成分分析、浓度测量等的技术，已经在工业、环保、医疗等领域发挥着举足轻重的作用。这一技术的广泛应用，不仅保障了人们的生命财产安全，还对环境保护以及提高生产效率具有深远意义。

气体检测技术的核心在于其多样化的检测方法。其中，传感器检测是最常用的一种方法。传感器是能够感知设备气体成分浓度变化的，用来判断是否存在气体泄漏。红外线传感器、电化学传感器和半导体传感器等不同类型的传感器，各有特色，适用于检测不同的气体。

除了传感器检测，质谱法、超声波检测、热成像检测以及气体追踪法也是常见的气体检测技术。质谱法能够快速准确地识别和定量各种气体，为泄漏源的确定提供了有力支持。超声波检测则利用超声波的反射和散射来检测气体泄漏，尤其适用于大型设备或管道的泄漏检测。热成像检测则通过测量泄漏气体周围的温度变化来检测气体泄漏，对于一些不易被传感器检测到的气体泄漏，这种方法具有独特的优势。而气体追踪法则使用人工添加的特定气体作为示踪气体，通过检测该气体来定位泄漏源，对于难以检测的气体和复杂的泄漏情况，这种方法具有很大的应用价值。

随着科技的不断进步，气体检测技术也在不断更新和完善。除了上述常见的气体检测技术外，还有气相色谱法、气体光谱法等更多的检测方法。这些方法各有优缺点，选择哪种方法取决于具体的应用场景和需求。

在工业现场，气体检测的重要性不言而喻。气体检测不仅有助于确保工作环境的安全，还能预防潜在的气体泄漏和中毒事故。在工业领域，气体检测仪广泛应用于化工、石油、天然气、制药、半导体等场所，用于检测有毒有害气体、可燃气体、氧气等的浓度。例如，电化学气体传感器可以检测臭氧、甲醛等有害气体，而PID光离子化气体传感器则能够对数千种挥发性有机化合物（VOC）和部分无机蒸气进行检测。这些设备的使用，极大地提高了工业安全水平，保障了人员的生命安全。

此外，气体检测在环境监测、建筑和施工现场、消防和救援以及医疗和实验室等领域也有广泛的应用。在大气污染监测中，气体检测仪可用于检测二氧化碳、氨气、硫化物等污染气体的浓度，为环境保护提供了有力支持。在建筑工地和地下矿山中，这些设备可用于检测一氧化碳、甲烷等有害气体，以防止气体泄漏和中毒事故。

变压器在线气体监测技术是变压器在线监测技术的一种，主要通过监测变压器油中溶解气体的成分、含量、产气率和相对百分比等参数，来判断变压器的运行状态和内部故障。

11.12 生产过程参数检测技术

在现代工业生产中，生产过程几乎都通过各种控制系统对设备进行控制，以预设的流程进行生产。在这个过程中，有大量的控制、反馈等过程信号，通过对这些信号的分析，可以掌握设备的性能、功能等状态。对于流程性工业，设备的安全、稳定运行直接关系到整个生产过程的连续性和经济性。因此，通过过程参数检测设备状态成为一个备受关注的研究领域。

简单来说，过程参数检测就是对设备运行过程中的各种参数进行实时监测和分析。这些参数能够比较全面地反映设备的工作状态和工艺状态。生产过程参数包括但不限于机组关键流量信号、燃烧稳定性、受热面温度、炉膛火焰位置及形状、炉膛及尾部烟道温度等。这些参数的精确获取，对于运行人员来说，是把握设备真实工作情况的关键所在。通过这些参数，运行人员可以迅速判断出设备的运行状态，从而采取相应的措施进行设备调整和控制。

生产过程参数检测还可以为控制系统的优化提供有力的数据支持。控制系统的性能在很大程度上取决于对被控对象动态特性信息的掌握程度。通过实时监测设备的状态参数，控制系统可以更加准确地了解设备的运行状态，从而调整控制策略，提高系统的控制精度和稳定性。这种优化的控制系统不仅能够确保设备的安全运行，还能提高设备的运行效率，降低能源消耗，实现经济运行。

在生产过程数据的采集中，我们一般从 PLC、DCS、变频器等生产过程控制器中获取数据，也可以从它们的上一级计算机中获取数据，但需要注意的是，从不同层级能够获取的数据频率是不同的，我们需要审核所需要的数据频率，再确定从什么地方来获取数据。

对于从控制层获取数据，可能会遇到需要打通很多数据接口的情况，在工业现场，可能存在大量不同种类控制系统的情况，需要通过如 ModBus、OPC、CAN、ControlNet、DeviceNet、Profibus、Zigbee 等各种类型的数据通信协议，还可能遇到一些早期设备所采用的专用协议，导致获取生产过程参数有不少阻碍。最理想的做法是与工厂的智能化改造一起，既能够完成设备智能化改造，又能够满足设备智能运维的数据要求。在设备完成智能化改造前，获取生产过程数据的方案要慎重考虑。

生产过程数据的数据项次多、数据频度高，大量的数据会对数据平台造成较大的压力，致使数据平台的建设难度大幅度提高。因此也需要对生产过程数据进行剖析，从数据中找到需要的特征信息，如对海量数据进行处理来降低数据复杂度，以免浪费昂贵的计算资源和存储资源。

由于自动化系统在部署时厂商水平参差不齐，从上一级控制计算机中获取的数据要注意核查数据的文档与实际数据的对应关系，核查数据的实时性和各数据之间时间上的对应性，如果获取了大量未经核查的数据之后再发现存在问题，结构是灾难性的。

获取生产过程数据时，网络安全性必须充分考虑，应该与生产系统的安全性在同等重视程度，否则网络遭受攻击时可能会对生产造成影响。

11.13 高压开关机械性能在线监测技术

高压开关分为高压断路器和高压接触器两类，前者适用于需要开关具有一定开断能力的场景，后者适用于需要开关频繁操作的场景。无论高压开关应用于哪种场景，开关由于机械传动故障而引起的拒分拒合都会对人身和设备安全带来严重的后果。

高压开关的控制指令一般来自两个方面：一是开关的正常操作，如电机启停等；二是继电保护跳电，如线路短路、接地等。高压开关的传动大致可为4个步骤：①接受分合闸指令；②机械传动；③分合闸动作；④开关储能，为下一次开关机械传动做准备。在正常情况下，开关的合分闸时间是基本固定的，一般在20多毫秒的时间段上，其离散性不大。

但随着高压开关的使用时间增加，其机械传动机构的性能将降低，其合闸、分闸的时间会逐步延长，严重的会发生拒动作故障。因此监测高压开关的合闸分闸时间，在其合闸分闸时间延长到一定程度及时安排高压开关的维护维修，可以保障高压开关稳定运行。

下面就来了解一下高压开关机械性能监测的原理与主要的应用。

1. 高压开关机械性能监测原理

高压开关机械性能监测系统的接线示意图如图 11-11 所示。

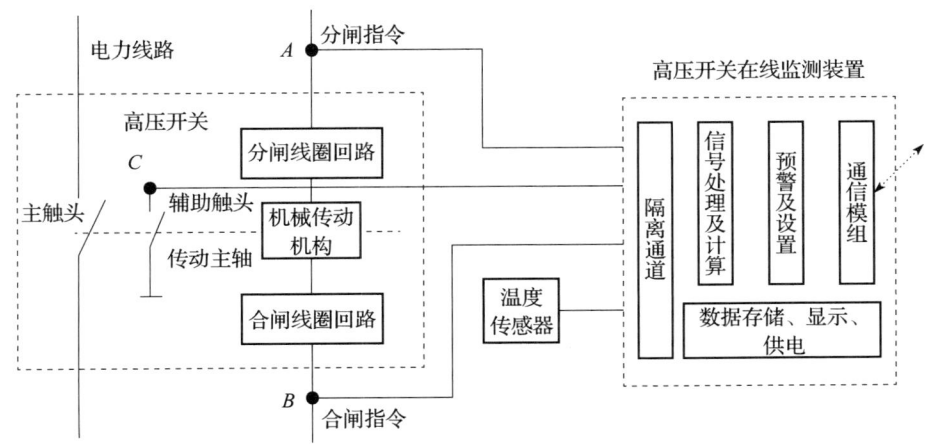

图 11-11 高压开关机械性能监测系统的接线示意图

在高压开关内部，在分闸指令到达时，通过分闸线圈上电，推动机械传动机构动作，直到开关分闸到位，这时主触头及辅助触头断开，因此从图中 A 点的信号与 C 点的信号时间差就可以得到高压开关的分闸时间。同理，B 点到 C 点的信号时间差可以得到高压开关的合闸时间。

开关的分闸指令信号 A，经过分闸线圈触发弹簧动力机构释放能量，再经过传动机构推动开关主轴触头，获取开关主轴触头到位的信号 C，分闸动作过程 A 到 C 的动作时段覆盖开关整个机械传动过程。无论是合、分闸线圈，还是弹簧储能，还是死点、连杆等其他传动单元出现问题（如间隙、卡涩等），都能通过这个时间漂移趋势来判断这个开关是否存在问题。

在监测高压开关机械性能的在线装置中，通过 A 或 B 点的信号触发来监测每一次高压开关的动作，提取并保存每次合闸、分闸的动作时间，以做趋势分析。将提取值与设定的预警值进行比较，当超过预警值时发出预警，提醒安排适当的时间对高压开关进行保养维护或进行必要的检修。

高压开关监测装置内部包含信号隔离、信号处理及计算、预警及设置、通信模组、数据存储等模块。其中信号隔离模块主要实现监测装置与高压开关之间的电气隔离，防止监测装置对高压开关的正常动作产生任何可能的影响；信号处理及计算模块实现输入信号鉴别、消除信号抖动、计算开关每次的动作过程时间、监测温度等功能；预警及设置模块主要用于对高压开关工作状态的异常预警，通过上位机的指令对预警规则进行设置，可完成超限预警、变化率预警等；通信模组完成监测装置与上位机之间的通信，主要数据交互内容有每次开关动作过程时间、被监测体温度等监测结果，也需要完成时基校准、预警设置、监测装置本身状态等信息的交互；数据存储模块旨在实现监测装置的所有基础存储功能。

2. 高压开关机械性能在线监测

在生产企业中，高压开关一般集中布置在高压配电柜内，一个电气室一般有多个高压开关柜。因此，需要对每一个高压开关布置一个监测装置，每个监测装置需要有网络连接，用以设定预警值、传输监测数据及预警数据等。为了方便布置，一般可以选择无线网络连接，而高压开关监测装置的数据传输量较少，因此可以选择低速广域网连接。

监测数据一般要求进入智能运维数据平台。为了在监测系统快速部署应用，也可以单独设置一个软件，对一定范围内所有高压开关监测装置的数据进行集中处理。此功能支持简单的预警值设置、时间校准、数据采集等工作，然后将数据处理结果传送到智能运维数据平台。

通常情况下，采集高压开关的工作温度对判定开关状态有较大帮助，因此可以同时采集高压开关的实时运行温度。